中西部高校综合实力提升工程
——石河子大学应用经济学重点学科建设项目及中国（新疆）边境贸易中心项目资助

经济管理学术文库·经济类

绿洲经济增长与
生态环境关系研究

——基于新疆贸易视角的实证研究与理论架构

Studying on the Relationship Between Oasis Economic
Growth and Ecological Environment
– Based on Empirical Research and Theoretical
Framework of Xinjiang Trade Perspective

程中海 罗 芳／著

经济管理出版社
ECONOMY & MANAGEMENT PUBLISHING HOUSE

图书在版编目（CIP）数据

绿洲经济增长与生态环境关系研究/程中海，罗芳著．—北京：经济管理出版社，2014.5
ISBN 978－7－5096－3029－7

Ⅰ．①绿…　Ⅱ.①程…　②罗…　Ⅲ.①绿洲—生态经济—关系—生态环境—研究　Ⅳ.①F127
②X171.1

中国版本图书馆 CIP 数据核字（2014）第 066271 号

组稿编辑：曹　靖
责任编辑：张巧梅
责任印制：黄章平
责任校对：张　青

出版发行：经济管理出版社（北京市海淀区北蜂窝 8 号中雅大厦 11 层 100038）
网　　址：www. E－mp. com. cn
电　　话：（010）51915602
印　　刷：大恒数码印刷（北京）有限公司
经　　销：新华书店
开　　本：720mm×1000mm/16
印　　张：14.25
字　　数：280 千字
版　　次：2014 年 5 月第 1 版　　2014 年 5 月第 1 次印刷
书　　号：ISBN 978－7－5096－3029－7
定　　价：48.00 元

前　言

贸易、经济和生态环境的互动关系日趋复杂，已经引起了人们的广泛关注。特别是20世纪90年代以来，气候变化、臭氧层破坏、生物多样性锐减、海洋污染等全球环境问题的加剧，使人类越发认识到其赖以生存的生态环境的重要性。在这种背景下，寻求贸易、经济与环境的协调发展成为全球可持续发展需要解决的主要问题之一。本书借助经济增长理论、贸易理论以及环境经济学等主流经济学理论和现代计量经济学分析方法，探索了经济增长、贸易与生态环境的传导机理并提出了八大假设，构建模型分析了新疆绿洲经济增长、贸易与环境污染之间的相互关系以及验证假设。在研究过程中，本书严格遵循了"提出假设、小心求证"的研究思路。本书主要研究内容如下：

第1章主要提出本书的研究背景、意义、思路和方法。该章通过对中国和新疆经济发展和生态环境的现实背景分析，指出研究开放经济条件下新疆绿洲经济增长与生态环境关系的必要性和现实意义，对国内外相关理论与经验研究进行综述，阐明本书的研究思路、研究方法和可能的研究创新。

第2章主要是研究对象的理论回顾和研究综述。该章通过阐述相关理论与基本概念，对绿洲经济、绿洲生态环境、经济与贸易、经济与生态环境、贸易与生态环境关系进行了理论回顾与评述。

第3章主要研究贸易、经济增长与生态环境传导机理和研究假设。该章围绕经济增长与贸易的传导机理、贸易与生态环境的传导机理、经济增长与生态环境的传导机理以及贸易、经济与环境在一个框架下的传导机理进行了研究。根据传导机理和已有的理论研究、经验研究，以贸易—经济增长—生态环境逻辑关系成立的研究假设为核心，提出本书的8个研究假设。

第4章分析了新疆绿洲经济增长、生态环境与对外贸易发展现状。该章是本书实证研究的基础，首先从经济规模、产业结构、人均收入等方面分析了新疆经济增长与发展的现状；其次从贸易规模、贸易方式、贸易商品结构、贸易差额阐明了新疆对外贸易发展的现状与特征；最后分析了新疆生态环境的特点、环境污染与治理情况。

第5章建立模型实证检验和分析了新疆绿洲贸易与经济增长的关系。该章首先利用关联分析法，分析了新疆对外贸易与经济增长的关联程度，以此为基础，进一步构建模型，利用格兰杰因果法、协整理论和回归理论分别实证研究了新疆出口贸易、进口贸易、加工贸易对经济增长的传导作用和对经济增长的贡献。

第6章主要研究新疆绿洲贸易与环境的关系。首先，该章以对新疆对外贸易生态足迹的分析为出发点，分析新疆对外贸易的生态足迹盈余/赤字，明确当前生态环境对对外贸易发展的承载力；其次，应用虚拟水贸易理论分析了新疆农产品贸易虚拟水的进/出口量，以及新疆农产品贸易对新疆水资源环境的影响；再次，通过对新疆出口贸易与能源消费关系的分析引入"贸易含污量"概念，说明出口贸易增加了能源消费并对生态环境产生影响；最后，利用回归模型实证检验新疆绿洲对外贸易与生态环境的关系。

第7章主要研究新疆贸易、经济增长与生态环境的关系。该章主要根据经济增长与贸易关系、贸易与生态环境关系的研究结论，运用协整理论与方法实证研究了新疆经济增长与生态环境的关系；利用 VAR 模型实证分析了新疆绿洲贸易—经济增长—环境污染的逻辑关系和长期关系；运用面板数据分析新疆各行业工业与环境污染的关系，探查新疆经济增长中"清洁行业"和"肮脏行业"。

第8章主要探讨了新疆贸易中的国内域际贸易对绿洲经济增长和生态环境的影响。该章主要从新疆绿洲国内域际贸易现状出发，对国内域际贸易、经济增长与环境关系进行初步的实证分析，从物流角度阐述了国内域际贸易发展对绿洲生态环境的影响。

第9章总结了本书的主要结论，并提出相关政策启示。本书的主要结论如下：

一是经济增长与贸易传导机理包括资源配置传导、科学技术传导、人力资本积累传导、投资传导、规模经济传导、资本积累传导和政策制度传导；贸易与生态环境传导机理包括贸易规模经济传导、贸易结构效应传导、贸易产品传导、贸易技术传导、贸易收入传导、贸易法规传导；经济增长与生态环境传导机理包括经济规模效应传导、经济结构效应传导、技术进步效应传导与经济体制政策传导。

二是绿洲贸易与经济增长是相互传导互为因果关系的，贸易对经济增长总体上起到促进作用；新疆绿洲贸易开放度与经济增长正关联。贸易开放度越高，贸易的技术效应、人力资本效应、汇率传导效应、外资利用对经济增长的关联度越高。

三是新疆绿洲对外贸易拥有污染密集型产品生产的比较优势，贸易增加与环境污染程度为正相关关系，并且随着新疆绿洲对外贸易总量的不断增加，贸易生态足迹不断增加。尤其新疆绿洲农业发达，初级农产品贸易出口增加，会导致虚拟用水量增加，水环境承载力下降。新疆绿洲出口贸易与能源消费为正相关关系，出口贸易商品结构影响能源消费结构和消费水平，能源消费量的增加降低了绿洲生态环境的质量。

　　四是新疆绿洲经济增长与环境污染正相关，存在长期协整关系；存在绿洲贸易—经济增长—环境污染的逻辑关系，且新疆还未到环境库兹涅茨曲线拐点；绿洲的"肮脏行业"主要是重化工工业、电力及金属冶炼等行业。

目　录

第1章 导论

1.1 研究背景与研究意义

1.1.1 研究背景

随着经济全球化进程加速推进，世界经济和贸易的规模不断扩大，给经济与贸易以强大支撑的世界环境也受到了冲击，各种各样的环境问题也转化成了超越国界①的全球问题，贸易②与经济和生态环境的互动关系也日趋复杂，引发的矛盾纠纷也越来越多。特别是 20 世纪 90 年代以来，气候变化、臭氧层破坏、生物多样性锐减、海洋污染等全球环境问题的加剧，使人类越发认识到其赖以生存的生态环境的重要性，并普遍关注全球环境问题。在这种背景下，寻求贸易、经济与环境的协调发展成为全球可持续发展要解决的主要问题之一。

改革开放以来，中国从以外向型经济发展为主逐渐向内生增长发展方式转变，经济持续高速增长，国内生产总值（Gross Domestic Product，GDP）从 1978 年的 3645.2 亿元增加到 2012 年的 519322 亿元，人均国内生产总值从 1978 年的 381 元增加到 2011 年的 38354 元。然而，随着我国经济持续快速增长，资源、环境问题也日益显现，环境污染和生态破坏造成的损失不断增加，可持续发展面临严峻的挑战。主要表现在经济的高速增长，一方面已经消耗掉国内大量的不可再生的资源；另一方面生产排放的废水、废气、废物等污染物不断增加，水资源环境、土壤资源环境、大气资源环境的生态承载力接近阈值。据中国科学院测算，2003 年中国消耗了全球 40% 的水泥、27% 的钢材、30% 的铁矿石和 31% 的原煤，

---

① 本书不做特殊说明时，国家包括有独立主权的国家，也包括部分独立关税地区。
② 本书不做特殊说明时，贸易即指对外贸易（包括进口贸易和出口贸易，即对外贸易额为出口额与进口额之和），但不包括国内域际贸易，且仅指狭义的有形商品贸易。

而创造出的 GDP 却不足全球的 4%①。按目前的消费能力，如果中国经济总量达到美国水平，则将消耗全球 124% 的原煤、120% 的铁矿石、108% 的钢材和 160% 的水泥。据中国科学院可持续发展战略研究组的《中国可持续发展战略报告——建设资源节约型和环境友好型社会》（2006 年）研究指出，"中国虽然资源利用效率提高的成效明显，但并没有根本摆脱资源能源密集型的经济增长方式"②，"中国经济增长的 GDP 中，至少有 18% 是依靠资源和生态环境的透支获取的"③。仅空气和水造成的损失，相当于 GDP 的 8% ~ 10%（世界银行，2009）。在推进工业化的进程中，一般工业固体废弃物产生量由 1990 年的 5.8 亿吨上升到 2011 年的 32.28 亿吨；废水排放总量为 659.1922 亿吨（日排放 1.8 亿吨）；城市空气污染日益严重；水土流失面积达 3.6 亿公顷；北方河流开发利用率大大超过了国际警戒线（30% ~ 40%）。此外，中国经济规模的扩大长期以来依赖于"高投入、高能耗、低产出"的经济发展方式，经济规模的持续快速增加对资源环境的依赖性较强，加之部分生态脆弱地区片面追求 GDP 的不可持续发展理念，生态承载力正面临越来越严峻的考验。

新疆地处内陆西部地区，东经 73°40′ ~ 96°23′，北纬 34°25′ ~ 49°10′，属内陆干旱地区，荒漠化和绿洲化相互适宜发展，降水量少（2011 年年均降水 167.1 毫米，东疆地区④仅为 16.1 毫米），植被稀少，生态环境极为脆弱。根据 2012 年《新疆统计年鉴》显示，2011 年新疆土地资源总面积为 16648.97 万公顷，农用地面积为 6308.48 万公顷，其中耕地面积 412.46 万公顷，占土地资源总面积的 2.48%，土地总体利用率为 38.64%，沙漠、戈壁面积广阔。进入 2000 年以来，中国实施西部大开发战略，新疆经济在快速发展的同时，绿洲生态环境也不断恶化，环境承载力不断下降。例如，2011 年新疆废水排放总量为 9.09 亿吨，工业废气排放量 11867.99 亿标立方米，烟（粉）尘排放量为 53.27 万吨，一般工业废弃物产生量 5219.09 万吨，这些污染物的排放已经严重影响到了新疆的生态环境。此外，新疆的森林生态服务功能不断下降；维系绿洲与戈壁荒漠的天然防护带面积减少；退耕还林工作进展缓慢；天然草场破坏加剧；粗放型灌溉方式导致土地次生盐碱化；沙进人退、人进沙退不断反复；部分重点城市高能耗、高污染，水和大气环境质量下降；南疆贫困地区经济发展与生态环境发展困境难

① 毛萍，康世瀛. 构建中国特色的循环经济发展模式 [J]. 生态经济，2005（9）：58 - 60.

② 中国科学院可持续发展战略研究组. 中国可持续发展战略报告——建设资源节约型和环境友好型社会 [M]. 科学出版社，2006.

③ 彭水军. 经济增长、贸易与环境 [D]. 湖南大学博士论文，2005.

④ 根据新疆南疆、北疆和东疆的区域划分，一般指：南疆包括巴音郭楞蒙古自治州、阿克苏地区、喀什地区、克孜勒苏柯尔克孜自治州、和田地区；北疆包括乌鲁木齐市、昌吉回族自治州、石河子市、伊犁哈萨克自治州直属、塔城地区、阿勒泰地区；东疆包括哈密地区、吐鲁番地区。

以破解[①]。根据中国科学院可持续发展战略研究组的《中国可持续发展战略报告——全球视野下的中国可持续发展》[②]（2012 年）研究显示，2009 年，在全国 31 个省、直辖市、自治区（不包括港澳台地区）中新疆 GDP 占全国比例为 1.60%（第 25 位），能源消耗总量占全国比例为 2.36%（第 20 位），用水总量占全国比例为 9.41%（第 1 位），建设用地面积占全国比例为 3.86%（第 13 位），全国社会固定资产投资占全国比例为 1.75%（23 位），废气废水排放量分别占全国比例为 1.48%（第 26 位）和 1.22%（第 23 位），工业固体废弃物占全国比例为 4.54%（第 8 位）。在这组数据中，如果资源消耗总量比例和排序高于 GDP 的份额和排序，则表明该省份资源消耗粗放，经济增长为粗放式增长，可以看出新疆是典型的资源消耗性增长。此外，数据还表明新疆 2010 年比 1999 年用水总量增加 3.04%，能耗消费总量增加 25.57%，废气排放量增加 59.54%，这也表明了新疆经济在增长的同时，节能减排面临严峻形势[③]。

　　造成新疆生态环境问题的原因既有自然因素也有人为因素，其中单方面追求 GDP 的增加无疑是其中的关键因素之一。由于新疆贸易的发展对拉动新疆 GDP 的增加具有较显著的作用，因此在中国加入世界贸易组织（WTO）和实施西部大开发战略以及新疆参与中亚区域经济合作与交流不断深入的背景下，新疆的外贸也迅速发展，对外贸易额的增速明显高于 GDP 的增速，逐渐成为拉动新疆经济增长的重要因素。但是贸易促进经济增长的同时也引发一系列生态环境问题。在新疆的贸易中，初级产品（例如农产品）的出口贸易将加大对水资源和土壤资源的耗用和污染，例如由于地膜、化肥、农药大量使用，使大量的旧膜残留在农田中，土壤物理性能严重劣变；不合理使用化肥加重了土壤盐碱化，使土壤板结。而新疆制成品的贸易又将耗用大量能源并增加废水、废气、废渣的排放，影响生态环境。例如新疆工业企业废水、废气、废物的排放控制技术还很落后，新型城镇化、工业化带来的环境问题仍较为棘手，城镇生活垃圾和尾气排放控制较差，尤其经济较为发达城市的大气污染问题日益凸显[④]。因此，处理好新疆贸易与经济增长的关系、经济增长与生态环境的关系对促进新疆经济社会可持续发展具有重要的理论和现实意义。

---

① 新疆维吾尔自治区国民经济和社会发展第十个五年计划生态建设与环境保护重点专项计划。

② 中国科学院可持续发展战略研究组．中国可持续发展战略报告——全球视野下的中国可持续发展 [M]．科学出版社，2012.

③ 根据《新疆统计年鉴》（2000～2012 年）整理计算。

④ 尤其以乌鲁木齐、克拉玛依、石河子、阜康、奎屯等市尤为严重。自 2013 年采用 PM 2.5 监测数据以来，乌鲁木齐大气污染为"中度、重度甚至严重污染"，克拉玛依市为"轻度、中度污染"，主要是由燃煤、工业生产造成的。

1.1.2 研究意义

首先，国内对贸易、经济增长与生态环境关系的研究起步较晚，多数研究集中在贸易与经济增长关系的研究、贸易与环境污染关系的研究、经济增长与环境污染关系的研究上，且对三组关系的研究更侧重的是经验研究，还缺乏理论研究的系统性。而且由于研究方法的差异，得出的结论也不一致。本书通过把贸易、经济增长和生态环境放在一个系统框架内进行研究，深入研究贸易与经济增长的传导机制、经济增长与生态环境的传导机制以及贸易与生态环境的传导机制，并通过实证分析加以检验，这对丰富贸易、经济增长和生态环境关系的理论研究是有益的。其次，针对绿洲这样一个生态脆弱和敏感区，本书从贸易影响生态环境的视角，结合新疆绿洲经济增长与生态环境变迁的历史和现实，研究绿洲贸易、经济增长与生态环境的关系，对经济学向生态领域研究拓展和绿洲生态环境研究具有一定的理论补充意义。再次，在考察绿洲贸易、经济增长与生态环境的关系时，构建的模型将根据绿洲生态环境的特点设定环境污染变量及特殊环境变量"水"，通过对变量的考察，进一步实证研究新疆贸易、经济增长与生态环境问题。最后，探讨新疆域际贸易带来的经济增长和生态环境问题，为研究区域经济提供了研究的新视角。

在中国加入 WTO 和实施西部大开发战略以及"走出去"战略的背景下，新疆又迎来了对口援疆的历史机遇，进入了大开发、大开放、大发展的新时期。新疆作为中国向西开放的桥头堡和连接欧亚经济的纽带，在对外贸易发展促进新疆经济增长的同时，可能使本来就脆弱的生态环境进一步恶化，进而威胁边疆的生态安全。因此，通过对新疆贸易、经济增长与生态环境关系的理论和实证研究，有利于探寻出新疆贸易对新疆经济增长和生态环境的影响和效应，揭示影响新疆经济增长与生态环境的内在影响因素，进而提出科学合理可行的符合新疆经济增长及可持续发展的环境贸易政策和生态经济政策建议。

1.2 研究目的和内容

1.2.1 研究目的

通过对理论回顾，归纳解释绿洲贸易、经济增长与生态环境的传导机制；明确绿洲贸易、经济增长和生态环境的传导关系；运用模型实证分析检验绿洲贸易与经济增长的关系、封闭和开放条件下绿洲经济增长与生态环境的关系；给出促进新疆经济增长和可持续发展的环境贸易政策和生态环境政策建议。主要解决以下问题：一是贸易、经济增长和生态环境的传导机制；二是建立多种模型对新疆绿洲的贸易、经济增长和生态环境关系进行实证研究，并构建封闭和开放条件下绿洲经济增长与生态环境关系的理论框架；三是提出科学合理可行的政策促进绿洲经济可持续发展。

1.2.2　研究基本内容

本书的主要研究对象是开放条件下的新疆绿洲经济增长与生态环境的关系，运用的基本理论主要包括国际贸易理论、经济发展理论、生态经济理论、资源环境理论、经济地理理论、绿洲经济理论等。全文共9章内容：

第1章主要提出本书的研究背景、意义、思路和方法。该章通过对中国和新疆经济发展和生态环境的现实背景分析，指出研究开放经济条件下新疆绿洲经济增长与生态环境关系的必要性和现实意义，对国内外相关理论与经验研究进行综述，阐明本书的研究思路、研究方法和研究创新。

第2章主要是研究对象的理论回顾和研究综述。该章通过阐述相关理论与基本概念，对绿洲经济、绿洲生态环境、经济与贸易、经济与生态环境、贸易与生态环境进行分析，作为本书的研究基础。

第3章主要研究贸易、经济增长与生态环境传导机理和研究假设。该章围绕经济增长与贸易的传导机理、贸易与生态环境的传导机理、经济增长与生态环境的传导机理以及贸易、经济与环境在一个框架下的传导机理进行了研究。根据传导机理和已有的理论研究、经验研究，以贸易—经济增长—生态环境逻辑关系成立的研究假设为核心，提出本书的8个研究假设。

第4章分析了新疆绿洲经济增长、生态环境与对外贸易发展现状。该章是本书实证研究的基础，首先从经济规模、产业结构、人均收入等方面分析了新疆经济增长与发展的现状；其次从贸易规模、贸易方式、贸易商品结构、贸易差额阐明了新疆对外贸易发展的现状与特征；最后简要分析了新疆生态环境的特点、环境污染与治理情况。

第5章建立模型实证检验和分析了新疆绿洲贸易与经济增长的关系。该章首先利用关联分析法，分析了新疆对外贸易与经济增长的关联程度，以此为基础，进一步构建模型，利用格兰杰因果法、协整理论和回归理论分别实证研究了新疆出口贸易、进口贸易对经济增长的传导作用和对经济增长的贡献。

第6章主要研究新疆绿洲贸易与环境的关系。首先，该章以对新疆对外贸易生态足迹的分析为出发点，分析新疆对外贸易的生态足迹盈余/赤字，以明确当前生态环境对对外贸易发展的承载力与容忍空间；其次，应用虚拟水贸易理论分析了新疆农产品贸易虚拟水的进/出口量，以及新疆农产品贸易对新疆水资源环境的影响；再次，通过对新疆出口贸易与能源消费关系的分析引入"贸易含污量"概念，说明出口贸易增加了能源消费并对生态环境产生影响；最后，利用回归模型实证检验新疆绿洲对外贸易与生态环境的关系。

第 7 章主要研究新疆贸易、经济增长与生态环境的关系。该章主要根据经济增长与贸易关系、贸易与生态环境关系的研究结论，利用 VAR 模型对新疆绿洲贸易—经济增长—环境污染进行实证分析，运用协整理论和格兰杰因果检验方法分析贸易—经济增长—环境污染的逻辑关系和长期关系。

第 8 章主要探讨了新疆贸易中的国内域际贸易对绿洲经济增长和生态环境的影响。该章主要从绿洲国内域际贸易现状出发，指出国内域际贸易和对外贸易对绿洲经济增长同样重要并进行了相关的实证分析，并从物流角度对国内域际贸易影响绿洲生态环境进行了初步探讨。

第 9 章为研究结论与启示。该章主要总结本书研究的主要结论，并提出促进开放条件下的新疆绿洲经济可持续发展的对策。

1.3 研究思路、方法与主要观点

1.3.1 研究思路

首先通过对贸易、经济增长与生态环境的理论历史回顾，系统分析贸易与经济增长、经济增长与生态环境、贸易与生态环境之间的传导机制，明确传导关系，提出研究假设。其次分析新疆贸易、经济增长与生态环境发展现状。然后根据现有资料和数据，运用现代经济分析方法，建立模型和实证分析检验三者之间的关系。最后给出促进新疆绿洲经济增长及可持续发展的环境贸易政策建议。

1.3.2 研究方法

本书在对国内外相关研究成果进行回顾和总结的基础上，以国际贸易理论、环境经济理论、经济发展理论为依据，综合运用规范研究与实证研究相结合的方法、计量分析法、文献法等研究方法，对开放条件下新疆绿洲经济增长与生态环境关系进行了较为系统的研究。具体研究方法如下：

一是规范研究与实证研究相结合的方法。尽管各种模型被广泛地运用在贸易、经济增长与生态环境关系的研究中，并得出了许多有价值的结论，但很多研究仍处于争论和探索阶段。本书在借鉴国外理论的基础上，提出贸易、经济增长和生态环境的传导机制，并通过新疆绿洲的数据进行实证检验。

二是计量分析方法。根据《中国环境年鉴》、《新疆统计年鉴》、《新疆五十年》、《中国海关统计年鉴》、世界贸易数据库以及新疆环保局公布的有关数据信息，对数据资料进行加工和提炼，运用图表、曲线和数理方程等形式进行计量分析，从而揭示其内在的数量关系。

三是文献资料研究法。利用各种历史文献研究新疆贸易、经济增长和生态环境的关系，并在运用前人研究资料的基础上，对已有研究成果进行归纳总结。

1.3.3 主要观点

本书的主要观点：

（1）贸易、经济增长与生态环境之间存在相互制约又相互促进的对立统一关系；

（2）开放经济条件下的新疆绿洲经济发展与新疆对外贸易发展密切相关；

（3）新疆绿洲对外贸易的发展对生态环境的影响较大，应转变对外贸易发展方式；

（4）新疆绿洲经济增长与生态环境相互制约，存在环境库兹涅茨曲线；

（5）贸易—经济增长—生态环境逻辑关系成立；

（6）制定科学合理的贸易政策和生态环境政策能促进新疆绿洲经济可持续发展。

1.4 技术路线

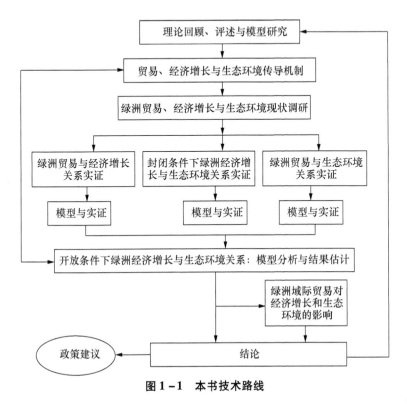

图 1-1 本书技术路线

1.5　主要创新与不足

1.5.1　主要创新

一是研究的内容创新。改革开放以来，新疆绿洲经济虽然持续增长，但生态环境恶化和资源耗用制约着新疆绿洲经济进一步可持续发展。尤其在中国实施西部大开发战略和国家对口援疆以来，新疆经济发展面临"大开发、大开放、大发展"的新的历史时期与机遇，工业化、农业现代化、城镇化的发展与生态环境协调问题将显得格外重要。国外在贸易与环境、贸易与经济增长等方面的理论和实证研究取得了一定的进展，但对特殊地区——绿洲贸易开放、环境与经济可持续发展问题的研究较为匮乏。本书以贸易、经济增长与生态环境的传导机理为理论和实证研究的基础，提出研究假设，初步构建研究绿洲贸易、经济增长与生态环境关系的逻辑框架，并收集数据对新疆绿洲贸易、环境、经济增长的内在关系进行实证检验，研究内容具有一定的创新性。

二是理论创新。本书较为系统地归纳总结了国内外的相关研究，结合内生增长理论、新—新贸易理论和经济地理理论，分析了贸易—经济增长—环境污染的传导机理，并研究了开放和封闭条件下绿洲经济增长与生态环境的关系，这对经济学向生态领域研究的拓展及绿洲生态环境变迁实证研究具有补充意义，具有一定的理论创新性。

三是研究方法的创新。虽然国内域际贸易、经济增长与生态环境关系的研究较多，然而迄今为止，在一个框架下对贸易、经济增长与生态环境关系的实证分析仍为数不多，本书利用 VAR 和 Panel Data 模型进行实证研究方法，并根据绿洲生态资源环境的特征，运用生态足迹法、虚拟水贸易、能源含污量计算等方法分析了绿洲经济增长与环境的关系，具有一定的方法创新性。

1.5.2　主要不足

虽然本书在诸多方面做了尝试性的理论探讨和经验实证检验，但由于本书涉及面广，部分理论研究内容的深度挖掘不够，绿洲经济与生态环境的关系的动态性研究不足，尤其对绿洲经济、贸易、生态环境的实变量和政策制度虚变量的研究还需要进一步探讨。除此以外，还存在以下不足：

一是新疆绿洲是绿洲经济的典型地区，绿洲经济总量占新疆经济总量95%

以上，但严格区分新疆经济与新疆绿洲经济存在统计数据缺失问题，因此本书在实证研究部分运用的数据为新疆经济、贸易和生态环境数据，这可能对研究的精准度有一定的影响。

二是新疆绿洲贸易存在"过境贸易"、"走廊贸易"的问题，完全剔除非绿洲生产而出口的商品贸易存在数据上的不可得性，本书虽然尝试运用工业出口交货值部分的代替新疆地产工业制成品的出口贸易数据，但仍未能完全真实地反映绿洲真实的贸易利益情况。

虽然以上的不足主要源于新疆绿洲经济发展的特殊性，但本书的研究已尽可能地还原绿洲经济、贸易与生态环境的关系。此外，应当看到的是，围绕上述不足，本书还存在非常广阔的研究空间和潜力。

第 2 章　相关理论与研究综述

2.1　绿洲与生态环境研究概述

2.1.1　绿洲与绿洲经济研究概述

绿洲是干旱区人类活动的主要场所和发展依托，也是人类长期改造自然、利用自然环境的产物。国外绿洲经济的研究，主要包括对中东、以色列以及埃及等国家的绿洲经济实践的研究。其研究内容大多集中于生态学方面，例如生物资源种群调查、水资源利用对绿洲持续发展的影响、自然环境变迁、经济开发等方面。Bornkamm 研究显示，埃及南部一些小绿洲植被中天然绿洲植物种类稀少，是不均匀分布的，植物种群不是依赖降水生存而是依赖地下水而生存[①]。Faragalla 研究了荒漠中的新农业绿洲，结果表明，新绿洲的灌溉活动为有害动植物种群创造了一个适宜的内外部环境，并逆转了新绿洲良好的发展趋势[②]。

中国绿洲研究起源于 20 世纪 30 年代中期，经过 70 余年的研究，主要在绿洲与绿洲系统、绿洲形成与演化、绿洲建设、绿洲生态系统的调控与可持续发展等方面取得了较为丰富的成果。早在 20 世纪 30~40 年代，我国学者就开始关注绿洲问题，黄汲清的《吐鲁番绿洲》和地理学家周立三的《哈密——一个典型的沙漠沃洲》研究了新疆绿洲的形成和历史变迁。在 50~80 年代，中国科学院联合其他的研究机构先后组织了较大规模的综合科学考察活动，在新疆、甘肃、

---

① Bornkamm R. Flora and Vegetation of Some Sall Oasis in South Egypt. Phytocoenologia, 1986, 14 (2): 275 – 284.

② Faragalla. Impact of Agrodesert on a Desert Ecosystem. Journal of Arid Environment, 1988, 15 (1): 99 – 102.

宁夏等地区开展了干旱区农、林、牧、水等资源调查、评价、开发工作，为后来的绿洲研究奠定了基础。1981 年，历史地理学家黄盛璋首次提出创建"绿洲学"，1984 年自然地理学家赵松桥首次提出"绿洲化"的概念，1993 年自然地理学家汪久文指出"绿洲化过程与荒漠化过程是干旱区最基本的两个地理过程，重视和加强对绿洲及绿洲化过程的研究，有着比荒漠化研究对人类的生存更积极、更直接的作用……"。

　　此后，绿洲研究引起了众多学者的广泛关注，研究领域和范围进一步扩展，涌现了一批专著，代表性的有《和田绿洲研究》、《甘肃绿洲》、《中国的沙漠和绿洲》、《中国绿洲》、《绿洲经济论》、《绿洲农业》、《民勤绿洲的开发与演变》、《干旱区绿洲农业可持续发展战略研究》、《河西地区绿洲资源优化配置研究》、《新疆绿洲可持续发展研究》① 等。这些著作对概括和总结绿洲的内涵与特征、绿洲分布与演化、绿洲和沙漠化的调控、绿洲开发与保护、绿洲经济可持续发展等方面进行了深入的研究。

　　随着绿洲研究的不断深入，新的研究方法和先进的技术广泛应用到与绿洲有关的研究中。例如，应用地理信息系统（Geographic Information System 或 Geo-Information System，GIS）、遥感（Remote Sensing，RS）、全球定位系统（Global Positioning System，GPS）等各种新手段和观测实验方法研究绿洲种群多样性与变化、绿洲生态景观和人文绿洲景观、绿洲形成与演化机制、绿洲人口与环境承载力、绿洲经济可持续发展等理论与应用的实践问题。在绿洲的形成与演变方面，樊自立②、冯亚斌③、刘秀娟④、陈隆亨⑤、贾宝全⑥代表性学者赋予"绿洲"新的含义，并按不同的分类标准对绿洲加以分类，并揭示绿洲时间和空间上的演变规律。在绿洲承载力的研究方面，张传国⑦等代表性学者运用模型研究了绿洲水

　　① 陈华. 和田绿洲研究［M］. 新疆人民出版社，1988；陈仲全，詹启仁等. 甘肃绿洲［M］. 中国林业出版社，1995；刘甲金，黄俊等. 绿洲经济论［M］. 新疆人民出版社，1995；张林源，王乃昂. 中国的沙漠和绿洲［M］. 甘肃教育出版社，1995；谢丽. 绿洲农业［M］. 江苏科学技术出版社，2001；申元村，汪久文等. 中国绿洲［M］. 河南大学出版社，2001；颉耀文，陈发虎. 民勤绿洲的开发与演变［M］. 科学出版社，2002；张勃，石惠春. 河西地区绿洲资源优化配置研究［M］. 科学出版社，2004；李万明. 干旱区绿洲农业可持续发展战略研究［M］. 中国农业出版社，2005；熊黑钢，韩茜. 新疆绿洲可持续发展研究［M］. 科学出版社，2008.

　　② 樊自立. 塔里木盆地绿洲形成与演变［J］. 地理学报，1993，48（5）：421－427.

　　③ 冯亚斌. 干旱区绿洲形成演变与开发利用研究［J］. 新疆环境保护，1994，16（4）：26－29.

　　④ 刘秀娟. 绿洲的形成机制和分类体系［J］新疆环境保护，1995，17（1）：1－6.

　　⑤ 陈隆亨. 荒漠绿洲的形成条件与过程［J］. 干旱区资源与环境，1995，9（3）：49－57.

　　⑥ 贾宝全. 绿洲—荒漠生态系统交错带环境演变过程初步研究［J］. 干旱区资源与环境，1995，9（3）：59－65.

　　⑦ 张传国. 干旱区绿洲承载力研究的全新审视与展望［J］. 资源科学，2002，24（2）：42－48.

资源、土地和人口的承载力,计算了适宜绿洲规模,并分析了绿洲的稳定性与可持续发展问题。有关绿洲经济与可持续发展研究方面,刘甲金[①]、韩德林[②]、徐建华等[③]代表性学者多学科交叉、融合地分析了绿洲经济发展的特征、内涵以及经济—地理生态系统。2004 年,刘甲金提出建设"绿洲经济学"的建议,概述了绿洲经济学的研究对象、任务、特点、重点以及研究方法,使绿洲经济问题的研究进一步系统化。

在诸多有关"绿洲"和"绿洲经济"的研究中,对新疆绿洲和绿洲经济的研究占据了重要的位置,尤其对绿洲经济可持续发展方面的研究。刘甲金、韩德林、樊自立、李秀萍[④]、綦群高[⑤]、李万明[⑥]、张军民[⑦]等代表性学者阐释"大绿洲"生态经济系统概念,认为绿洲的发展是区域人口、资源、环境和发展的开放性可持续性生态经济,应注重绿洲经济发展的生态安全,并实施绿洲生态—经济系统可持续发展战略构想。

综上所述,"绿洲"和"绿洲经济"的概念经历了由无到有、由小范围到大范围、由简单到复杂的过程。在绿洲形成和发展过程中,尤其是社会生产力的提高,使得绿洲小范围的系统性和保守性的特征逐渐弱化,绿洲与外部环境的联系也日益紧密,形成开放性的大范围的绿洲成为必然,绿洲整体系统向高级化、融合化方向不断演进。因此,根据绿洲经济发展的新特征,本书所提到的"绿洲经济"广义上泛指在一定地域内,人类集中开发利用各种资源营造人工生态景观,形成相对集约化生产的开放性经济—地理系统。

2.1.2　生态环境概述

生态环境是一个历史范畴概念,也是目前我国使用频率较高的专业术语之一。2013 年,十八大报告中首次系统性地提出推进"生态文明"建设,并纳入社会主义现代化建设总体布局。报告指出:"面对资源约束趋紧、环境污染严重、生态系统退化的严峻形势……节约资源是保护生态环境的根本之策……需要加大

① 刘甲金. 论绿洲经济 [J]. 南开经济研究, 1986, (2): 30 - 32.

② 韩德林. 运用系统动力学方法研究绿洲经济—生态系统——以玛纳斯绿洲为例 [J]. 地理学报, 1994, 49 (4): 307 - 316.

③ 徐建华等. 绿洲型城市生态经济系统发展仿真研究 [J]. 中国沙漠, 1996 (3): 235 - 241.

④ 李秀萍. 应用主成分分析、聚类分析划分新疆绿洲生态经济类型的初步研究 [J]. 干旱区地理, 2002 (2).

⑤ 綦群高. 绿洲经济持续发展的瓶颈 [J]. 新疆农垦经济, 1997 (6): 19 - 23.

⑥ 李万明. 绿洲生态—经济可持续发展理论与实践 [J]. 中国农村经济, 2009 (12): 47 - 51.

⑦ 张军民. 新疆玛纳斯河流域绿洲生态经济能值分析 [J]. 经济地理, 2007, 27 (3): 489 - 491.

自然生态系统和环境保护力度",这体现了我国对保护生态环境的重视①。

生态环境在我国的使用可追溯到 20 世纪 50 年代早期,其"母体"来自俄国,现与"Ecological Environment"相对应,但目前对生态环境概念与内涵还缺乏统一的认识与定义。一般意义上,生态学上的"生态"是指生物之间和生物与周围环境之间的相互联系、相互作用。环境概念相对宽泛,通常泛指地理环境,大致可分为自然环境、经济环境和社会文化环境等。生态与环境各自是相对独立的概念,但由于环境与人类的相互关系日益紧密,因此两者又紧密联系、从而出现了"生态环境"概念。

从国内目前使用的情况看,基本上有四个方面的理解:第一,认为生态不能修饰环境,通常说的生态环境应该理解为生态与环境,即是两个独立概念的并列。第二,当难以区分某问题或某事物是生态还是环境时,则可理解为生态或环境。第三,按照生态一词的本义,将生态用为褒义形容词修饰环境,认为生态环境不应包括环境污染和其他不良的环境,例如"生态文明"、"生态庄园"等。第四,生态环境既包括生态也包括环境,应是中性词,即生态环境包括污染和其他的环境问题②。本书研究中的生态环境,更倾向于第四种理解,研究绿洲生态环境应包括污染和其他环境问题,且这种研究具有重要的环境意义。

根据统计,截至 2013 年 2 月,中国知网(CNKI)期刊网中有 21938 篇文献在篇名中使用了"生态环境"术语,在博硕论文中题名使用"生态环境"的有1485 篇,有各种法律法规甚至《宪法》也涉及"生态环境",但表述各异。王孟本③在梳理了"生态环境"的国内外解释后,认为生态环境的定义为"对生物生长、发育、生殖、行为和分布有所影响的环境因子综合,生态环境比环境的内涵要小。如果以人类为主体,生态环境就是对人类生存和发展有影响的自然因子的综合"。此后,王晓丹等④、田亚平等⑤、马乐宽等⑥学者进一步探讨了与生态环境相关的概念,丰富了生态环境的内涵。目前,人们一般对生态环境理解为,生态环境是指各种生物及其生存繁衍的各种自然因素、条件的总和,包括由生态系统和环境系统中的各个子要素共同构成,是影响人类生存与发展的水资源、土地

---

① 胡锦涛. 十八大报告《坚定不移沿着中国特色社会主义道路前进 为全面建成小康社会而奋斗》[R]. 2012 年 11 月 8 日.

② 陈百明. 何谓生态环境?[EB/OL]. 中国环境网. 2012 - 10 - 31, http://www.cenews.com.cn/xwzx/gd/qt/201210/t20121030_ 731100. html.

③ 王孟本. "生态环境"概念的起源与内涵 [J]. 生态学报, 2003, 23 (9): 1910 - 1914.

④ 王晓丹, 钟祥浩. 生态环境脆弱性概念的若干问题探讨 [J]. 山地学报, 2003, 21 (S1): 21 - 25.

⑤ 田亚平, 邓运员. 概念辨析与实证:脆弱生态环境与退化生态环境 [J]. 经济地理, 2006, (5): 847 - 851.

⑥ 马乐宽, 李天宏. 关于生态环境需水概念与定义的探讨 [J]. 中国人口·资源与环境, 2008 (5): 168 - 170.

资源、生物资源以及气候资源数量与质量的总称，关系到社会和经济持续发展的复合生态系统。由于生态环境的复杂性，其有时在意义上与自然环境十分相近，易引起混用，但严格说来，生态环境并不等同于自然环境。自然环境的外延比较广，有时并不包括人类影响因子，因此范围较大，但只有具有一定生态关系构成的系统整体才能称为生态环境。

目前，国内学术界对生态环境的研究涉及面较广，比较集中的研究包括经济协调发展与生态环境良性循环问题、典型地区生态环境案例分析、人口发展与生态环境问题、生态环境的潜在破坏问题、生态环境价值与损失评估、典型流域生态环境演变与需水量、生态环境补偿等方面。

2.2 贸易与经济增长关系研究综述

2.2.1 贸易理论研究进展简介

已有的研究表明，国际贸易理论研究经历了四个阶段，包括古典贸易理论、新古典贸易理论、新贸易理论和新—新贸易理论。古典贸易理论以亚当·斯密的绝对优势理论以及大卫·李嘉图创立的比较优势理论为典型代表，核心是劳动价值论。绝对优势理论的核心内容是指如果两个国家分别生产两种产品，各自在生产中具有绝对的劳动生产率优势时，相互交换各自生产的绝对优势产品将使双方都获得利益，即"以己之长，换己所需"。该理论无法诠释那些国家的所有产品都处在绝对劣势地位时是否能进行贸易的问题。比较优势理论继承和发扬了绝对优势理论，主要阐释每个国家都应该专注于劣势较小的商品的生产和出口，进口劣势较大的产品的贸易方式，即"两优相权取其重，两劣相权择其轻"，该理论很好地诠释了国际贸易中的经济运行的一般规律和原则，成为国际贸易理论的基石[①]。新贸易理论以赫克歇尔—俄林（H－O）的要素禀赋理论为典型代表，后经萨缪尔森提出要素价格均等化理论得以补充完善。该理论摒弃了劳动价值理论，提出从不同的要素禀赋（要素的丰裕度与密集度）的角度来阐释国际贸易产生的根源，认为一个国家的贸易模式应该是出口本国较为富裕和密集的要素生产的产品，进口相对稀缺和昂贵的要素生产的产品，即要素禀赋的差异导致比较

---

① 丹尼斯·R.阿普尔亚德，阿尔佛雷德 J.菲尔德.国际经济学［M］.龚敏，陈深译.机械工业出版社，2001.

成本的差异从而产生国际贸易①。古典和新古典贸易理论一直是国际的主流理论，直到 20 世纪 70 年代，传统的贸易理论无法解释新的贸易现象，以保罗·克鲁格曼为代表的经济学家提出规模经济与不完全竞争的经济理论，主要包括产品周期论、人力资本论及以产业内贸易等有关贸易原因、贸易政策的静态模型与理论，提出了国际贸易的新模式②③。新—新贸易理论则更多关注贸易微观实体的研究，将新贸易理论中贸易企业是无差异的假设放松，提出异质性企业理论和模型（Trade Models with Heterogeneous Firms，HFFM）、企业内生边界模型（Endogenous Boundary Model of the Firm），从企业的角度解释贸易模式和贸易流量，研究对象、内容进一步微观化，开拓了国际贸易研究的新领域，但目前并未形成被广泛认可的理论框架，主要代表人物为 Meliz 等。

2.2.2 经济增长理论的演进简介

早期的古典经济研究中，人们经常混用经济发展、经济增长，认为二者并无明显的区别。直到 20 世纪 30 年代，新古典经济学家开始意识到，经济增长主要探寻增长的原因，经济发展则找寻经济增长的路径与模式。Kuznets 认为基于技术进步的经济增长能向人们提供丰富经济的商品④。此后，"经济增长的原因、经济增长的途径以及经济增长的稳定性"成为经济增长理论研究的主要问题。"二战"结束后，由于殖民地半殖民地国家纷纷独立，这些国家的经济发展问题引起经济学家的广泛关注，逐渐形成了新的经济学分支——发展经济学。发展经济学关注贫穷落后国家的整体经济发展水平的提高问题，更注重经济结构、经济政策与制度建设，这与传统的经济增长理论研究内容有着很大的不同。增长与发展开始被经济学家区别对待，经济增长特指更多的产出，经济发展不仅包括更多的产出，还意味着产出结构和生产过程中各种投入量分布的变化⑤，经济增长与经济发展更多本质性的区别被揭示出来。随着社会生产力的提高，经济发展与生态环境的矛盾开始显现，经济发展的内涵再一次取得突破，拓展到新的阶段——可持续发展阶段，人类对发展的认识进一步升华。

从经济发展研究的脉络上看，自 A. Smith 于 1776 年发表代表性著作《国民财富的性质与原因研究》（又称《国富论》）⑥ 以来，经济学家就一直致力于探求一国财富增长的源泉，增长与发展问题成为经济学永恒的主题。此后，现代增长

---

① 伯特尔·俄林. 区际贸易与国际贸易 [M]. 逯宇铎译. 华夏出版社，2008.
② 多米尼克·萨尔瓦多. 国际经济学 [M]. 朱宝宪等译. 清华大学出版社，2004.
③ 保罗·克鲁格曼. 克鲁格曼国际贸易新理论 [M]. 中国社会科学出版社，2001.
④ Kuznets S. Economic Growth and Income Equality. American Economic Review, 1955, 45 (1)：1 - 28.
⑤ Herrick B. , Kindleberger C. Economic Development. McGraw-Hill, 1983.
⑥ 亚当·斯密. 《国富论》[M]. 商务印书馆，1979.

理论经历了 20 世纪三四十年代哈罗德—多玛（Harrod－Domar）的古典增长模型、20 世纪 50 年代 R. Solow 以及 T. Swan 新古典增长理论以及 80 年代以来的 Romer 和 Lucas 的新增长理论。

20 世纪 30 年代，在"经济增长不稳定"的历史背景下，哈罗德—多玛古典增长模型基于凯恩斯（Keynes）有效需求理论，提出了"刀锋式"经济增长模式，认为经济增长率与储蓄率正相关，强调了资本转移、资本积累在经济增长中的重要性，开辟了研究经济长期动态过程的思想方法和分析思路①。

20 世纪 50 年代 R. Solow 和 T. Swan（1956）同时提出新古典经济增长理论。该模型主要基于以下假定：存在互相替代的资本和劳动力两种生产要素，即比例不固定；不存在生产要素的闲置，劳动力和资本都可以得到充分利用；经济处于完全竞争条件下，劳动力和资本都按照各自的边际生产力而分得相应的产量。通过对 Harrod－Domar 模型的修正和发展，该模型认为，当劳动力总供给不变，新增资本越多，得到报酬越少。模型还强调技术进步对经济增长的关键性作用，认为资本积累并不是经济增长的最重要的因素。新古典经济增长理论自 20 世纪 60 年代至 80 年代成为经济增长理论研究的主流学派，但由于模型存在增长率外生化的假设缺陷，因此对劳动增长率和技术进步来源难以作出合理的解释，也很难解释相同技术和人口增长率的国家经济增长率的差异问题。

新增长理论（内生增长理论）的代表人物 Romer 和 Lucas，改进了新古典增长模型，融合了经济增长理论与经济发展理论，着力揭示经济增长的根本原因，其理论强调经济增长并不是由外部力量引起的，而是经济体内部力量引起的，例如外生技术变化是经济当事人从事研究与开发（R&D）的结果。该理论明确了经济增长是由技术进步决定的，技术进步是内生的，发展研究获得知识是技术进步和经济增长的源泉。新增长理论将知识、人力资本等内生技术变化因素导入经济增长模式，遵循要素收益递增的假设原则，提出了知识外溢和边干边学内生增长、内生技术变化、线性技术内生、开放经济的内生增长以及专业分工、劳动分工的内生增长等思路。

新增长理论对解释当前经济增长和发展具有很强的说服力，例如强调技术内生化，认为知识积累对经济长期增长最为关键和重要，这也符合当前世界各国提出的要加强科技创新的现实，也反映出发达国家与发展中国家经济发展差异的原因。

2.2.3　贸易与经济增长关系的理论与经验研究综述

贸易与经济增长的关系从古典学派到新增长理论都颇受关注。贸易是否内

---

① 高鸿业. 宏观经济学 ［M］. 高等教育出版社，2010.

生？贸易推动经济增长或者是"经济增长的侍女"？出口贸易与进口贸易对经济增长的作用是否一致？净出口拉动经济增长的真实性？这些问题、理论和实证研究尚未形成一致的结论，即贸易是否能驱动经济增长？[①] 总体而言，对外贸易与经济增长的关系在古典经济学中表现为贸易有益于生产要素和生产条件"新组合"且可以加速"创造性破坏"，在新古典经济学中表现为贸易有益于外生的技术进步，在内生增长理论中贸易是一把双刃剑，它通过知识溢出和技术扩散对一国经济增长影响的大小及方向取决于该国自身的状况。[②]

2.2.3.1　贸易与经济增长关系的理论综述

1776 年亚当·斯密在《国富论》中，提出"看不见的手"的自由市场理论和绝对优势理论，其核心观点提出了分工是贸易的基础，分工能提高劳动生产率和促进发明，基于劳动生产率差异的分工和自由贸易将使贸易参加国获得贸易利益，进而带动贸易参加国的经济增长。其理论假设贸易参与国内的劳动力能实现充分就业，可以在部门内自由流动，为分工专业化生产提供了劳动力源泉。此后，马尔萨斯和大卫·李嘉图整合扩展了亚当·斯密的理论，通过整合形成了古典经济学。其中，1817 年，大卫·李嘉图在其《政治经济学及赋税原理》中提出了比较优势理论（2×2×1 模型，两个国家、两种商品、一种要素），运用抽象的一般化分析方法继承和发扬了亚当·斯密的理论。比较优势理论的核心是劳动价值论，由于劳动生产率的相对差异，造成国际市场上商品价值的差异，这种交换价值的差异使得贸易参与国按"两优相权取其重、两劣相权择其轻"进行国际分工，则贸易参与国都能获得贸易利益（总量比交换前更多）。1933 年，俄林在其代表性著作《区际贸易和国际贸易》中提出了 H－O（赫克歇尔—俄林，2×2×2 模型，两个国家、两种商品、两种要素）模型，该模型认为劳动生产率的差异是由各国要素不同造成的，即为通过国际贸易可以弥补国际间生产要素分布不均衡的缺陷，使各国都能更有效地利用各种生产要素，实现合理的国际分工，使贸易各国的生产率增长均得到提高，进而使经济得以增长。约翰·斯图亚特·穆勒（John Stuart Mill）提出了国际价值理论，指出贸易的直接经济优势在于促进了世界生产力更有效的利用，但除此之外，还有须从更高层次认识的间接效应，其中最显著的是市场的每一次扩张所带来的增进生产进程的趋势，其理论

---

① 庄丽娟，徐寒梅. 国际贸易驱动经济增长研究文献述评 [J]. 华南农业大学学报（社会科学版），2005，4（4）：1-7.

② 新增长理论对经济增长和经济发展提出了许多深刻的见解，在经济学理论界和各国经济实践中产生了广泛的影响。新增长理论目前仍在继续发展，新的理论模型还在不断产生，一些严格的假设条件逐步被放宽，越来越多的新增长理论家开始将政策变量纳入新增长模型，一些学者则利用新增长模型的分析框架对各国经济增长作了经验分析。可以预见，通过这些研究，新增长理论将逐步成熟起来。

是对李嘉图相对理论的重要补充①。

1937年，罗伯特逊（D. H. Robertson）提出了著名的"增长引擎"理论，又称"对外贸易是经济增长的发动机"学说。20世纪50年代，纳克斯通过分析部分发达国家和发展中国家在不同时期的贸易与经济增长后补充和完善了"增长引擎"学说，其认为，19世纪殖民地与宗主国的分工是垂直型的分工，中心国家（例如英国）与外围国家的进出口贸易是这些国家经济增长的主要原因，并进一步指出了贸易的直接利益和间接利益，即贸易的动态传导带动一个国家多部门的经济增长联动。此后，一部分经济学家不断完善和验证该理论，指出了该理论的不足和适用性（J. Riedel、R. Findlay）。科登（W. Corden）在《贸易对于增长率的影响》一书中强调要素供给和生产率的增长率，就贸易对增长的作用展开了更全面的讨论。Kohpaiboon②以泰国为研究对象，分析了贸易、FDI对经济增长的影响。Harry Bloch③、Krugman等人则进一步分析了出口推动经济增长的机制。部分学者并不认可"增长引擎"，他们认为对外贸易促进经济增长与一国经济发展水平和发展阶段密切相关，当该国国际分工处于不利的地位时，对外贸易影响经济增长的作用将大大降低，不应过分夸大贸易对经济增长的作用。例如巴格瓦蒂在"普雷维什—辛格命题"的基础上，提出了"贫困化增长"论点；克鲁维斯认为"对外贸易只是经济增长的侍女"。

1980年以来，新增长理论的代表人物罗默、卢卡斯、E. 哈根指出了贸易自由化存在技术效应、规模经济效应、资源配置效应、专业化效应，这些效应通过传导，加快发展中国家的经济增长。新增长理论与新—新贸易理论通过构建内生增长模型，分析贸易、技术进步及经济增长的关系，指出对外贸易与技术进步是促进经济增长的重要途径。此后，诺斯（North）、科斯从制度经济学的视角进一步分析了制度对经济增长、贸易的影响，其认为制度创新可以促进对外贸易的发展（例如鼓励出口的贸易政策）——对外贸易的发展可以促进技术进步（例如通过引进技术或"干中学"）——技术进步带动经济增长（因为技术进步是经济增长的决定性因素）——经济增长又能促进贸易增长和技术进步（更多的有竞争力的产品），因此，形成良好的相互促进的循环。

20世纪以来，新兴古典经济学发展（以杨小凯为代表）和对新古典经济学的整合过程中，部分学者（迪克特、斯蒂格利茨、克鲁格曼、琼斯）将亚当·

① 许和连. 出口促进经济增长的理论、模型及实证研究［D］. 湖南大学博士学位论文，2003.

② Archanun Kohpaiboon. Foreign Trade Regimes and The FDI - Growth Nexus：A Case Study of Thailand. Journal of Development Studies, 2003（40）.

③ Harry Bloch, Sam Hak Kan Tang. Deep Determinants of Economic Growth：Institutions, Geography and Openness to Trade. Progress in Development Studies, 2004（3）.

斯密古典经济学中的分工、专业化理论及其对国际贸易原因予以新的阐释。主要通过非线性规划和非古典数学规划法将分工和专业化变成决策和均衡模型，立足于内生比较优势的演进，分析了国际贸易的原因并预测贸易对经济增长的作用。

综上所述，贸易与经济增长的关系经过近 240 年的时间，从宏观层面到微观层面的研究，从古典经济理论到新兴古典经济理论，从劳动价值论、分工理论、专业化理论、要素论、决策均衡论到制度分析，从国家、企业的同质性到国家、企业的异质性，从规模经济到规模不经济，贸易与经济增长的关系解释角度众多，研究成果也较为丰富。但根据已有文献看，贸易与经济增长关系的宏观层面研究较多，但针对微观层面研究明显不足，理论有时很难诠释现实。因此，加入企业异质性理论的贸易与经济增长关系的研究还有很大研究空间和想象空间。

2.2.3.2　贸易与经济增长关系的经验研究综述

随着有关贸易与经济增长关系的理论研究的深入与拓展，二者关系的经验验证研究也从未间断。经验研究工具的创新为实证研究二者关系提供了可行性。为了验证贸易促进经济增长、贸易通过技术进步促进经济增长等命题，国内外学者运用计量模型进行了相关的实证分析与检验。

理论研究结论需要有力的经验支撑。国外大批学者对贸易与经济增长的关系做的实证分析理论研究结论需要有力的经验支撑。国外大批学者运用计量模型对贸易与经济增长的关系做了实证分析。巴拉萨[1]等人的研究表明，"在东亚高速增长经济中，开放一直伴随着全要素生产率增长的卓越表现"。Wacziarg[2] 运用 57 个国家的面板数据，分析了 1970 ~ 1989 年贸易开放和经济增长之间的联系，认为贸易开放通过价格、政府消费、投资、外商直接投资等影响因素促进了经济增长。Jung and Marshall[3]（1985）运用格兰杰因果关系检验法，分析了出口贸易与经济增长的因果关系。Amelia U. Santos-Paulino[4]（2005）实证分析了贸易自由化对发展中国家的绩效，指出降低关税对发展中国家的影响。Umme Humayara Mannil 等[5]（2010）运用最小二乘法（OLS）分析了 1980 ~ 2010 年贸易自由化对孟加拉国经济增长的影响，结果表明贸易自由化是经济增长的源泉，贸易开发度

①　庄丽娟，徐寒梅. 国际贸易驱动经济增长研究文献述评［J］. 华南农业大学学报（社会科学版），2005，4（4）：1 - 7.

②　Wacziarg R. Measuring the Dynamic Gains from Trade. World Bank Economic Review, 2001, 15（3）：393 - 429.

③　徐炳胜. 外贸—增长效应理论研究进展［J］. 河北经贸大学学报，2007，28（1）：44 - 52.

④　Santos-Paulino, Amelia U. Trade Liberalisation and Economic Performance：Theory and Evidence for Developing Countries. World Economy, 2005, 28（6）：783 - 821.

⑤　Mannil, Umme Humayara; Siddiqui, Shamim Ahmad; Afzal, Munshi Naser Ibne. An Empirical Investigation on Trade Openness and Economic Growth in Bangladesh Economy. Asian Social Science, 2012, 8（11）：154 - 159.

越大对经济增长越明显。Antonio N. Bojanic[①] 运用协整的方法分析了玻利维亚 1940~2010 年贸易开放与经济增长的关系，实证结果表明，贸易开放与经济增长存在长期的均衡关系，并且是单向的因果关系。Dritsaki 等[②]研究运用协整理论与方法研究了保加利亚对外贸易开放、金融发展与经济增长的关系，结果表明金融发展与贸易开放对经济增长具有双向因果关系。

我国学者对贸易与经济增长关系的研究起步较晚，大多数研究于改革开放后跟随国外实证研究方法，但研究方法、研究结果存在差异性。研究大致分为三个阶段：

第一阶段研究萌芽阶段（1986~1999 年）。

在这一阶段，以朱乃肖、贺立平、杨文进、姚勇、彭宏伟、沈程翔等人的研究为代表，主要从理论上阐释了对外贸易与经济增长的关系。沈程翔（1999）运用模型分析了中国出口导向型经济的发展情况。冯正强[③]运用回归模型分析了湖南省 1982~1995 年对外贸易与经济增长的关系，结果表明湖南省对外贸易促进了经济增长。

第二阶段研究发展阶段（2000~2005 年）。

李军[④]根据我国 1991 年 1 月至 1999 年 12 月的进出口月度数据协整检验了进出口与经济增长的关系，但不同时期存在不同的相关性。林毅夫等[⑤]通过对 GDP 增长率的分解，建立回归模型，修正考察了中国对外贸易与经济增长的情况，得到更为真实的贸易对经济增长的贡献。石传玉[⑥]对中国 1952~2000 年的进出口贸易与经济增长关系进行了协整分析，运用 E—G 两步法修正模型，结果表明短期内出口促进经济增长，进口不显著，但长期均共同促进经济增长。张立光等[⑦]运用协整理论和格兰杰因果检验方法，实证验证了中国贸易依存度与经济增长的均衡关系，结果表明贸易开放度对国内生产总值的拉动不明显。王坤等[⑧]根据我国

① Bojanic, Antonio N. The Impact of Financial Development and Trade on the Economic Growth of Bolivia. Journal of Applied Economics, 2012, 15 (1): 51-70.

② Dritsaki, Melina; Dritsaki, Chaido. Bound Testing Approach for Cointegration and Causality Between Financial Development, Trade Openness and Economic Growth in Bulgaria. IUP Journal of Applied Economics, 2013, 12 (1): 50-67.

③ 冯正强. 区域对外贸易和经济增长关系模型研究 [J]. 中南工业大学学报, 1999, 30 (3): 327-329.

④ 李军. 我国对外贸易与经济增长关系的实证研究 [J]. 统计与信息论坛, 2001, 16 (48): 32-37.

⑤ 林毅夫, 李永军. 必要的修正——对外贸易与经济增长关系的再考察 [J]. 国际贸易, 2001 (9): 22-26.

⑥ 石传玉. 我国对外贸易与经济增长关系的实证分析 [J]. 南开经济研究, 2003 (1): 53-58.

⑦ 张立光, 郭研. 我国贸易开放度与经济增长关系的实证研究 [J]. 财经研究, 2004, 30 (3): 113-121.

⑧ 王坤, 张书云. 中国对外贸易与经济增长关系的协整性分析 [J]. 数量经济技术经济研究, 2004 (4): 26-33.

1978～2002 年经济增长与贸易数据，协整并分析格兰杰检验二者相关关系，结果表明二者长期和短期都存在互为因果关系。范柏乃等[①]根据 1952～2001 年发布的年度统计数据，运用格兰杰因果检验了进口贸易与经济增长的互为因果的关系。李明武（2004）等多位学者通过协整理论和格兰杰因果检验分析中国以及中国部分省份的对外贸易与经济增长的关系。

第三阶段：研究发展阶段（2006 年～）。

2005 年后的贸易与经济增长关系的研究，其方法趋于多样，理论研究仍没有脱离先前的研究模式，但研究范围和研究内容不断扩展。从国家层面逐渐拓展到中国区域、省市的研究，由单纯的贸易与经济增长关系拓展为进口贸易或出口贸易与经济增长关系研究；由总贸易拓展至服务贸易、技术贸易（或其他贸易方式）与经济增长的关系研究；由全行业贸易拓展至某行业贸易与产业增加值关系的研究；由贸易与经济增长关系研究拓展至贸易、FDI（或国内投资、金融等）与经济增长关系的研究；研究方法也有了一些新的突破。尚涛等[②]运用 VAR 模型分析了我国服务贸易自由化与经济增长的关系，研究结果表明，服务贸易进出口与经济增长存在双向因果关系。杜红梅等[③]根据中国 1980～2004 年的数据，运用最小二乘法，实证分析了农产品出口与农业经济增长的关系，发现农产品出口短期促进农业经济发展。包群[④]运用模型验证了贸易开放与经济增长非线性关系，并运用中国省份面板数据估计出贸易开放与经济增长关系为倒 U 形曲线。赵丽佳等[⑤]运用回归模型，考察进口加工贸易、一般贸易与我国经济增长的关系，发现加工贸易与我国经济增长关系紧密，存在长期均衡关系。宣烨等[⑥]运用 E—G 二步法和格兰杰因果检验法验证中国产业贸易与经济增长的关系，发现二者关系存在长期协整和双向因果关系。尹忠明[⑦]根据我国 1982～2007 年服务贸易数据，运用协整模型和脉冲响应函数，分析中国服务贸易与经济增长的关系，结果表

① 范柏乃，王益兵. 我国进口贸易与经济增长的互动关系研究 [J]. 国际贸易问题研究，2004（4）：8－13.

② 尚涛，郭根龙，冯宗宪. 我国服务贸易自由化与经济增长的关系研究——基于脉冲响应函数方法的分析 [J]. 国际贸易问题，2007（8）：92－98.

③ 杜红梅，安龙送. 我国农产品对外贸易与农业经济增长关系的实证分析 [J]. 农业技术经济，2007（4）：53－58.

④ 包群. 贸易开放与经济增长：只是线性关系吗 [J]. 世界经济，2008（9）：3－18.

⑤ 赵丽佳，冯中朝. 加工贸易进口、一般贸易进口与经济增长关系——一个协整和影响机制的经验研究 [J]. 世界经济，2008（8）：31－43.

⑥ 宣烨，李思慧. 产业内贸易与经济增长：基于协整关系的分析 [J]. 商业研究，2009（11）：122－125.

⑦ 尹忠明，姚星. 中国服务贸易结构与经济增长关系研究——基于 VAR 模型的动态效应分析 [J]. 云南财经大学学报，2009（5）：25－33.

明，传统服务出口贸易促进经济增长，但从长期经济发展来看，经济增长不利于服务贸易的进出口。许广月等①分析了中国1980~2007年的出口贸易与经济增长的关系，发现出口贸易是经济增长的原因。

2.3 经济增长与生态环境关系的研究综述

2.3.1 经济增长与生态环境关系的理论研究进展

早期的经济研究较少考虑生态环境问题，例如威廉·配第（William Petty）提出的"劳动是财富之父"、"土地是财富之母"的观点认为土地具有创造价值，且这种创造价值（尽管其混淆了使用价值与价值的区别）能够带来经济增长，这可算经济增长与生态环境关系研究的萌芽思想。随后较早开始涉及研究经济增长与生态环境研究的经济学家马尔萨斯提出了"马尔萨斯人口陷阱"（The Theory of Population Trap），该理论认为，发展中国家人口增速过快，导致生态环境承载力不足，制约了发展中国家的经济增长与发展，这也是发展中国家贫困的重要原因。因此，发展中国家要发展经济，应控制人口规模，因为人口、资源与贫困是相互交织的，因此考虑"人口—资源—生态环境"的协调发展。虽然发展中国家贫困的根源并不是人口问题，但该理论为后继的经济增长与生态环境关系的研究提供了一定的研究基础。

李嘉图在其地租理论的研究中，早期认为"初到一个地方殖民，那里有大量富饶而肥沃的土地……不存在地租"，即这时土地具有足够的承载力，考虑土地资源的稀缺性是多余的，"随着人口的增长，质量较坏或位置较不利的土地投入耕种，使用土地才支付地租……"②，这事实上反映出李嘉图已经意识到，土地资源应该是稀缺的，存在边际报酬递减现象，这种现象的出现意味着土地资源不是无限的，其稀缺将制约农业的发展，进而制约农业经济的增长。马克思的地租理论同样认为不同土地生产的商品在数量或质量上存在差异，肥沃土地产出的利润高，贫瘠土地产出的利润低，即土地资源的好坏将制约农业的产出利润，影响农业经济的增长。

在新古典经济学发展时期（"二战"结束前），大多数的经济学家构建的增

① 许广月，宋德勇. 我国出口贸易、经济增长与碳排放关系的实证研究［J］. 国际贸易问题，2010
（1）：74-79.

② 大卫·李嘉图. 政治经济学及赋税原理［M］. 郭大力等译. 译林出版社，2011.

长模型更关注经济增长的根本原因，认为传统的生产要素（土地、劳动力）并不能完全解释经济增长的内在动因，而是对技术进步、制度更为关注（自然资源是外生变量，技术进步和制度创新可以解决生态环境和资源束缚问题），因此这一时期生态环境与经济增长的研究较少。"二战"结束后，尤其是 1960 年以后，随着世界经济的复苏与繁荣，大生产、大消费、大流通造成能源、资源消耗迅速增加，废水、废气、废物排放造成的大气污染、水污染以及土壤污染日益严重，生态环境的承载力遭受考验。部分经济学家重新审视生态环境与经济增长的关系，技术进步和制度创新能否实际解决生态环境的约束重新成为焦点。这标志着人类首次重视环境的著作《寂静的春天》（蕾切尔·卡逊，1962）最先敲响环境污染造成损害的警钟，该书引发了众多学者和民众对环境的关注，生态环境保护问题也因此被各国政府提上议程。1972 年，联合国召开"人类环境大会"，通过"人类环境宣言"，成为环境保护里程碑的事件。同年，罗马俱乐部 1972 年发布《增长的极限》报告，就人们关注的人口问题、粮食问题、生态环境问题首次运用模型的方法进行了解释，主要提出的"增长的极限来自地球局限性"、"增长与污染的反馈环路问题"、"均衡发展问题[①]"等观点，揭开了众多学者参与研究和保护生态环境的序幕。

Dasgupta Partha，Heal Geoffrey[②] 指出人类的生产活动需要用到大量的资源和能源，但从长远看，这些能源和资源供应量有限（尤其是自然资源），最终将制约经济的增长。Goeller 等[③]在其论文 *The Age of Sustainability* 中指出人类发展需要能源，但不可再生能源逐渐减少，人们应循环利用废弃物作为替代能源，才能满足经济发展的需要。Dasgupta Partha，Eastwood Robert，Heal Geoffrey[④] 用模型实证分析了一国在对外贸易活动中资源丰富的国家应出口资源丰裕生产的商品，减少自然资源的直接出口，该种干预政策既有利于促进经济增长也有利于保护国内生态环境。Beckerman[⑤] 评论部分学者的研究成果，解释了环境的价值，分析了

---

① 丹尼斯·米都斯等. 增长的极限——罗马俱乐部关于人类困境的报告 [M]. 李宝恒译. 吉林出版社，2005.

② Dasgupta Partha，Heal Geoffrey，The Optimal Depletion of Exhaustible Resources. Review of Economic Studies. Special Issue.，1974，41（128）：3 – 26.

③ Goeller，H. E.；Weinberg. The Age of Substitutability. Alvin M. Science，1976.

④ Dasgupta Partha，Eastwood Robert，Heal Geoffrey. Resource Management in a Trading Economy. Quarterly Journal of Economics，1978，92（2）：297 – 306.

⑤ Beckerman，W. Nature，the Environment as a Commodity，1992；

Beckerman，W. Sustainable Development. Environmental Values. Autumn，1994，3（3）：191；

Beckerman，W. Environment and Resource Policies for the World Economy. Economic Journal，1997，107（444）：1584 – 1586.

生态环境与经济发展的关系。Cohen Joel E.[①] 讨论人口的快速增长对资源消费的影响以及对经济增长的影响，并预测了人口的适度规模。此外，部分学者在研究中拓展了经济增长与资源关系的研究范围，将生态环境与可持续发展紧密的联系起来并从理论上解释了环境库兹涅茨曲线。Bretschger，Lucas[②] 分析了自然资源利用与经济发展的关系，解释了技术变革有可能弥补自然的匮乏，但自然的稀缺性仍然存在，应增加技术创新投入，减少资源使用，控制人口，使经济可持续发展。

目前，经济增长与生态环境的理论研究的主要是内生增长理论如何考虑生态环境这一变量，尽管有模型将生态环境（实际上是自然资源）作为内生增长的内生变量加以解释，但如何完善该理论模型并构建成一致认可的模型还存在一定的难度和研究的空间。

2.3.2 经济增长与生态环境关系的经验研究进展

关于经济增长与生态环境关系的经验研究，国外研究成果较为丰富，从早期对经济增长的极限中的资源——增长模型为开始，1990 年以前的研究大多采用定性为主、定量为辅的经验研究方式。随着计量经济学的发展，1990 年以后，国外对经济增长与生态环境的实证研究首先围绕环境库兹涅茨曲线（EKC）是否成立展开。所谓 EKC 是指经济增长与环境污染水平之间的倒 U 形关系——经济发展处于较低阶段时，人均收入较低，由于迫切追求经济增长以提高人均收入而大量进行生产，导致环境污染程度随着经济增长上升；当经济发展到一定程度，人均收入提高的同时人们的环境保护意识也随之提高，人们更愿意增加投入改善环境，减少污染物排放而导致生态环境改善，这里倒 U 形的顶部就是人均收入达到高点，环境污染将开始减少的点，通常称之为倒 U 形拐点。验证 EKC 是否成立的关键要验证是否存在这样的拐点[③]。在此基础上，部分学者还定量分析了环境污染（如废水、废气等污染物）与经济增长的关系，验证影响二者关系的内在机制以及经济发展能通过何种方式形成 EKC 曲线的拐点以控制、减少污染，以及环境污染跨国界转移对东道国的影响等问题。

Gene M. Grossman 和 Alan B. Krueger 提出环境库兹涅茨曲线后，部分学者开始对这一假设进行验证，采取的方法多为线性回归和面板数据。最先开始验

① Cohen Joel E. Population, Economics, Environment and Culture: An Introduction to Human Carrying Capacity. Journal of Applied Ecology, 1997, 34 (6): 1325 – 1333.

② Bretschger, Lucas. Economics of Technological Change and the Natural Environment: How Effective Are Innovations As a Remedy for Resource Scarcity? Ecological Economics, 2005, 54 (3): 148 – 163.

③ 顾春林. 体制转型期的我国经济增长与环境污染水平关系研究 [D]. 复旦大学硕士学位论文，2003.

证的是 Nemat Shafik 和 Sushenjit Bandyopadhyay，通过研究他们发现部分污染物符合 EKC，但部分污染与人均收入关系较小。Panayotou，Theodore[①] 验证了不同经济发展阶段经济增长与环境之间的 EKC 关系，分析了结构变化、技术变化、经济与环境政策对经济增长与环境污染的作用，提出改进技术和提高收入改善环境质量的建议。Bradford，David F.；Fender，Rebecca A.；Shore，Stephen H.；Wagner，Martin，B. E.[②] 通过非线性方程模型和面板数据修正了 Gene M. Grossman 和 Alan B. Krueger 研究结果，发现 14 个污染物中仅有 6 个验证了环境库兹涅茨曲线。Orubu，Christopher O. 等[③]验证了非洲人均收入和环境恶化的关系，采用悬浮颗粒物和有机水污染的数据验证 EKC，发现随着非洲人均收入的增加环境污染增加，但有可能出现拐点，应采取严厉的措施遏制环境恶化，如图 2 - 1 所示。

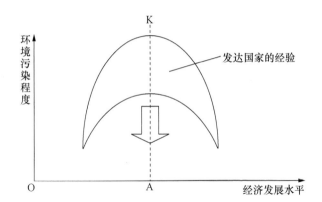

图 2 - 1　环境库兹涅茨曲线

事实上，从 EBSCO 数据库和 Web of Science（SCI，SSCI）数据查询，2000 ～ 2012 年有关环境库兹涅茨曲线验证的文献非常丰富，涉及各大洲、国家甚至省市。来自不同地域的学者主要选取不同的污染物指标（氨氮、氢氧化物、烟尘、

① Panayotou, Theodore. Economic Growth and the Environment. Economic Survey of Europe, 2003（2）：45 - 67.

② Bradford, David F.；Fender, Rebecca A.；Shore, Stephen H.；Wagner, Martin, B. E. The Environmental Kuznets Curve：Exploring a Fresh Specification . Journal of Economic Analysis & Policy：Contributions to Economic Analysis & Policy, 2005, 4（1）：1 - 30.

③ Orubu, Christopher O.；Omotor, Douglason G. . Environmental Quality and Economic Growth：Searching for Environmental Kuznets Curves for Air and Water Pollutants in Africa. Energy Policy, 2001, 39（7）：4178 - 4188.

总悬浮颗粒物、二氧化硫、甲烷等），运用面板数据验证了 EKC，阐释了 EKC 曲线的形状，分析了影响 EKC 形状的原因和影响路径（人均收入、经济结构、环境规制等）。研究结论大体表明，EKC 假设在不同国家有不同的形态，受不同原因的影响，但都认为应促进技术进步、提高人均收入和加强环境规制，遏制环境质量的恶化。

由于我国改革开放至今仅 30 余年，经济保持持续高速增长，早期并未注意到经济发展与生态环境的关系，加之我国幅员辽阔，经济发展水平差异大，生态环境形态各异，因此我国学者在该领域开展理论和实证研究都较晚。1980～1989年，关于经济增长与环境关系的研究主要处于消化、吸收和借鉴的阶段，例如谭崇台、林富瑞、郭保平、葛耀良、夏光、石良平等学者分析了经济增长与环境污染、环境保护问题，研究以定性为主。1990～2004 年，该领域的研究进入起步阶段，出现了一些研究成果。胡鞍钢[①]主要分析了影响环境质量变化的人口、经济增长与技术变化因素，提出了环境变迁的发展阶段，认为应控制人口、促进技术以改善环境。李京文等[②]分析了中国经济增长中能耗增加破坏环境的情况，主要针对二氧化碳的分析。李涌平[③]提出了人口增长、经济发展与环境调节的协调发展问题。陈曼生[④]指出了经济发展与环境保护是相互对立又相互统一的，协调是客观的内在的要求。李长明[⑤]分析了经济增长、生态环境与能源的关系，提出协调发展的政策建议。洪阳等[⑥]从理论上探讨了环境质量与经济增长的 EKC 关系，指出环境质量的三种发展轨迹，提出中国经济可持续发展建议。王海建[⑦]利用内生增长模型，将可耗竭性资源纳入生产函数，讨论了政策含义。沈满洪等[⑧]探讨了浙江人均收入与工业三废的关系，发现波浪式 EKC 并给出了解释。吴玉萍等[⑨]利用北京市数据，分析经济和环境因子关系，建立 EKC 验证模型，证明了

① 胡鞍钢. 人口增长、经济增长、技术变化与环境变迁——中国现代环境变迁（1952～1990）[J]. 环境科学进展, 1993, 1 (5)：1 - 17.

② 李京文, 龚飞鸿. 能源、环境与中国经济增长 [J]. 数量经济技术经济研究, 1994 (1)：3 - 14.

③ 李涌平. 人口增长、经济发展、环境调节的综合体现了社会可持续发展 [J]. 人口经济, 1995 (5)：20 - 26.

④ 陈曼生. 经济增长与环境保护的协调发展研究 [J]. 南方经济, 1997 (2)：15 - 17.

⑤ 李长明. 经济增长、能源与生态环境 [J]. 中国工业经济, 1997 (8)：15 - 19.

⑥ 洪阳, 栾胜基. 环境质量与经济增长的库兹涅茨关系探讨 [J]. 上海环境科学, 1999, 18 (3)：112 - 114.

⑦ 王海建. 资源约束、环境污染与内生经济增长 [J] 复旦学报（社会科学版）, 2000 (1)：76 - 80.

⑧ 沈满洪, 徐云华. 一种新型的环境库兹涅茨曲线——浙江省工业化进程中经济增长与环境变迁的关系研究 [J]. 浙江社会科学, 2000 (4)：53 - 57.

⑨ 吴玉萍, 董锁成, 宋键峰. 北京市经济增长与环境污染水平计量模型研究 [J]. 地理研究, 2002, 21 (2)：239 - 246.

北京市 EKC 拐点存在。

2004 年之后，随着中国经济增长的加快，环境问题逐渐凸显，可持续发展日益得到人们的重视，中国对经济增长与环境污染关系的研究进入高峰期。代表性的研究包括彭水军（2005）研究了基于广义脉冲响应函数法和时序数据的中国经济增长与环境污染的关系，检验了中国环境库兹涅茨曲线假说；包群（2005）分析了开放条件下经济增长与环境污染的关系；He，Jie；Wang，Hua[1] 及 Liu，Lee[2] 运用中国的面板数据验证 EKC，结果表明，技术进步、经济结构、发展战略和环境规制对处理好经济增长与环境质量的关系有重要的意义，并解释了决定EKC 曲线形状的原因。

2.4　贸易与生态环境关系的研究综述

贸易与生态环境密切相关问题虽然很早就已经出现，例如在古典贸易理论时期，亚当·斯密、李嘉图以及俄林在其各自的理论中已经注意到分工产生的国际贸易，可能导致某一国专注于某类商品的生产，导致密集使用的要素边际报酬递减。但由于新古典经济学理论和新贸易理论认为资源是无限的、外生的，不是决定经济增长的根本原因，因此很少关注对外贸易与生态环境的关系。学者和政府对生态环境与贸易关系的理论阐述与经验实证检验因此经历了一个相当长的历程。早期人们甚至认为生态环境问题是一国国内的问题，而对外贸易是两个或两个以上国家（或地区）之间的贸易利益分配问题，但随着工业化进程的加快和科技革命的进步，对外贸易成为影响经济增长的重要因素之一。尤其1970 年以来，人们开始认识到，对外贸易的增长尤其是出口贸易的快速发展意味着本国消耗更多的能源、资源，将出现环境污染、资源枯竭、动植物濒临灭绝以及生产要素功能下降等问题，贸易与生态环境的变化的关系日趋变得敏感与复杂。

对于贸易与生态环境的理论研究，经济学界一直处于"贸易损坏环境"或"贸易有益环境"的"两难"境地，环境经济学者和推崇自由贸易的学者各执一词。也有部分"中庸"学者认为贸易可以有益于环境也可能破坏环境，这取决

① He，Jie；Wang，Hua. Economic Structure，Development Policy and Environmental Quality：An Empirical Analysis of Environmental Kuznets Curves with Chinese Municipal Data. Ecological Economics，2012（76）：49 - 59.

② Liu，Lee. Environmental Poverty，a Decomposed Environmental Kuznets Curve，and Alternatives：Sustainability Lessons from China . Ecological Economics，2012（73）86 - 92.

于贸易的增长效应。但大部分学者都认可自由贸易将促进经济增长，增加参与国社会福利，如果自由贸易带来的各国国民福利的改善超过对环境破坏，国民福利增加的一部分可以用来改善治理环境，可能有益于环境的改善，减轻环境压力，前提是贸易政策与环境政策能良好的协同。

围绕贸易与环境关系的"两难"困境，学者们着重开始研究：贸易与生态环境影响的因果关系？贸易在经济增长影响生态环境机制中的作用力与反作用力？贸易与环境的关系在发达国家与发展中国家是否一致？贸易政策、环境政策与经济政策如何协调？非关税贸易壁垒与环境的关系？针对这些问题的研究，各国学者采用理论与实证相结合的方法展开了研究，成果颇为丰富。

Ulph[1]利用一般均衡模型分析了贸易自由化对环境的可能影响，以及决定贸易影响环境的因素，解释了厂商的生产战略对生态环境的影响。Ulph[2]认为2002年以前的10年间，关于贸易政策和环境政策的研究引起广泛的关注，主要是由于全球化的发展带来全球化的污染，但发展中国家对"公平竞争环境"的环保法规表示质疑，并提出了相关的政策建议。

Werner Antweiler等[3]运用模型，以二氧化硫为污染物数据，探讨了国际市场的开放程度与环境污染的关系，结果表明贸易引致的技术进步将减少环境的污染，对外贸易规模越大，二氧化硫污染浓度越低，因此"令人吃惊的结论"是自由贸易有利于环境的改善。针对Antweiler的研究结论，"贸易有害环境"的学者通过研究提出了相悖的结论。

G. Ipek Tunç（2010）归纳了相关学者对单一国家或区域集团对国际贸易与环境关系方面的研究方法和结论，以土耳其为例，分析了土耳其的经济环境以及自由化带来的影响，运用投入产出模型分析二氧化碳排放与贸易的关系，测算了"污染贸易指数"，并指出了土耳其污染排放情况以及清洁或肮脏的经济行为。

通过对有关贸易政策与环境政策研究的文献的归纳总结，目前主要借助一般均衡模型（CGE）、引力模型、投入产出模型分析贸易的环境效应——规模效应、结构效应、技术效应、产出效应以及政策效应。代表性的学者有 Anderson and Blackhurst、Gorden、Stevens、Runge、Cole, Rayner and Bates、Perroni and Wigle、

① Ulph, Alistair. Environmental Policy and International Trade . Journal of Environmental Economics & Management, 1996, 30 (3): 265.

② Alistair Ulph. Environment and Trade: the Implications of Imperfect Information and Political Economy. World Trade Review, 2002, 1 (3): 235 –256.

③ Werner Antweiler, Brian R. Copeland & M. Scott Taylor. Is Free Trade Good for the Environment?, American Economic Review, American Economic Association, 2001, 91 (4): 877 –908.

Beghin、Lee and Roland-Holst、Bandara and Coxhead[①] 等。

此后关于跨国公司产业转移带来"南北贸易中的污染天堂"的理论界的争论，以及发展中国家关于"囚徒困境"、"向底线（环境底线）赛跑"命题成为研究的焦点。南北贸易关系与"污染天堂"假说问题的研究主要集中自由贸易中发达国家与发展中国家是否存在由"污染产业转移"带来的环境问题。Copeland 和 Taylor 运用南北贸易模型（South-North Model）重点分析了自由贸易、国际收入转移对污染水平的影响[②]。Robinson 研究表明 1973～1982 年美国进口商品的污染含量增长率高于出口产品，即美国更多地进口污染密集型商品。这些现象充分说明了富裕国家苛刻的环境标准迫使污染产业向环境管制较为宽松的发展中国家迁移。他们认为除了环境管制之外，还有其他因素能够对产业迁移起到推动作用。Esty 和 Geradin 提出"向（环境标准）底线赛跑"理论，即贸易自由化引起国际贸易竞争加剧，为保持或者提高本国产品在国际市场的竞争力，世界各国降低生态环境标准，导致各国环境标准不断下降，全球生态环境污染日益严重，这种现象被称为"向（环境标准）底线赛跑"，其实质是贸易与环境领域的"囚徒困境"博弈的结果。

我国在改革开放后，为追求 GDP 的增长，非常重视对外贸易对经济的拉动作用。国内对贸易与环境问题的研究起步相对较晚，但随着外向型经济为主的发展带来的诸多问题（例如环境问题），贸易与生态环境的问题成为研究焦点之一。查阅 CNKI 文献资料的结果显示，期刊文献中主题与贸易和环境有关的文献近 2 万条目，博硕论文 1.2 万余条目；题名与贸易、环境相关的文献近 1800 条目，博硕论文 330 余条目。根据研究情况，1980～2004 年的 20 年间文献偏少，大致表明这一时期为国内学者对贸易与环境研究的起步时期（主要以定性研究为主）；2005 年以后，相关文献数量大幅增加，研究方法、内容取得一定突破，大致表

① Grossman, Gene M. & Krueger, Alan B. Economic Growth and the Environment. The Quarterly Journal of Economics, MIT Press, 1995, 110 (2): 353.

Selden Thomas M. & Song Daqing. Environmental Quality and Development: Is There a Kuznets Curve for Air Pollution Emissions? Journal of Environmental Economics and Management, Elsevier, 1994, 27 (2): 147–162.

Adam B. Jaffe et al.. Environmental Regulation and the Competitiveness of U. S. Manufacturing: What Does the Evidence Tell Us? Journal of Economic Literature, American Economic Association, 1995, 33 (1): 132–163.

Kenneth Y. Chay & Michael Greenstone. The Impact of Air Pollution on Infant Mortality: Evidence From Geographic Variation in Pollution Shocks Induced By A Recession. The Quarterly Journal of Economics, MIT Press, 2003, 118 (3): 1121–1167.

② 彭水军. 经济增长、贸易与环境 [D]. 湖南大学博士学位论文，2005.

明这一时期为国内学者贸易与环境研究的发展时期（理论与实证并重）①。

夏友富②分析了 GATT 中关于环境保护的规则，分析了 WTO 协调贸易与环境促进持续发展的新任务。卢荣忠③分析了环境成本内在化对比较优势、商品结构、商品流向、南北贸易等方面的影响。曾凡银等④分析了贸易自由化和环境保护的关系，认为发达国家提出的环境保护不利于发展中国家经济发展。曲如晓⑤运用局部均衡分析法，分析了环境成本与贸易福利效应的问题。段琼⑥选用环境管制指标，分析了中国工业调整后显性比较优势，结论表明国内环境政策不影响国际贸易竞争力。张连众等⑦运用一般均衡模型，分析了贸易自由化对我国环境污染的相关效应（规模效应、组成效应等），结果表明贸易自由化有利于我国环境保护。王军⑧归纳总结贸易与环境研究的现状，考察了贸易自由化与环境、环境管制与竞争力和贸易政策的问题。杨海生等⑨选取中国省份的贸易、FDI、经济与环境数据，验证了 EKC 在中国是否存在，结果表明贸易对中国 EKC 没有直接影响。之后，沈亚芳等⑩、许士春⑪对中国的贸易与环境问题展开了研究，并取得了较为丰富的成果。程雁等⑫运用模型实证分析了中国贸易自由化环境效应的主要影响路径。赵婷⑬通过协整分析的思路，采用 1991～2006 年的相关数据，对中国环境问题进行了研究，得到目前中国的居民收入水平还未到达 EKC 转折点。党玉婷⑭根据 1993～2006 年中国制造业的对外贸易和污染物数据利用投入产

① 剔除单纯研究"贸易环境"以及经济类之外的文献，其数目有所减少，但部分题名不是"贸易"的文献也存在遗漏情况，加之遗漏的其他文献，有关研究的实际文献数应远大于本书统计量。本书主要根据论文引用次数和论文实际价值加以引述。

② 夏友富. 论国际贸易与环境保护 [J]. 世界经济，1996（7）：38－43.

③ 卢荣忠. 环境成本内在化对国际贸易的影响 [J]. 国际贸易问题，1999（7）：27－31.

④ 曾凡银，张宗宪. 贸易、环境与发展中国家经济发展研究 [J]. 安徽大学学报（哲学社会科学版），2000，24（4）：96－101.

⑤ 曲如晓. 环境外部性与国际贸易福利效应 [J] 国际经贸探索，2002（1）：10－14.

⑥ 段琼. 环境标准对国际贸易竞争力的影响——中国工业部门的实证分析 [J]. 国际贸易问题，2002（12）：49－51.

⑦ 张连众，朱坦等. 贸易自由化对我国环境污染的影响分析 [J]. 南开经济研究，2003（3）：3－6.

⑧ 王军. 贸易和环境研究的现状与进展 [J]. 世界经济，2004（7）：67－80.

⑨ 杨海生，贾佳，周永章，王树功. 贸易、外商直接投资、经济增长与环境污染 [J]. 中国人口·资源与环境，2005，15（5）：99－103.

⑩ 沈亚芳，应瑞瑶. 对外贸易、环境污染与政策调整 [J]，国际贸易问题，2005（1）：59－63.

⑪ 许士春. 贸易对我国环境影响的实证分析 [J]，世界经济研究，2006（3）：63－68.

⑫ 程雁，郑玉刚. 我国贸易自由化的环境效应分析——基于"污染避难所"假说与要素禀赋比较优势的检验 [J]，山东大学学报（哲学社会科学版），2009（2）：65－70.

⑬ 赵婷. 贸易自由化与中国环境污染关系的实证研究 [J]. 经济研究导刊，2009（10）：150－151.

⑭ 党玉婷. 中国对外贸易对环境污染影响的实证研究——全球视角下投入产出技术矩阵的环境赤字测算 [J]，财经研究，2010（2）：26－35.

出表测算了我国制造业对外贸易中的污染含量，表明我国对外贸易为发达国家承担了高额的环境成本。2010 年之后，贸易与环境研究的另一个焦点是碳贸易问题，主要针对隐含碳、碳关税等问题展开了研究。

2.5　新疆绿洲贸易、经济增长与生态环境关系的研究综述

关于新疆贸易、经济增长、生态环境的研究大多集中在单方面研究，而对两者之间或三者之间的研究很少。目前经济增长与生态环境的研究多集中在注重绿洲开发与经济可持续发展方面，而研究和新疆绿洲贸易与生态环境关系的资料和新疆绿洲贸易与经济增长关系的文献资料很少甚至是空白。

杨德刚等[1]分析了新疆绿洲经济发展与绿洲可持续发展的关系，建立了绿洲可持续发展的简单概念模型，重点从绿洲经济规模和结构两方面分析了工农业发展对绿洲可持续发展的影响。张军民[2]认为新疆绿洲具有封闭性、局限性和不平衡性特征，区域开发的生态风险大、市场成本高，使绿洲经济规模小而内向，其经济活动是以封闭流域为单元的非连续性过程，应按流域生态规律来统一规划和协调绿洲经济发展。刘新平等[3]通过新疆土地利用所引起生态环境变化的影响分析，利用生态足迹理论揭示了土地不合理利用导致新疆生态环境劣变的内在成因，提出了资源利用与生态环境协调发展的措施。陈晓等[4]利用物质流、生态足迹和能值分析三种侧重生态经济体系的度量方法对新疆的可持续发展做出测算。杨金龙等[5]分析了新疆绿洲的生态环境现状，提出了促进新疆经济和社会可持续发展的对策。蒙永胜根据新疆绿洲经济可持续发展指标体系中的经济发展能力、科学教育水平、人口发展能力、环境支撑能力以及社会协调能力五个方面的 16 个指标，对新疆绿洲经济可持续发展进行评价和分析。

①　杨德刚，倪天麒，李新．新疆绿洲经济规模与结构对可持续发展的影响［J］．干旱区地理，2001（2）．

②　张军民．新疆绿洲经济活动的非连续性及封闭性研究［J］，石河子大学学报（哲学社会科学版），2004（12）：11 - 13．

③　刘新平，韩桐魁．新疆绿洲生态环境问题分析［J］，干旱区资源与环境，2005（1）：22 - 28．

④　陈晓，吕光辉等．新疆乌苏市生态足迹演变与可持续发展诊断［J］，西北大学学报（自然科学版），2006（6）：473 - 476．

⑤　杨金龙，吕光辉，刘新春，鞠强，潘晓玲．新疆绿洲生态安全及其维护［J］．干旱区资源与环境，2005（1）：29 - 32．

李新英[①]分析了新疆工业化进程中环境与经济发展关系，评判了环境库兹涅茨曲线的阶段。张效莉[②]等对新疆人口、经济发展与生态环境系统协调性进行了测度。高志刚等[③]评价预测了新疆经济与环境协调发展问题。韩桂兰等[④]、胡国良等[⑤]、秦东城等[⑥]利用不同的方法分析了新疆经济增长与环境污染关系。

王合玲、张辉国、胡锡健[⑦]对新疆地区经济增长与出口贸易总额的关系进行了协整分析，指出新疆的经济增长与出口贸易尽管各自是非平稳的，在短期内可能表现出非一致性，但就长期而言经济增长和出口贸易构成稳定的均衡关系，表现出协同变化的一致趋势，同时反映经济增长变化对出口贸易变化具有正向显著影响，同时经济增长对出口贸易有直接的滞后作用，Granger 因果关系检验证实了它们互为因果关系。张银山[⑧]认为新疆的对外贸易对新疆的 GDP 有较显著的拉动作用，出口贡献比进口贡献显著，但远低于全国水平。程云洁[⑨]验证新疆对外贸易与经济发展的互动关系，认为新疆应大力发展对外贸易以带动经济增长。李斐[⑩]，胡毅等[⑪]，韩家彬、于鸿君等[⑫]，热孜燕[⑬]研究了新疆对外贸易对经济增长影响的情况，认为从长期看新疆进出口与经济增长之间存在均衡关系，进口对经济增长有抑制作用。李莉等[⑭]分析了新疆对外贸易与环境协调发展的思路。周洁

① 李新英. 新疆工业化进程中环境与经济发展关系的实证分析 [J], 特区经济, 2006 (10): 292 - 294.

② 张效莉. 人口、经济发展与生态环境系统协调性测度研究——以新疆为例 [J]. 生态经济, 2006 (11): 123 - 126、132.

③ 高志刚, 沈君, 郭建斌. 新疆经济与环境协调发展——评价、预测与调控 [J]. 干旱区研究, 2007 (6): 6880 - 6885.

④ 韩桂兰, 孙建光. 新疆经济与环境质量协调发展的研究 [J]. 统计与决策, 2009 (4): 99 - 100.

⑤ 胡国良, 朱晓. 新疆人口、资源、环境与经济系统的综合评价——基于主成分分析方法 [J]. 生态经济, 2009 (6): 67 - 69、77.

⑥ 秦东城, 周耀治, 师庆东. 新疆地区经济增长与环境问题的灰色关联分析 [J]. 安徽农业科学, 2012 (2): 1113 - 1114.

⑦ 王合玲、张辉国、胡锡健. 新疆地区经济增长与出口贸易总额的协整分析 [J]. 山西经济管理干部学院学报, 2005 (2): 13 - 17.

⑧ 张银山. 新疆对外贸易与经济增长的实证分析 [J]. 实事求是, 2005 (2): 55 - 59.

⑨ 程云洁. 新疆对外贸易与经济发展相互关系研究 [J]. 乌鲁木齐职业大学学报, 2005 (4): 28 - 32.

⑩ 李斐. 新疆对外贸易与经济增长的实证分析 [J]. 新疆社会科学, 2005 (5): 49 - 52.

⑪ 胡毅, 王合玲. 新疆地区出口贸易对经济增长的影响分析 [J]. 国际经贸探索, 2007 (11): 80 - 82.

⑫ 韩家彬, 邸燕茹, 于鸿君. 对外贸易与经济增长——基于新疆的实证研究 [J]. 经济与管理研究, 2008 (12): 75 - 78.

⑬ 热孜燕·瓦卡斯. 新疆对外贸易和经济增长关系的实证研究 [J]. 新疆大学学报 (哲学·人文社会科学版), 2009 (6): 12 - 15.

⑭ 李莉, 宋岭. 新疆对外贸易与环境保护协调发展思路探析 [J]. 新疆农业科学, 2008 (6): 5 - 10.

等①分析了新疆对外贸易对环境污染的影响，出口贸易对环境污染影响较大。李磊②以新疆为例研究了经济开放区域的贸易隐含碳测算及转移情况。

2.6　本章小结

综上所述，针对贸易、经济增长和生态环境方面的问题，国内外学者对贸易与经济增长、经济增长与环境、贸易与环境等问题进行大量的研究，积累了丰富的研究成果。首先，在理论和经验研究方面，大多数学者认为经济增长与生态环境具有重要的逻辑关系，同时开放条件下的经济增长对生态环境的影响尤其重大，相关的理论研究较为成熟。其次，在认识到贸易对经济增长的促进作用的同时，意识到贸易也是一把双刃剑，在带来经济增长的同时（至少大部分理论研究和实证研究支持这一观点），也带来生态环境污染和破坏问题。实际上，这不是一个当代世界才出现的问题，早在丝绸之路时期，繁盛的丝绸之路贸易为所经国家和地区带来了经济繁荣，但在贸易扩大的同时，对当地的生态环境的承载力提出了新的要求。当地区生态环境难以承受经济发展带来的污染物以及水环境难以满足生产者、消费者和中间商的生产消费需求时，这些地区从繁盛走向了衰退直至消亡（钱云、金海龙所著《丝绸之路绿洲研究》，可以找到些许证据）。这表明，虽然国内外学者对经济增长与生态环境的关系研究视角不同、结论也有差异，但多数学者认为，绿洲经济发展与生态环境相适应是绿洲延续的重要前提。最后，在实证研究方法方面，关于贸易、经济增长与生态环境两两之间关系的研究方法较多也较为成熟，个别学者已经意识到开放条件下的经济尤其是绿洲经济发展对生态环境正产生着重要的影响，这也为本书的研究提供了思路。

---

①　周洁，伍丽鹏. 新疆对外贸易对环境污染影响的实证分析［J］. 黑龙江对外经贸，2011（2）：46－48.

②　李磊. 经济开放区域的贸易隐含碳测算及转移分析——以新疆为例［J］. 上海经济研究，2012（2）：13－23.

第3章 贸易、经济增长与生态环境的传导机理和研究假设

3.1 问题提出

基于第 2 章对贸易、经济增长与生态环境的研究综述和相关理论，可以看出，目前贸易、经济增长与生态环境的研究大多只关注经济增长与贸易、贸易与生态环境、经济增长与生态环境相互关系和因果关系的探讨，且大多比较重视实证检验研究，忽视了相互之间的传导机理的研究，尤其对一个框架下的开放经济条件下的经济增长与生态环境传导机理的研究几乎处于空白。基于此，本章的主要研究内容包括：一是经济增长与贸易的传导机理和研究假设。通过该部分的研究，明确贸易通过何种传导路径影响经济增长。二是生态环境与贸易的传导机理和研究假设。三是经济增长与生态环境传导机理和研究假设。四是开放经济条件下经济增长与生态环境传导机理和研究假设。

3.2 经济增长与贸易的传导机理和研究假设

3.2.1 贸易与经济增长的传导机理分析

无论是古典贸易理论还是古典经济增长理论、新贸易理论和新古典经济增长理论、新—新贸易理论和新经济增长理论中都或多或少地涉及过贸易与经济增长关系的研究。近 30 多年来的经验验证基本上是基于上述理论准则，采用各种计

量经济学方法进行的实证与检验研究。徐开祥等①从马克思列宁主义的立场，最早对贸易与经济增长关系进行了探讨，并分析了贸易带动经济增长的传导机制。

根据新—新贸易理论和新经济理论，对外贸易与经济增长的传导主要表现为：

（1）资源配置效应传导。亚当·斯密和李嘉图最早论证了国际贸易可以有效配置资源，通过专业化协作和劳动分工，提高劳动生产率，推动经济发展，至此，贸易通过提高资源配置效率从而促进经济增长的命题引起了广泛关注。经过理论和实践证明，对外贸易对资源配置和经济的影响已经达成一致的结论。无论是古典贸易理论还是新—新贸易理论，从宏观经济、产业到微观企业实体，通过对外贸易，克服资源在国际间流动的障碍（例如投资自由化、降低或取消关税、跨国公司等），贸易参与国相互利用了对方丰裕而本国稀缺的资源，从而改变和调整了贸易参与国的资源供求关系，使资源在更合理的结构上得到利用，提高资源使用效率，提高经济效益。亚当·斯密的绝对优势理论提出"以己之长，换己所需"和"两优相权取其重，两劣相权择其轻"以及要素禀赋论的核心思想仍然是分工，因为分工能提高劳动生产率，提高资源配置效率，弥补资源分布不均衡的缺陷，使贸易参与国获得比分工前更多的利益。

在市场经济和现有的生产率水平下，改变生产要素的配置对经济增长也有很大的影响。对外贸易主要是通过减少价格扭曲来实现对资源配置的影响的，在经济增长模型中，尤其在新经济增长模型中，关于价格扭曲对人力资本及物质资本的积累和对经济增长的影响已有相当成熟的结论。在内生贸易和经济理论的框架内，贸易参与国将专注并充分利用自己的外生及内生的、先天及后天的综合比较优势（例如劳动生产率优势、资本优势、技术优势、资源优势、规模优势等）参与国际分工，其结果将可能是强化原有优势的同时创造了新的比较优势②，在资源重新配置的基础上充分利用对外贸易带来的规模经济的效应，进而影响经济增长。

如图 3－1 所示，假设有 A、B 两国，表示两国生产的两种不同的产品分别用 X 轴、Y 轴表示，P_0、P_1 凸向原点的曲线（凸向原点表明存在边际产量减少），即为 A、B 两国的社会无差异曲线；Ⅰ、Ⅱ曲线为 A、B 两国的生产可能性曲线。假设 A 国生产 X 产品劳动生产率高于 B 国，生产 Y 产品劳动生产率低于 B 国，也就意味着 A 国比 B 国生产 X 产品具有比较优势；反之，B 国生产 Y

①　徐开祥，朱刚体. 论国际贸易带动经济增长的传导机制——兼评西方学者的有关理论［J］. 世界经济文汇，1987（3）：22－29.

②　内生贸易和经济增长理论强调知识积累和技术进步的内生性，随着具有比较劣势一国利用对外贸易参与国际分工，可能利用"知识外溢和技术外溢"在"干中学"中取得后发优势，扭转自身比较劣势。

产品比 A 国具有比较优势。A、B 两国分工前参与贸易前后社会无差异曲线的变化显示通过对外贸易 A、B 两国的无差异曲线已经改善，即达到最优生产状态（X 产品、Y 产品组合达到最优）。但由于 A、B 劳动力总供给是一定的，如果达到 K、N 点，则落在无差异曲线之外，两国都无法完成生产。如果两国按照比较优势进行分工、生产、贸易，A 国只生产 X 产品，而 B 国只生产 Y 产品，两国生产总量都在增加，A、B 两国都能从贸易中获益，即李嘉图的比较优势理论中的比较利益、资源配置效益提高，都能获得比以前多的产品，经济规模扩大。

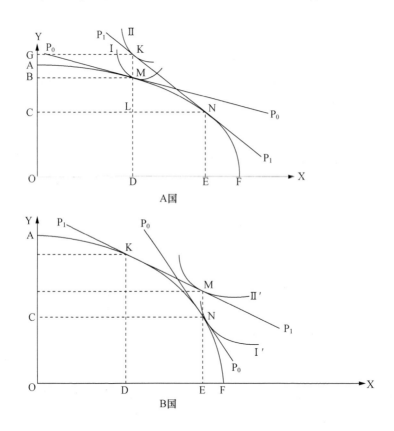

图 3-1　李嘉图比较优势理论比较利益获得示意

（2）技术效应传导。新经济增长理论认为，技术是促进经济增长的最关键因素之一。国际贸易不仅是商品和服务的交换活动，常常伴随着国际技术贸易，例如国际间的技术转移和溢出、为获取比较优势企业的自主创新能力的不断提高、国际间的技术合作与技术联盟等。在内生经济增长理论和内生贸易理论中，技术被视为内生的，而内生的技术进步通过有形的产品（作为载体）或技术贸易向国际传递，一方面促进了技术发明国的经济增长（技术带来的直接经济效益和间接效益），另一方面缩小了技术发明国与其他国家的技术差距，刺激技术创造与更新。技术在国际间的广泛传递，为技术的水平型合作与交流，提供了广阔的空间，从而能有效提高生产要素的使用效率，打破经济增长受制于有限生产要素数量的瓶颈，开辟出新的经济增长模式。一般来说，技术进步提高了各种生产要素的效率，使得资源配置进一步合理、科学，全要素生产率提高，获得规模经济优势，经济结构与制度得到优化，促进经济增长与发展。获取技术的途径可以通过国内的 R&D（科技研发）的增加获得，但一国很难凭借自身的科研投入完成所需的技术进步，因此，发展中国家在经济发展水平落后、技术自主创新能力低的时期，可以通过对外贸易获得国外先进的技术，减少了技术研发的时间，也为缩小技术差距创造了条件。具体来说，一国（或地区）通过发展对外贸易，发挥技术传导效应，促进经济增长主要有四种效应。第一，技术学习效应。一国积极参与对外贸易，学习国外先进的技术和知识，能形成良好的科技创新制度，其科技创新能力不断提高，从而促进该国经济增长。第二，"干中学效应"（Learnling By Doing）。一国为了提高本国的竞争力，在竞争日趋激烈的国际市场中获得更多的经济利益，同技术较为领先的国家进行贸易交流时，可以拓宽视野，学习先进的生产与管理技术，在边干边学的过程中，不断提升技术水平，提高生产效能，推动经济发展。第三，技术合作与溢出效应。在国际市场中，不同国家相同产业拥有不同的生产与管理技术，通过对外贸易进行实物型产品输出和技术输出，加强与其他国家之间的技术合作，发挥技术溢出效应，创造经济增长的新动力。第四，产业联动效应。一国对外贸易的发展，往往是贸易的微观主体（企业）具有国际竞争力的体现，微观主体的集聚促进了产业的发展，产业则带动了外向型产业的结构调整与优化（产业集聚与升级），外向型产业带动内向型产业发展，导致国民经济中的开放部门带动封闭部门，从而带动相关产业的技术进步，最终促进经济增长。

（3）人力资本效应传导和知识溢出。作为"活资本"的人力资本具有创新性、创造性，具有较强的市场应变能力。亚当·斯密、李嘉图在各自的贸易理论中，强调并肯定了劳动创造价值，以及劳动在资源配置中的重要地位。其认为一国在某一产业中具有比较优势，是由于该产业的劳动效率高于外国的产业。而劳动效率的高低，与劳动者的劳动能力和水平密切相关，劳动者能力和水平的提高与劳动者是否接受教育培训有着直接的关系。舒尔茨等人力资本理论学者普遍认为人力资源是一切资源中最主要的资源，人力资本对经济增长的作用大于物质资本的作用。在一国发展对外贸易时，旧的传统产业不断萎缩，新的以知识为基础的产业不断涌现，人力资本的作用不断提高并使新产业在国际竞争中获得竞争优势，刺激经济可持续增长。理论和实践证明，技术创新离不开人的知识和技能的提高，拥有丰富人力资本的外向型经济国家容易在国际竞争中取得比较优势，经济得以高速增长，因此人力资本的投资与运用对经济增长具有举足轻重的作用。

（4）国际投资效应传导。凯恩斯在其著作《就业、利息与货币通论》中提出的投资乘数理论解释了投资对一国经济经济发展的重要影响和影响机制。随着跨国公司的发展，国际贸易与国际投资之间既存在一定的替代关系又存在着互补关系。国际投资，尤其是国际直接投资（Foreign Direct Investment，FDI），虽然可能替代部分有形商品贸易（例如跨国公司产生的贸易转移效应），但同时也可能创造了新的贸易机会（贸易创造效应）；反之，一国对外贸易的快速发展表明国内有良好的经济发展环境，因此可以更好地吸引和利用国际投资，形成良性互动。中国改革开放的实践经验表明，早期中国"超国民待遇"的引进外资政策，弥补了国内资金不足的同时增加了就业，尤其促进了中国部分产业的技术创新能力的提高，对中国外向型经济的拉动贡献显著，中国也逐渐发展成为世界的超级贸易大国和经济大国。中国在引进外资的同时，大量的跨国公司成为中国对外贸易的又一主体，增强了中国商品在国际市场上的竞争力，互补关系与替代关系达成对立统一。FDI 促进东道国对外贸易和经济发展的一些研究表明，FDI 直接影响东道国的资源配置，显著地促进了东道国的进出口贸易和经济增长。通常情况下，贸易开放程度越高，东道国的投资环境越（经济环境、政治环境、经营环境）趋于改善，吸引外资规模扩大，可能促进经济增长；反之，一国参与国际贸易程度越低，吸引出口导向型外国投资规模越小，可能对经济的拉动贡献减少。

（5）规模经济效应传导。早期的贸易和经济增长理论一般均假设贸易和经济都存在完全竞争和规模收益不变，新贸易理论的代表人物克鲁格曼则认为，分工能使交换双方获得更多产品的同时，由于自身专一从事某种产品的生产，在扩大生产规模的同时，生产效率不断提高（例如专业化生产有利于技术创新），出现边际成本递减和规模收益递增，参与国都能提高经济效益，促进经济增长。因此，国家参与贸易的直接原因是为了获得规模经济报酬。从需求层面来看，一国对外贸易的快速发展，表明本国在某些产品生产上可以获得规模报酬，从而吸引国内更多的企业参与对外贸易，市场规模不断扩大的同时，也降低单位产品的生产成本，产生规模经济效益。因此对外贸易的发展，在产生规模经济效应的同时，促进了经济增长。

（6）资本积累和结构效应传导。古典经济学家认为，物质资本是实现经济增长和发展的物质基础和条件，资本的积累与经济增长之间有着密切联系。在哈罗德—多马模型中，经济增长率主要由投资率或资本积累决定①。大多数的发展经济学家通过研究发现，促进发展中国家的经济增长，提高储蓄率和投资水平具有重要的意义。发展对外贸易有利于一国积累物质资本和非物质资本，通过这种积累，促进国民储蓄，缓解发展中国家的资金短缺问题，提高工业化发展进程，推动经济增长。从微观上看，出口贸易增加意味着该国企业竞争能力提高，企业将实现盈利，从而提高国民收入，储蓄能力增强；进口贸易（包括引进外资）将提高企业进口资本品的比重，进而提高储蓄能力（贸易导致的国民储蓄过程）。从宏观上看，净出口是拉动经济增长的三驾马车之一，净出口总量的增加，有利于增加一国的外汇储备，导致储蓄总水平上升，可投入资本的总量增加，促进经济的快速增长。

（7）制度、政策效应传导。根据新制度经济学理论，制度变迁将引致经济增长。例如一国的经济制度和政策将在很大程度上影响该国的科学技术进步水平，促进先进技术的研发与实际应用，使内生的技术进步良性循环。新经济增长理论认为，有了先进的技术并不一定能够带来经济的增长，只有在一国的制度和政策有利于先进技术的采用和开发时，才能促进经济的增长②。发展对外贸易有利于一国更新观念，解放思想，获得更多的制度创新，节省制度创新的成本，从而通过制度变迁来促进经济增长。例如，随着一国对外贸易的发展，通过"干中学效应"，学习和模仿先进技术，直接促进整个国家的制度创新；对外贸易需要制度创新以降低交易费用。总体上看，一个国家参与对外贸易越充分，来自国内的制度变迁的需求越强烈，并且一旦发生制度变迁或政策改变，将会促进经济增长或经济发展方式的转变。

3.2.2　贸易对经济增长的国际传导与国内传导

（1）进出口贸易在国际间传导影响。在当今世界经济一体化向深度和广度快速发展的今天，世界经济波动借助贸易渠道严重影响一国经济的正常发展，学界纷纷关注世界经济波动的贸易传导机制③。主要内容包括：一是贸易对世界经济波动的传导具有明显作用的"传导"理论；二是贸易对世界经济波动的传导起有限作用的"锁模"（Mode - locking）理论；三是贸易分工和地位的不同明显影响贸易对世界经济波动的传导，体现在贸易联系程度越深越会导致贸易伙伴国之间经济周期协动程度出现不确定的结果④。虽然上述研究结果不同，但毋庸置疑的是，大部分的经济学家认为，在开放的自由经济体制下，进出口贸易影响着

①　高鸿业. 宏观经济学［M］. 高等教育出版社，2010.

②　王劲松. 开放条件下的新经济增长理论［M］. 人民出版社，2008.

③　宋玉华. 世界经济周期贸易传导机制［J］. 世界经济周期的传导机制，2007（3）：19－26.

④　熊毫. 世界经济波动与中国经济的贸易传导路径——基于 SITC 类商品的微观视角［J］. 河南科技大学学报（社会科学版），2012，30（5）：79－84.

世界上大多数国家的经济增长，主要的传导结果从宏观上表现为各国经济总量的变化，从微观上表现为各国产业结构的变化。

（2）进出口贸易对一国经济增长的传导。进口对经济增长的影响表现在：一方面进口可以增加国内市场上的有效供给，降低国内市场的价格水平，降低厂商的利润率，抑制国内的生产和投资，阻碍经济增长[①]。另一方面进口可以增加一国可使用的资源总量，并抑制国内市场价格水平，促使国内厂商提高生产效率，降低生产成本，提高利润率，扩大生产和增加投资，促进经济增长。

出口对经济增长的影响表现在：从需求层面看，出口会增加国内市场上的有效需求，提高产品在市场上的价格水平，促使厂商增加生产和扩大投资规模，推动经济增长。从供给层面看，出口增加，减少国内供给，提高市场上的价格水平，降低厂商利润率，抑制生产和投资，阻碍经济增长。

经济波动的传导过程，如图 3-2 所示：甲国的经济增长发生变动，甲国的进口需求和出口供给发生变动，影响乙国开放经济部门的经济活动变化，乙国的进口需求和出口供给发生变化，同时乙国的封闭部门经济活动发生变化，最终影响乙国的总体经济发展；反之，乙国经济的变动，甲国进出口贸易发生变化，从开放部门传导到封闭部门，引起甲国经济变动。国际间的贸易对经济的传导，往往受参与国的贸易开放度的影响，一个国家贸易开放度越高，经济越容易受到他国影响（例如 2008 年美国金融危机的传导、人民币汇率升值的传导以及国际大宗商品价格变动的传导）。

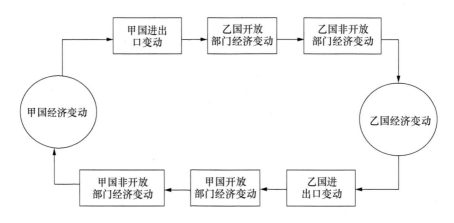

图 3-2　开放经济条件下经济波动的国际传导过程

---

① 左阳. 中美经济波动的相关性分析——基于贸易传导机制的实证研究［J］. 中国物价, 2012 (4)：59-63.

3.2.3　贸易与经济增长传导关系的研究假设

基于上述理论分析和经验归纳，立足绿洲贸易和经济增长实际，提出以下研究假设：

研究假设 1： 绿洲贸易与经济增长是相互传导互为因果关系的，贸易对经济增长总体上起到促进作用。一方面，贸易是经济增长的发动机；另一方面，随着经济的发展，技术内生速度加快，经济增长又将促进贸易的发展，贸易的发展又带动经济的增长，这是一个双向的过程。

研究假设 2： 贸易开放度与经济增长正关联。贸易开放度越高，贸易的技术效应、人力资本效应、汇率传导效应、外资对经济增长的关联度越高。

3.3　贸易与生态环境的传导机理和研究假设

3.3.1　贸易与生态环境传导机理分析

（1）规模效应传导。对外贸易规模扩大引起的经济规模扩大，可能增加了对自然资源和生态环境的利用量，加大了废水、废气、固体废弃物等污染物的生成和排放，从而引起了资源过度消耗与环境质量水平退化的负效应。① 另一方面，可能随着对外贸易的增长，贸易全球化有助于自然资源优化配置，同时经济规模的扩大导致人均收入水平提高（环境库兹涅茨曲线），有利于改善环境的正面效应。

具体传导机理表现在：一是出口贸易规模的扩大导致生产规模扩大，根据要素禀赋理论，出口商品中的要素在本国被大量使用，但最终流出本国，削减了本国资源和环境要素的丰裕度，可能导致生态环境破坏；进口贸易规模的扩大可能会减少本国某些生态环境要素的使用，改善本国的生态环境。二是进出口贸易规模扩大，中间品的投入与使用将可能增加，污染物排放增加，导致生态环境恶化。三是贸易规模扩大，存在规模经济，刺激技术进步，诱导制度、政策变迁，可能会加大环境治理力度，减轻生态环境破坏。总体而言，贸易的规模效应既可能带来生态环境的破坏，也可能带来生态环境的改善。

（2）结构效应传导。结构效应传导是指在经济规模和技术水平不变时，贸

---

① 赵建娜. 对外贸易对生态环境影响的传导路径探析［J］. 中国经贸导刊，2010（18）：46.

易活动导致全球范围内的专业化分工不断细化，根据比较优势生产并出口产品成为国家的必然选择，一国更愿意选择进口和出口低污染密集型产品，从而降低贸易对生态环境的负面效应。对外贸易的结构效应对生态环境的影响具有不确定性，其影响取决于一国经济发展阶段、要素禀赋、制度变迁和产业结构的调整与升级情况。例如，当一国处于经济发展起飞阶段时，经济规模的迅速扩张的需求，使得具有比较优势的产业往往是"高能耗、高污染、低产出"的产业，这时的自由贸易将导致生态环境质量下降，影响为负；当一国经济发展处于转型阶段时，制度上要求该国从追求经济规模扩大向追求经济发展质量转变，使得具有比较优势的产业往往是"科技型、环保型"产业，这时自由贸易对生态环境的影响效应为正。此外，如果一国拥有丰裕的生态环境要素禀赋，则该国在全球分工中拥有对低污染密集型产品的出口比较优势，贸易规模的扩大有利于修复和改善生态环境；如果一国出口贸易结构中污染密集型产品具有比较优势，贸易规模的扩大将使该国生态环境恶化。

（3）转移效应传导。在自由贸易体制下，工业品进出口是贸易的重要组成部分。由于工业品的生产会排放大量的废水、废气、废物，在出口商品时，这些环境污染物遗留在生产国，造成环境负担（污染足迹）；当进口某些工业品时，其废弃物也将形成环境垃圾，并污染环境。例如，部分发达国家将工业废物通过贸易的形式转移到环境管制较为宽松的国家，节省处理工业废物的高昂成本，但环境管制宽松的国家却承接着对生态环境的污染转移。

（4）技术效应传导。贸易自由化的发展，使得一些发展中国家有机会学习并掌握保护生态环境的生产技术和设备，技术转移和溢出效应对生态环境有着正面的、积极的影响。通过对外贸易，国家之间有可能加强治理环境方面的技术合作，刺激新技术产生，从而为企业投资环保高效的生产设备和使用清洁的生产技术提供了市场机会。

3.3.2 贸易与生态环境传导关系的研究假设

根据前述贸易与生态环境传导机制的研究，立足新疆绿洲贸易与生态环境发展实际，提出以下研究假设：

研究假设3：随着新疆绿洲对外贸易总量的不断增加，贸易生态足迹盈余不断减少。

研究假设4：绿洲农业发达，初级农产品贸易出口如果不断增加，会导致虚拟水净出口，水环境承载力下降。

研究假设5：绿洲出口贸易与能源消费为正相关关系，出口贸易商品结构影响能源消费结构和消费水平，能源消费量的增加降低了绿洲生态环境的质量。

研究假设 6：绿洲对外贸易拥有污染密集型产品生产的比较优势，贸易增加与环境污染程度为正相关关系，即对外贸易的增加将导致绿洲生态环境质量的降低。但长期来看，由于贸易的发展有利于经济规模的扩大，改善贸易方的社会福利水平，提高贸易方改善生态环境的意愿和支付能力，将有利于贸易方的生态环境的改善和保护。

3.4　经济增长与生态环境的传导机理和研究假设

3.4.1　经济增长与生态环境传导机理分析

（1）经济规模效应对生态环境的影响。一方面，随着经济规模的扩大，无论是工业生产还是农业生产都需要耗费更多的能源以及其他资源，资源总量增加，废水、废气、废物的排放量随之增加，导致水环境、大气环境和土壤环境污染增加。另一方面，经济规模的扩大将提高人均收入，人们对生态环境质量的要求也随之提高，此时他们有较高的意愿和较好的收入条件购买更为严格环境标准下生产的产品，可能会改善生态环境质量（环境库兹涅茨曲线的拐点效应）[1]。因此，经济规模的扩大有可能造成环境的恶化也有可能导致环境的改善，主要取决于经济规模的扩大程度和人均收入的提升水平，当经济规模扩大导致污染增加的程度大于人均收入提高导致环境改善的程度时，总体经济规模扩大导致环境恶化；反之，导致生态环境改善。通常情况下，当一国经济发展阶段较低级时，经济规模扩大往往带来环境质量的恶化而不是改善。

（2）经济的结构效应对生态环境的影响。由于不同产业（行业）所使用的生产要素不同，导致污染排放强度不同，例如重工业污染排放强度一般高于轻工业，产业（行业）结构的变化会对环境质量产生重大的影响[2]。当污染密集型行业在国民经济中所占比例降低或发展速度下降时，环境质量可能趋于改善；当污染密集型行业在国民经济中的比重上升或发展速度加快时，环境污染程度可能趋于加重。在三次产业中，第一产业和第三产业产生的污染相对较少，第二产业产生的污染相对较多。

（3）技术进步效应对生态环境的影响。根据新经济增长理论，内生的技术

---

［1］　李国柱. 中国经济增长与环境协调发展的计量分析［D］. 辽宁大学博士学位论文，2007.

［2］　陈建红. 基于 Grossman 分解模型分析青海省经济增长要素对环境的影响［J］. 知识经济，2011（3）：72.

进步驱动经济增长，因为技术提高了劳动生产率。但技术进步与环境质量之间存在着复杂的关系，通常情况下，清洁技术进步有利于环境质量的改善，例如节能减排技术、节水灌溉技术、转基因技术等；肮脏技术进步则可能增加生产的污染排放，例如能源化工生产技术。当一国经济发展处于较低水平时，为了追求更高的产出，所有落后的技术都被用于生产当中，越是落后的技术进步越需要能源以提高产出水平，此时虽然产出增加，但能源消费同时上升，水、大气等环境污染增加。当经济发展到一定阶段，由于能源资源的稀缺性，能源价格和环境成本上升（例如环境成本内部化、资源税等），迫使企业淘汰落后的技术，研发新技术以适应市场和政策的要求，这时以新技术生产出来的商品将占据更多的市场份额，形成规模经济，可能减少环境污染（可能的原因是，技术进步程度不足以使人均收入达到EKC拐点）。

（4）经济制度、政策对生态环境的影响。在经济发展的初级阶段，由于传统经济体制的局限性，制度政策鼓励粗放型经济增长方式，即以要素投入为主来推动经济增长，造成能源资源使用增加，污染排放物增加并导致环境恶化。同时，制度、政策缺乏惩罚机制，导致对资源的过度使用，污染排放物的随意处理，不需要支付环境治理成本，生态环境不断恶化。随着经济的不断发展，规模不断扩大，经济政策鼓励工业化、城镇化发展，导致资源消费增加，生态环境改善面临新的挑战。因此，经济制度、政策对生态环境有双重的影响，好的制度设计和政策能减少生态环境污染，反之，增加环境污染。

3.4.2　经济增长与生态环境传导研究假设

根据经济增长与生态环境传导机理，结合绿洲经济与生态环境实际，本书提出经济增长与生态环境关系的下列研究假设：

研究假设7：新疆绿洲经济规模仍较小，人均收入较低，环境库兹涅茨曲线还未到转折点。

3.5　贸易、经济与生态环境传导机理和研究假设

贸易—增长—污染的逻辑是众多环境经济学家关注的焦点之一。已有部分学者通过构建开放条件下的内生增长和环境的模型，解释贸易—经济—生态环境的关系。基于前述相关研究，贸易与经济增长之间存在复杂微妙的关系，即贸易并不一定会带来经济增长，或者说二者的因果关系需要在实践中检验（尽管大部分的研究

证明了这一点）；经济增长同样也不一定带来生态环境的破坏，例如 EKC 拐点的出现或是未超过环境的自我净化能力的临界值；贸易与生态环境的"两难"命题一直在争论，即贸易可能带来经济增长的同时又可能加剧了生态环境的恶化。

因此，假设三者之间存在某种内在关系，根据新经济增长理论和新—新贸易理论，应当存在贸易促进经济增长，经济增长造成环境污染的命题。这一命题的传导机理是：贸易能使参与国的国民福利增加，促进技术进步、经济结构调整和技术创新，进而带动经济增长；经济增长需要消耗更多的能源资源，排放更多的污染物，可能导致环境污染。

基于以上分析，提出研究假设 8：

研究假设 8：理论上"贸易—经济增长—环境污染"逻辑关系成立，即贸易影响经济增长，经济增长的同时带来环境污染，其中技术进步对贸易、经济增长和降低环境污染具有重要作用。提出这一假设主要基于内生经济增长理论和新—新贸易理论（见图 3 - 3、图 3 - 4）

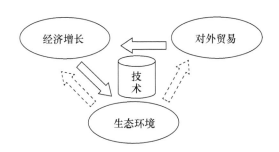

图 3 - 3　对外贸易、经济增长与生态环境交互关系

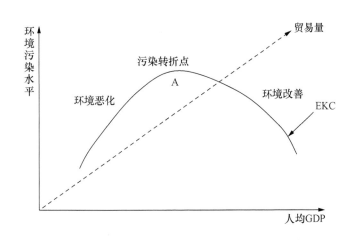

图 3 - 4　贸易—经济增长—环境交互影响的库兹涅茨环境曲线

3.6　本章小结

本章主要基于对贸易、经济增长和环境的相关理论和大量文献研究的基础上，根据新—新贸易理论、内生经济增长理论的核心观点，对贸易与经济增长的传导机制、贸易对生态环境的传导机制以及经济增长对生态环境的传导机制进行了理论上的探讨。主要将传导机制的内在动力归结为：资源有效配置的传导效应、技术进步传导效应、知识资本积累传导效应、规模竞争传导效应、经济政策制度传导效应。根据这些传导机制，尝试性地提出了本书研究的八大假设与假设依据。不足之处在于，本章的理论分析主要基于贸易的内生增长理论和新经济理论，但新经济理论将技术进步、知识积累甚至将贸易、环境污染作为内生变量，制约了本书的研究视阈，当然，这也是本书后继研究的重点所在。

第4章 新疆绿洲贸易、经济增长与生态环境发展现状

4.1 引言

新疆地处欧亚大陆腹地，是典型的内陆干旱荒漠性气候，绿洲①是干旱区独有的地域景观，也是干旱区人类繁衍生息的场所，新疆用只占4.2%的绿洲国土面积承载着新疆95%以上的人口，聚集着80%以上的社会财富。因此，新疆社会经济的实质是绿洲社会经济，新疆生态环境建设的核心在绿洲，绿洲的发展趋势决定着新疆的发展方向。随着西部大开发和新疆参与中亚区域经济合作与交流的不断深入，外贸迅速发展，拉动了新疆经济的增长，但也出现了新疆生态系统越发脆弱，结构趋于单一，不稳定性加剧，自我调控能力削弱，生态质量下降等问题。此外，新疆"三化"建设进程的加快，工业化、城镇化的发展对新疆的自然结构和社会经济结构将产生重要的影响，新疆绿洲生态环境将承受巨大的压力。

4.2 新疆绿洲经济增长与发展现状

4.2.1 新疆经济增长速度较快，规模不断增加，发展势头良好

改革开放以来，新疆依托资源优势，大力实施白色产业（棉花、纺织等）、

---

① 关于本书研究绿洲范围的界定，主要指人类活动聚集的人文绿洲景观，不做特殊说明，不包括自然景观。当然，绿洲经济贸易活动有时会利用自然景观（如旅游经济、国际旅游贸易）甚至破坏自然景观（如天然牧场的破坏、污水渗透、土壤流失等），但这些活动对有形商品的对外贸易的影响甚微，在本书"贸易—经济增长—环境"这一框架下的研究中基本可以忽略不计。

黑色产业（煤矿、石油化工等）、红色产业（番茄、葡萄、石榴等）等优势资源开发与转化战略，经济社会快速发展、综合实力不断增强。近年来，新疆紧抓历史机遇，充分发挥自身比较优势，积极制定经济社会发展战略，建设现代产业体系，不断地调整经济结构，大力转变经济增长方式，"新型工业化、新型城镇化和农业现代化"的"三化"建设成效显著。2010 年后，随着对口援疆工作的全面展开，新疆进入了"大开发、大开放、大发展"的新的历史时期，作为中国向西开放和亚欧纽带的"桥头堡"战略地位基本形成。

1998～2011 年新疆生产总值（GDP）呈增长态势，年均增长速度为 9.75%。其中，"十五"期间（2001～2005 年）新疆生产总值平均增长率为 9.8%；"十一五"期间（2006～2010 年）新疆生产总值平均增长率为 10.58%，高出"十五"期间 0.78 个百分点。特别是 2011 年，新疆全年实现生产总值 6574.54 亿元，比 1998 年的 1106.95 亿元增长近 6 倍，实现"十二五"的良好开局。由图 4－1 中 GDP 增长速度的曲线可以看出，1998～2002 年新疆生产总值的增长速度较为平缓，平均增长速度为 7.76%。2003～2007 年新疆生产总值整体增速提升，平均增长速度为 11.2%。2008 年、2009 年受金融危机影响新疆 GDP 增速有所下降，2008 年同比 2007 年下降 1.1 个百分点，2009 年下降至 8.1%。2010 年、2011 年总体增长明显回升走稳，其中 2010 年全年实现生产总值 5418.81 亿元，比 2009 年增长 10.6%；2011 年新疆 GDP 增速 12%，高出全国平均增长速度 2.8 个百分点，如图 4－2 所示。

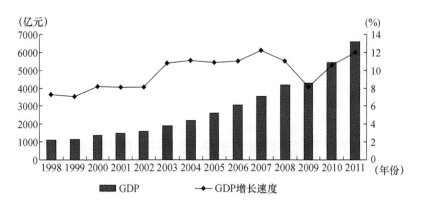

图 4－1　1998～2011 年新疆 GDP 与 GDP 增速

4.2.2　新疆人均生产总值不断增加，城乡收入差距拉大

新疆经济增长速度基本与全国平均水平持平，但人均收入却落后于全国平均水平。数据显示，1978 年人均收入 313 元（全国 381 元），1991 年新疆人均收入 2101 元（全国 1893 元），比全国高 208 元，到 2011 年新疆人均收入 30087 元

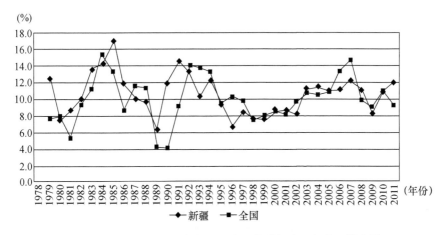

图 4 - 2 1978～2011 年新疆生产总值增长速度与全国的比较

（全国 35181 元），落后于全国近 5000 元，表明新疆经济发展总体水平还较低，如图 4 - 3 所示。由于新疆地域辽阔，南北疆经济发展水平差距较大，尤其 2000年以来，新疆城乡收入绝对差距有拉大的趋势，表明新疆经济发展城乡分布中，城市发展速度相对较快，而农村地区尤其是南疆三地州的贫困农牧区的人均收入增长相对较慢，反贫困工作任重道远。总的来说，新疆的农村人均纯收入增速缓慢，城乡收入差距日益扩大。

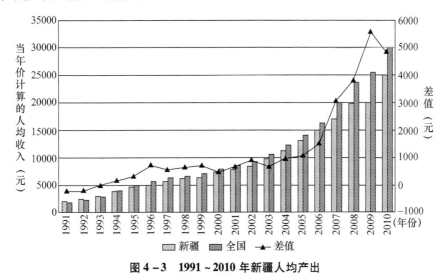

图 4 - 3 1991～2010 年新疆人均产出

4.2.3 新疆经济结构不断调整，产业结构逐步优化

1980～1991 年，新疆产业发展主要以农业为主，工业为辅，第三产业所占

比重很小。例如 1980 年新疆三产结构为 40.44：40.27：19.29，1991 年为 33.30：
32.15：34.55，虽然新疆 12 年间农业比重一直超过工业比重，但农业比重一直呈
现下降趋势，第三产业呈现上升趋势，农业剩余劳动力转移至服务业，因此服务
业发展较为迅速。在这一阶段，产业结构总体上不协调的情况不断改善，但仍处
于低级化阶段。

1992～2003 年，新疆产业发展基本以第三产业为主，第二产业为辅，第一
产业所占比重不断下降。例如 1992 年新疆三产结构 28.46：36.70：34.84，2003
年为 21.89：38.14：39.97。新疆在这 12 年间，农业比重仍呈现下降趋势（从
28.46% 降低至 21.90%），工业比重总体呈现上升趋势，服务业总体呈现下降趋
势，但第三产业所占比重一直超过第二产业，表现出"三、二、一"高级化产
业结构排列形式。这种"高级化"应是一种假象，原因可能在于农业比重不断
下降，剩余劳动力本应首先向工业转移，但由于新疆这一时期的工业发展很不稳
定且增速缓慢，因此从农村转移出来的剩余劳动力更多的转移到第三产业。总体来
看，这一阶段，新疆的产业结构处于调整动荡期，并呈现出"高级化"的假象。

2004～2011 年，新疆产业发展基本以第二产业为主，第三产业为辅，第一
产业比重继续下降。例如 2004 年新疆三产结构为 20.20：41.40：38.41，2011 年
为 17.20：48.80：34.00，这期间工业比重迅速增加（从 40.38% 增加到 48.80%），
第三产业比重震荡下行（从 38.41% 降至 34.00%），产业结构呈现"二、三、
一"排列。表明这一时期新疆工业化发展较为迅速，部分劳动力向第二产业转
移，如图 4－4 和表 4－1 所示。

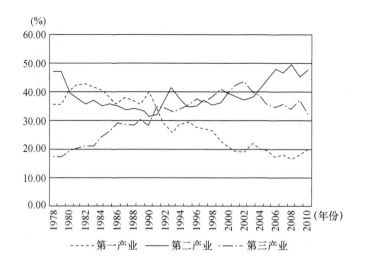

图 4－4　1978～2010 年新疆产业结构比例

表 4 – 1　1978 ~ 2011 年新疆三产占 GDP 比例

年份	新疆国内生产总值（亿元）	第一产业（%）	第二产业（%）	第三产业（%）	年份	新疆国内生产总值（亿元）	第一产业（%）	第二产业（%）	第三产业（%）
1978	39. 07	35. 76	46. 97	17. 28	1995	814. 85	29. 54	34. 85	35. 61
1979	45. 63	35. 77	46. 96	17. 27	1996	900. 93	27. 67	34. 82	37. 51
1980	53. 24	40. 44	40. 27	19. 29	1997	1039. 85	26. 90	37. 06	36. 04
1981	59. 41	42. 38	37. 69	19. 93	1998	1106. 95	26. 29	35. 75	37. 96
1982	65. 24	43. 09	35. 79	21. 12	1999	1163. 17	23. 08	36. 15	40. 77
1983	78. 55	41. 81	37. 05	21. 15	2000	1363. 56	21. 13	39. 42	39. 44
1984	89. 75	40. 87	35. 26	23. 87	2001	1491. 60	19. 32	38. 48	42. 21
1985	112. 24	38. 21	36. 08	25. 70	2002	1612. 65	18. 91	37. 40	43. 69
1986	129. 04	35. 65	35. 36	28. 99	2003	1886. 35	21. 89	38. 14	39. 97
1987	148. 50	37. 83	33. 87	28. 30	2004	2209. 09	20. 20	41. 40	38. 41
1988	192. 72	37. 50	34. 26	28. 24	2005	2604. 14	19. 58	44. 73	35. 69
1989	217. 29	35. 90	33. 98	30. 12	2006	3045. 26	17. 33	47. 92	34. 75
1990	261. 44	39. 81	31. 82	28. 37	2007	3523. 16	17. 85	46. 76	35. 39
1991	335. 91	33. 30	32. 15	34. 55	2008	4183. 21	16. 52	49. 50	33. 98
1992	402. 31	28. 46	36. 70	34. 84	2009	4277. 05	17. 76	45. 11	37. 12
1993	495. 25	25. 61	41. 41	32. 98	2010	5437. 47	19. 84	47. 67	32. 49
1994	662. 32	28. 34	37. 61	34. 05	2011	6610. 05	17. 20	48. 80	34. 00

数据来源：《新疆统计年鉴 2012》。

　　总体而言，新疆经济结构正不断调整，产业结构基本以第二和第三产业为主，但第三产业水平与全国相比，还有一定的差距。

　　此外，新疆三大产业增加值变化趋势较为明显。2010 年，第二产业增加值2533. 69 亿元，增长 12.6%，增速比上年加快 4.1 个百分点，拉动 GDP 增长 5.9个百分点，人均生产总值 24978 元，以当年平均汇率折算，人均达到 3690 美元，首次突破 3000 美元大关。数据表明，新疆产业结构的调整和优化对人均收入的增加起到了一定的促进作用。

4.3 新疆绿洲对外贸易发展现状

4.3.1 新疆对外贸易规模增加，外向型经济发展较快

新疆是通向中亚、西亚及欧洲的重要国际大通道，与多个国家毗邻，开放口岸 29 个，是中国对外开放口岸最多的省区，已经成为我国向西开放的重要桥头堡和连接欧亚的经济枢纽。此外，新设喀什、霍尔果斯两个经济特区，乌鲁木齐国家级高新技术开发区和三个边境经济合作区以及石河子、乌鲁木齐经济技术开发区，初步形成了向国际、国内拓展的多方位对外开放的发展格局。2001～2011年，新疆对外贸易总额从 177148 万美元增加到 2282225 万美元，增长了 10 余倍。其中，贸易出口额从 2001 年的 66849 万美元增加到 2011 年的 1682886 万美元，增长约 25 倍。贸易进口总额从 2001 年的 110299 万美元增加到 2011 年的 599339 万美元（如表 4－2，图 4－5 所示）。在贸易地理方向方面，中亚国家尤其中亚五国是新疆对外贸易的主要贸易伙伴，占新疆 2011 年进出口贸易总额的 74.42%。其中，哈萨克斯坦进出口总额占新疆进出口总额的 46.43%。在贸易方式方面，新疆对外贸易逐渐呈现多元化发展趋势，其中边境贸易一直是新疆对外贸易的主要方式，约占进出口贸易额的 50% 以上。但 2008 年以来，新疆的其他贸易增速较快，2011 年占进出口总额的 12%。在贸易商品结构方面，新疆主要出口产品包括棉花、棉纱、棉机织物、肠衣、番茄酱、蔬菜、水果、地毯、药材、鞋等；主要进口产品包括羊毛、纸及纸板、原木、医疗器械、肥料、原油、成品油、皮革等，如表 4－5，图 4－9 所示。

表 4－2　1990～2011 年新疆对外贸易发展情况

年份	按人民币计算（万元）				按美元计算（万美元）			
	进出口总额	出口总额	进口总额	差额（＋出超－入超）	进出口总额	出口总额	进口总额	差额（＋出超－入超）
1990	200202	163626	36576	127050	41025	33530	7495	26035
1991	243445	192480	50965	141515	45933	36317	9616	26701
1992	408963	247354	161609	85745	75039	45386	29653	15733
1993	534818	287152	247666	39486	92210	49509	42701	6808
1994	886513	490854	395677	95177	104053	57612	46441	11171

续表

年份	按人民币计算（万元）				按美元计算（万美元）			
	进出口总额	出口总额	进口总额	差额（＋出超－入超）	进出口总额	出口总额	进口总额	差额（＋出超－入超）
1995	1192521	642033	550488	91545	142798	76880	65918	10962
1996	1166815	456985	709830	－ 252845	140367	54975	85392	－ 30417
1997	1199260	551661	647599	－ 95938	144667	66547	78120	－ 11573
1998	1268443	668844	599599	69245	153214	80789	72425	8364
1999	1461401	850537	610864	239711	176534	102743	73791	28942
2000	1874221	996786	877435	119351	226399	120408	105991	14417
2001	1466254	553309	912945	－ 359619	177148	66849	110299	－ 43450
2002	2228053	1083037	1145015	－ 61978	269186	130849	138337	－ 7488
2003	3949768	2104187	1845581	258607	477198	254221	222977	31244
2004	4664498	2521593	2142905	378688	563563	304658	258905	45753
2005	6505758	4128813	2376945	1751869	794189	504024	290165	213859
2006	7256945	5691251	1565693	4125558	910327	713923	196404	517519
2007	10429821	8746965	1682856	7064108	1371623	1150311	221312	928999
2008	15429790	13403522	2026268	11377254	2221680	1929925	291755	1638170
2009	9445709	7393362	2052347	5341015	1382771	1082325	300446	781879
2010	11595030	8779913	2815117	5964796	1712834	1296981	415853	881128
2011	14740435	10869424	3871011	6998413	2282225	1682886	599339	1083547

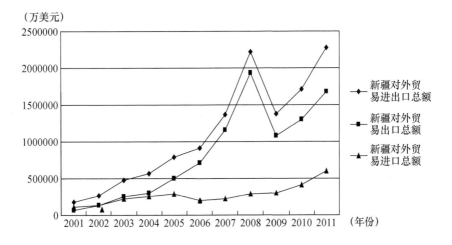

图 4 - 5　2001～2010 年新疆对外贸易额

4.3.2 新疆对外贸易方式多样，加工贸易发展迅速，但仍以边境贸易为主

新疆加工贸易比重小，但发展速度快、潜力大。新疆加工贸易进出口总额由
1998 年 8352 万美元增加到 2011 年的 26470 万美元，增长了 3.17 倍，年均增长
速度 11.27%。如图 4 - 6 所示，1998 ~ 2008 年新疆加工贸易进出口总额，除
2000 年、2005 年、2006 年略有下降，其余年份均保持增长态势，年均增长速度
19.6%。尽管 2008 年受金融危机的影响加工贸易进出口总额逐年有所下降，
2009 年加工贸易进出口总额 34736 万美元，同比下降 24.59%；2010 年加工贸易
进出口总额 32700 万美元，同比下降 5.86%；2011 年加工贸易进出口总额 26500
万美元，同比下降 18.96%。因此，虽然新疆加工贸易起步较晚、从事企业数量
少、技术水平相对较低，但抓住了中国区域产业梯度转移的历史机遇，打造加工
贸易的产业承接地，加工贸易发展潜力巨大。

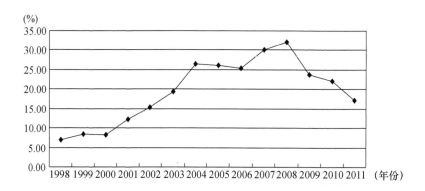

图 4 - 6　1998 ~ 2011 年新疆加工贸易进出口贸易总额增长速度

数据来源：《新疆统计年鉴》（1999 ~ 2012 年）、《新疆维吾尔自治区 2011 年国民经济和社会发展统计
公报》。

新疆加工贸易额占全区对外贸易总额的比重最小，平均为 4% 左右，最高年
份 2001 年仅为 8.28%。1998 年新疆加工贸易进出口总额占对外贸易总额的
5.48%，2006 年下降至 3.49%，而且呈现下降趋势，到 2008 年已降至 2.07%，
而到 2011 年降至 1.18%。这个比重远远低于我国加工贸易进出口总额占对外贸
易总额的比重，分析其原因是新疆加工贸易进出口总额增长速度低于同期一般贸
易、边境贸易和其他贸易的增长速度，因此导致新疆加工贸易进出口总额在新疆
对外贸易总额中所占的比重呈下降趋势，如表 4 - 3、图 4 - 7 所示。

表 4 – 3 1998 ~ 2011 年新疆各种贸易方式总额及比重

单位：万美元、%

年份	一般贸易		加工贸易		边境贸易		其他贸易	
	金额	比重	金额	比重	金额	比重	金额	比重
1998	58019	38.03	8352	5.48	62104	40.71	24071	15.78
1999	62843	35.60	10084	5.71	102305	57.95	1302	0.74
2000	83080	36.70	10005	4.42	131970	58.29	1344	0.59
2001	54418	30.72	14662	8.28	98079	55.37	9989	5.64
2002	80432	29.88	18397	6.83	154370	57.35	15987	5.94
2003	143625	30.10	23294	4.88	303915	63.69	6364	1.33
2004	151734	26.92	31839	5.65	370840	65.80	9150	1.62
2005	196930	24.80	31829	4.01	553885	69.74	11545	1.45
2006	220757	24.25	31773	3.49	648467	71.23	9330	1.02
2007	369418	26.93	39565	2.88	941663	68.65	20977	1.53
2008	382516	17.22	46059	2.07	1764189	79.41	28915	1.30
2009	296780	21.88	34736	2.56	911596	67.22	113108	8.34
2010	363476	21.76	32690	1.96	1004222	60.12	269841	16.16
2011	647651	28.81	26470	1.18	1283636	57.10	290296	12.91

数据来源：《新疆统计年鉴》（1999 ~ 2012 年）、《新疆维吾尔自治区 2011 年国民经济和社会发展统计公报》。

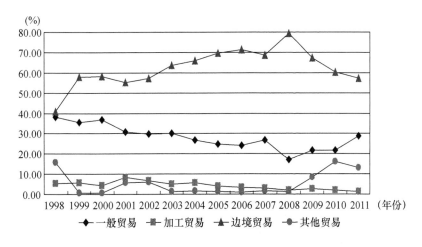

图 4 – 7 新疆各类贸易方式所占比重

数据来源：《新疆统计年鉴》（1999 ~ 2012 年）、《新疆维吾尔自治区 2011 年国民经济和社会发展统计公报》。

4.3.3 新疆对外贸易出口商品结构不断优化

随着新疆经济的逐步发展以及技术的逐渐进步，新疆出口贸易结构也在逐步发生着变化。根据《国际贸易商品标准分类》（SITC）划分商品的标准和分类，出口商品可划分为初级产品和工业制成品两大类。初级产品包括食品及活动物、饮料及烟草、非食用原料、矿物燃料润滑油及有关原料、动物油脂及蜡和其他。工业制成品包括化学品及有关产品、按原料分类的制成品、机械及运输设备、杂项制品和未分类商品①。

由表4-4和图4-8所示，考察新疆出口商品中初级产品与工业制成品的比例，初级产品占出口贸易总额的百分比总体呈下降的趋势，工业制成品占出口贸易总额的百分比总体呈上升趋势。新疆出口贸易结构中，初级产品占出口贸易总额的比重由1993年的64.7%下降为2006年的5.57%，工业制成品占出口贸易总额的比重由1993年的35.3%上升为2006年的94.43%。所以新疆的出口贸易结构由原来的初级产品占主导转变为以工业制成品为主导的出口贸易结构，意味着新疆出口贸易结构近年来得到逐步改善和优化。

表4-4 1990~2009年新疆出口贸易结构

年份	初级产品（万美元）	初级产品占出口总额的百分比(%)	工业制成品（万美元）	工业制成品占出口总额的百分比(%)	总额（万美元）
1990	20000	59.65	13530	40.35	33530
1991	22631	62.32	13686	37.68	36317
1992	27195	59.92	18191	40.08	45386
1993	32032	64.70	17477	35.30	49509
1994	32744	56.84	24868	43.16	57612
1995	38678	50.31	38202	49.69	76880
1996	16395	29.82	38580	70.18	54975
1997	18590	27.94	47957	72.06	66547
1998	17693	21.90	63096	78.10	80789
1999	23043	22.43	79700	77.57	102743
2000	36002	29.90	84406	70.10	120408
2001	22152	33.14	44697	66.86	66849
2002	40228	30.74	90621	69.26	130849

① 按《新疆统计年鉴》分类统计计算。

续表

年份	初级产品 （万美元）	初级产品占出口 总额的百分比（%）	工业制成品 （万美元）	工业制成品占出口 总额的百分比（%）	总额（万美元）
2003	35739	14.06	218482	85.94	254221
2004	37709	12.38	266949	87.62	304658
2005	49432	9.80	454592	91.20	504024
2006	39905	5.57	676617	94.43	713922
2007	118120	9.75	1093899	90.25	1212019
2008	168201	8.57	1794919	91.43	1963120
2009	151877	13.34	986292	86.66	1138169

数据来源：《新疆统计年鉴》（1990～2010 年）及乌鲁木齐海关统计数据计算而得。

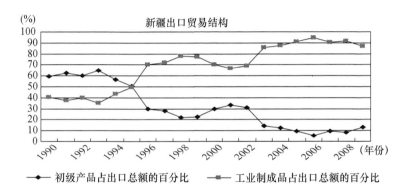

图 4-8　新疆出口商品结构中初级产品与工业制成品比重

数据来源：《新疆统计年鉴》（1991～2010 年）。

表 4-5　2001～2012 年新疆主要出口商品情况

单位：万美元

年份	2001	2002	2003	2004	2005	2006
棉花	4437	15714	5853	1030	474	270
棉纱	4932	4290	4159	2370	1205	1527
肠衣	1655	675	1664	1921	1031	1020
番茄酱	—	16344	17578	1921	2.1	19897
电视机	4606	1420	3219	4407	2782	2309
地毯	22	62	48	40	353	673
药材	887	164	197	533	680	269
鞋　类	3887	2950	3825	37100	88888	95598

续表

年份	2007	2008	2009	2010	2011	2012
棉花	519	2188	388	—	—	—
棉纱	1495	2502	1216	1306	1478	1268
肠衣	966	1449	2188	2073	2809	2603
番茄酱	31372	46237	42006	41574	50926	44179
电视机	1557	706	129	224	262	471
地毯	889	947	555	722	1442	1418
药材	156	162	75	126	56	96
鞋 类	124457	241092	132352	155524	190232	213716

数据来源:《新疆统计年鉴》（2001～2013 年）与乌鲁木齐海关统计数据整理获得。

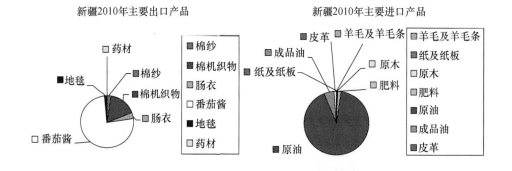

新疆2010年主要出口产品　　　　新疆2010年主要进口产品

图4-9　2010 年新疆主要进出口商品情况

4.3.4　新疆对外贸易差额结构不断调整，顺差来源多样化

从总体结构看，新疆近 10 年出口大于进口，呈现贸易顺差态势。2001～2002 年出现小额贸易逆差，在 2003 年相对平稳，但从 2004 年开始呈现快速增长趋势，并出现巨额贸易顺差，并在 2008 年达到顶峰，受金融危机影响 2008 年开始略有下降，短暂的低迷后从 2009 年开始又呈现增长。

从不同贸易方式的贸易差额结构看，加工贸易较稳定，顺差明显，一般贸易和其他贸易在 2003～2005 年持续逆差，边境贸易只有在 2001 年和 2002 年出现逆差。2006～2010 年新疆各种贸易方式均是顺差，但一般贸易和边境贸易顺差优势明显，如图 4-10、表 4-6、表 4-7、表 4-8、表 4-9 所示。

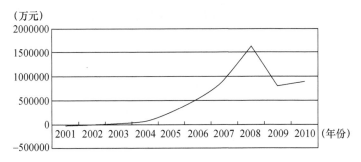

图 4 – 10　新疆对外贸易差额情况

数据来源：《新疆统计年鉴 2011》。

表 4 – 6　2001～2010 年新疆一般贸易差额

单位：千万美元

年份	2001			2002			2003			2004			2005		
一般	出口	进口	差额	出口	进口	差额	出口	进口	差额	出口	进口	差额	出口	进口	差额
金额	29.5	24.8	4.7	54.4	26.0	28.4	71.1	72.5	-1.4	50.2	101.6	-51.3	88.0	108.0	-29.0
年份	2006			2007			2008			2009			2010		
一般	出口	进口	差额	出口	进口	差额	出口	进口	差额	出口	进口	差额	出口	进口	差额
金额	158.9	61.9	96.9	2940.0	75.4	2186.0	2902.0	92.3	1979.0	1680.0	1287.0	394.0	2089.0	1546.0	543.0

表 4 – 7　2001～2010 年新疆加工贸易差额

单位：千万美元

年份	2001			2002			2003			2004			2005		
加工	出口	进口	差额	出口	进口	差额	出口	进口	差额	出口	进口	差额	出口	进口	差额
金额	12.2	2.5	9.7	15.5	2.8	12.7	20.2	3.1	17.1	26.6	5.2	21.4	28.1	3.7	24.3
年份	2006			2007			2008			2009			2010		
加工	出口	进口	差额	出口	进口	差额	出口	进口	差额	出口	进口	差额	出口	进口	差额
金额	27.0	4.7	22.3	36.7	2.9	33.8	44.2	1.8	42.4	32.2	2.5	29.7	30.4	2.3	28.1

表 4 – 8　2001～2010 年新疆边境贸易差额

单位：千万美元

年份	2001			2002			2003			2004			2005		
边境	出口	进口	差额	出口	进口	差额	出口	进口	差额	出口	进口	差额	出口	进口	差额
金额	18.4	79.7	-61.2	47.7	107.0	-59.3	160.0	143.0	16.9	223.8	147.0	76.8	386.0	167.0	218.0
年份	2006			2007			2008			2009			2010		
边境	出口	进口	差额	出口	进口	差额	出口	进口	差额	出口	进口	差额	出口	进口	差额
金额	522.0	126.0	395.0	806.0	134.0	672.0	1576.0	187.0	1389.0	754.0	157.0	596.0	767.0	236.0	530.0

表4-9 2001~2010年新疆其他贸易差额

单位：千万美元

年份	2001			2002			2003			2004			2005		
其他	出口	进口	差额	出口	进口	差额	出口	进口	差额	出口	进口	差额	出口	进口	差额
金额	6.7	3.3	3.5	13.7	2.3	11.4	2.5	3.9	-1.4	4.0	5.1	-1.1	1.6	9.9	-8.2
年份	2006			2007			2008			2009			2010		
其他	出口	进口	差额	出口	进口	差额	出口	进口	差额	出口	进口	差额	出口	进口	差额
金额	6.0	3.3	2.7	12.8	8.2	4.5	18.6	10.4	8.2	127.0	11.0	116.0	290.0	22.0	268.0

数据显示，一般贸易差额在2001年和2003年相对较小，可以忽略不计，2003~2005年呈现小额贸易逆差，2006~2010年呈现小额贸易顺差。而边境贸易只有2001~2002年呈现小额贸易逆差，从2003年开始呈现贸易顺差，并且差额越来越大，并在2008年达到顶峰，受金融危机影响，2008年后，2009年和2010年差额略有下降，但相对一般贸易来说，差额依然巨大，因此新疆对外贸易差额结构受边境贸易的巨额顺差影响。

从不同经营主体的贸易差额结构看，国有经济分别在2001年、2004年、2009年和2010年出现贸易逆差，集体经济在2002年和2003年出现贸易逆差，三资企业只在2001年出现逆差，但差额相对较小，其他经济差额很小，私营经济只在2001年和2002年出现逆差，其他年份则呈现巨额贸易顺差，如表4-10至表4-14所示。因此，影响新疆不同经营主体的对外贸易差额的主要是国有经济和私营经济。图4-11可以看出在2003年之前两者基本平稳，且国有经济贸易顺差稍大于私营经济，这是受当时的国家对新疆经济发展的政策所影响。2003年后国有经济继续下降并出现逆差，短暂的低迷后，2004年开始趋于上升，并在2006年达到峰值，2006年后又呈现下降趋势，但依旧为顺差，直到2008年，受金融危机的影响一路下降，出现较大的贸易逆差。而私营经济在2003年后高速上升出现巨额贸易顺差并在2008年达到顶峰，受金融危机的影响，2008年后略有下降，但在短暂的低迷后，2009年下半年开始又呈现上升趋势。

表4-10 国有经济贸易差额

单位：千万美元

年份	2001			2002			2003			2004			2005		
国有	出口	进口	差额	出口	进口	差额	出口	进口	差额	出口	进口	差额	出口	进口	差额
金额	55	87	-32	105	87	17	155	109	45	109	133	-24	161	145	16
年份	2006			2007			2008			2009			2010		
国有	出口	进口	差额	出口	进口	差额	出口	进口	差额	出口	进口	差额	出口	进口	差额
金额	209	127	82	261	165	96	274	222	51	167	226	-59	170	299	-128

表4-11 集体经济贸易差额

单位：千万美元

年份	2001			2002			2003			2004			2005		
集体	出口	进口	差额	出口	进口	差额	出口	进口	差额	出口	进口	差额	出口	进口	差额
金额	6	4	2	10	21	-11	40	62	-22	50	29	21	70	61	9
年份	2006			2007			2008			2009			2010		
集体	出口	进口	差额	出口	进口	差额	出口	进口	差额	出口	进口	差额	出口	进口	差额
金额	58	17	40	33	3	30	65	1	64	30	1	29	22	4	18

表4-12 私营经济贸易差额

单位：千万美元

年份	2001			2002			2003			2004			2005		
私营	出口	进口	差额	出口	进口	差额	出口	进口	差额	出口	进口	差额	出口	进口	差额
金额	4	12	-8	8	25	-17	48	45	3	133	89	43	257	77	179
年份	2006			2007			2008			2009			2010		
私营	出口	进口	差额	出口	进口	差额	出口	进口	差额	出口	进口	差额	出口	进口	差额
金额	431	46	385	833	46	787	1567	59	1507	868	60	808	1085	94	990

表4-13 三资企业贸易差额

单位：千万美元

年份	2001			2002			2003			2004			2005		
三资	出口	进口	差额	出口	进口	差额	出口	进口	差额	出口	进口	差额	出口	进口	差额
金额	1	5	-4	6	3	3	9	5	4	11	6	5	1	4	-3
年份	2006			2007			2008			2009			2010		
三资	出口	进口	差额	出口	进口	差额	出口	进口	差额	出口	进口	差额	出口	进口	差额
金额	14	3	11	21	6	15	23	8	15	15	12	3	17	17	0

表4-14 其他经济贸易差额

单位：百万美元

年份	2001			2002			2003			2004			2005		
其他	出口	进口	差额	出口	进口	差额	出口	进口	差额	出口	进口	差额	出口	进口	差额
金额	18	66	-48	3	62	-59	3	83	-80	1	58	-57	18	50	-32
年份	2006			2007			2008			2009			2010		
其他	出口	进口	差额	出口	进口	差额	出口	进口	差额	出口	进口	差额	出口	进口	差额
金额	3	122	-119	18	16	2	19	3	16	2	3	-1	57	0	57

数据来源：《新疆统计年鉴》（2001～2011年）。

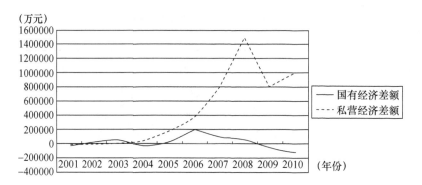

图 4 - 11　国有经济与私营经济贸易差额情况

数据来源:《新疆统计年鉴》(2002 ~ 2011 年)。

从不同地理方向的对外贸易差额结构来看,新疆与亚洲各国的贸易差额主要是与边境发展中国家和地区间的贸易差额,尤其像边境的巴基斯坦、哈萨克斯坦等呈现巨大的贸易顺差,而与相对发达的印度、新加坡、韩国、日本等则有相对的贸易逆差。从表 4 - 15 可以看出,在大部分年份,中国与亚洲各国间的贸易呈现顺差,印度在 2003 年、2004 年和 2010 年出现贸易逆差,日本在 2001 年、2003 年、2006 年、2009 年和 2010 年出现贸易逆差,韩国则从 2004 ~ 2010 年都出现逆差,泰国没出现过逆差,新加坡只有在 2003 年、2005 年、2007 年没出现逆差,其他年份均呈现逆差,沙特阿拉伯则长年出现顺差,菲律宾在 2003 ~ 2005年出现过短暂的逆差,巴基斯坦一直处于巨额贸易顺差,马来西亚只在 2004 年出现小额贸易逆差,蒙古国也一直处于贸易顺差,且差额越来越大,而哈萨克斯坦除了 2001 ~ 2003 年出现贸易逆差外,其他年份都是贸易顺差,且差额较大。在地理位置上,新疆与世界各大洲都有贸易往来,从历年的数据看,亚洲一直呈现贸易顺差,且差额越来越大,非洲也一直呈现贸易顺差,但差额相对较小,欧洲在 2001 年和 2002 年出现贸易逆差,其他年份则呈现巨额贸易顺差,拉丁美洲在 2001 年、2003 年、2004 年和 2005 年出现贸易逆差,北美洲在 2002 年、2003 年、2006 年和 2007 年呈现贸易顺差,其他年份均为贸易逆差,大洋洲在 2003 年出现小额贸易顺差,其他年份为小额贸易逆差,如表 4 - 15、表 4 - 16 所示。

表 4 - 15　新疆与主要贸易国的贸易差额

单位:百万美元

年份 国别	2001			2002			2003			2004			2005		
	出口	进口	差额	出口	进口	差额	出口	进口	差额	出口	进口	差额	出口	进口	差额
印度	1	0	1	5	5	0	7	14	-7	3	7	-4	12	2	10
日本	25	28	-3	28	12	16	41	109	-68	56	33	23	50	37	13

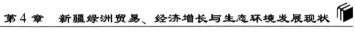

续表

年份 国别	2001 出口	进口	差额	2002 出口	进口	差额	2003 出口	进口	差额	2004 出口	进口	差额	2005 出口	进口	差额
韩国	33	2	31	45	3	42	30	15	15	21	25	-4	19	30	-11
泰国	4	0	4	16	0	16	14	5	9	4	3	1	11	1	10
新加坡	1	3	-2	2	8	-6	13	4	9	2	6	-4	2	2	0
沙特阿拉伯	2	0	2	3	0	3	8	3	5	8	5	3	9	2	7
菲律宾	3	0	3	4	2	2	6	22	-16	13	28	-15	11	20	-9
巴基斯坦	5	2	3	66	2	63	250	4	245	161	1	160	341	0	341
马来西亚	2	1	1	3	1	2	2	2	0	6	9	-3	32	4	28
蒙古国	5	3	2	3	1	2	4	3	1	9	6	3	16	11	5
哈萨克斯坦	208	695	-487	441	923	-482	1272	1273	-1	1781	1564	217	3042	1973	1069

年份 国别	2006 出口	进口	差额	2007 出口	进口	差额	2008 出口	进口	差额	2009 出口	进口	差额	2010 出口	进口	差额
印度	19	3	16	15	10	5	23	14	9	10	2	8	16	18	-2
日本	43	45	-2	69	42	48	93	45	48	53	80	-27	60	106	-44
韩国	15	32	-17	20	29	-9	21	85	-64	17	131	-113	17	65	-48
泰国	7	1	6	10	2	8	13	1	12	11	1	10	23	2	21
新加坡	2	12	-10	14	4	10	8	9	-1	4	11	-7	3	10	-7
沙特阿拉伯	11	0	11	23	0	23	30	0	30	30	4	26	22	1	21
菲律宾	5	1	4	11	2	9	25	3	22	15	1	14	12	3	9
巴基斯坦	341	1	340	410	3	407	408	3	405	190	1	189	125	2	123
马来西亚	22	1	21	24	2	22	33	7	26	25	1	24	67	1	66
蒙古国	10	2	8	17	1	16	124	4	120	52	5	47	249	22	226
哈萨克斯坦	3707	1307	2400	5624	1349	4275	7170	1900	5270	5246	1650	3596	6828	2430	4398

数据来源：《新疆统计年鉴》（2001～2011年）。

表4-16　新疆与世界各洲的对外贸易差额

单位：千万美元

年份 洲	2001 出口	进口	差额	2002 出口	进口	差额	2003 出口	进口	差额	2004 出口	进口	差额	2005 出口	进口	差额
亚洲	17.0	5.0	12.0	34.0	4.0	30.0	51.0	22.0	29.0	39.0	18.0	21.0	69.0	13.0	56.0
非洲	0.5	0.0	0.5	0.3	0.17	0.13	1.0	0.4	0.6	5.0	1.0	4.0	5.0	1.0	4.0

续表

年份 洲	2001			2002			2003			2004			2005		
	出口	进口	差额	出口	进口	差额	出口	进口	差额	出口	进口	差额	出口	进口	差额
欧洲	42.0	92.0	-50.0	86.0	125.0	-39.0	186.0	180.0	6.0	245.0	205.0	40.0	418.0	247.0	171.0
拉丁美洲	0.5	1.0	-0.5	1.0	0.6	0.4	2.0	9.0	-7.0	1.0	18.0	-16.0	1.0	6.0	-5.0
北美洲	6.0	7.0	-1.0	7.0	5.0	2.0	11.0	9.0	2.0	11.0	13.0	-2.0	9.0	18.0	-9.0
大洋洲	0.2	3.0	-2.8	0.6	1.0	-0.4	22.0	18.0	4.0	0.8	1.0	-0.2	0.5	1.7	-1.2

年份 洲	2006			2007			2008			2009			2010		
	出口	进口	差额	出口	进口	差额	出口	进口	差额	出口	进口	差额	出口	进口	差额
亚洲	647.0	167.0	480.0	1022.0	170.0	852.0	1766.0	230.0	1536.0	992.0	211.0	781.0	1162.0	320.0	842.0
非洲	6.0	0.4	5.6	9.0	1.0	8.0	13.0	0.0	13.0	13.0	0.0	13.0	17.0	2.0	14.0
欧洲	46.0	17.0	29.0	100.0	36.0	64.0	131.0	45.0	86.0	63.0	62.0	1.0	103.0	72.0	31.0
拉丁美洲	2.0	0.3	1.7	3.0	0.1	2.9	4.0	0.3	3.7	2.1	2.0	0.1	3.0	2.0	1.0
北美洲	10.0	9.0	1.0	13.0	11.0	2.0	1.0	3.0	-2.0	8.0	2.0	6.0	9.0	16.0	-7.0
大洋洲	0.3	1.0	-0.7	0.5	1.0	-0.5	1.0	1.4	-0.4	1.0	1.4	-0.4	1.1	2.0	-0.9

数据来源:《新疆统计年鉴》(2002~2011年)。

从不同商品结构的对外贸易差额结构来看,新疆与周边国家的贸易商品结构变化较大。向周边国家出口的商品逐渐由中低档工业制成品转向中高档制成品,从初级原料产品,发展国民经济各个领域的产品,甚至包括生物制剂等高科技产品。由此可见,随着双边市场的不断成熟和双边产业结构的升级和调整,双边的贸易商品结构有了一定的变化。从近10年的统计数据来看,初级产品在2000年、2001年、2003年、2004年和2005年都呈现出贸易逆差,其他年份则为顺差,但差额相对较小,工业制成品只有在2001年和2002年出现过贸易逆差,大部分年份为贸易顺差,且差额相对较大,这充分说明新疆在进出口商品结构中,工业制成品是影响巨额贸易顺差的主要因素。从图4-12中可以看出,2000年和2004年初级产品呈现小额贸易逆差而工业制成品则呈现小额贸易顺差,2001年两者都是逆差,2002年初级产品呈现小额贸易顺差,工业制成品是小额贸易逆差,2004年和2005年初级产品都呈现贸易逆差,且差额相对前几年较大,工业制成品则呈现贸易顺差,差额也相对前几年较大,2006~2009年,两者都呈现贸易顺差,且都逐渐上升,但相对来说,工业制成品呈现巨额贸易顺差,受金融危机的影响,两者2009年都有所下降,但工业制成品依然是巨额贸易顺差,如表4-17所示。由此看来,在不同商品结构下,影响新疆对外贸易差额的主要是工业制成品。

表 4 – 17　新疆初级产品与工业制成品贸易差额

单位：千万美元

年份	2000			2001			2002			2003			2004		
	出口	进口	差额	出口	进口	差额	出口	进口	差额	出口	进口	差额	出口	进口	差额
初级	36	46	– 10	22	38	– 16	40	28	12	35	41	– 6	37	70	– 33
成品	84	59	25	44	72	– 28	90	109	– 19	218	181	37	266	188	78
年份	2005			2006			2007			2008			2009		
	出口	进口	差额	出口	进口	差额	出口	进口	差额	出口	进口	差额	出口	进口	差额
初级	49	117	– 68	79	62	17	127	70	57	214	93	121	334	96	238
成品	454	173	281	634	133	501	1022	150	872	1715	198	1517	962	204	758

数据来源：《新疆统计年鉴》（2000～2010 年）和新疆电子数据口岸系统。

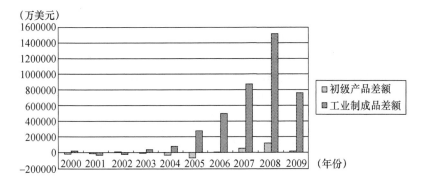

图 4 – 12　新疆初级产品和工业制成品贸易差额情况

数据来源：《新疆统计年鉴》（2000～2010 年）。

4.4　新疆绿洲生态环境发展情况

4.4.1　新疆的生态环境特点突出，易受影响

新疆地域辽阔，自然环境与气候复杂多变，绿洲与戈壁并存，水资源的缺乏和内陆、干旱半干旱的特点决定了新疆生态环境脆弱的特征。由于远离海洋，植被稀疏，覆盖度低，生态系统对外界的变化较为敏感，各种自然灾害对脆弱的生态环境影响较大。在区域内，可利用土地面积小，利用率低，土壤容易盐碱化，受外界影响大。

4.4.2 新疆生态环境资源种类众多，但总量呈现减少趋势

新疆属温带大陆性干旱气候，2011 年，新疆平均降水量 167.1 毫米，其中，北疆年平均降水 256.6 毫米，南疆年平均降水 66.4 毫米，东疆年平均降水 16.1 毫米；城市中，年降水量最多的是乌鲁木齐市，全年降水量为 344.5 毫米，最少的是吐鲁番市，全年降水量为 9.3 毫米，表明新疆区域气候差异较大。新疆土地总面积 16648.97 万公顷（合 249734.55 万亩），其中，农用地面积 6308.48 万公顷（合 94627.2 万亩），现有耕地 412.46 万公顷（合 6186.9 万亩），人均占有耕地 2.8 亩，约为全国人均耕地数的 2 倍；林地面积 676.48 万公顷，活立木总蓄积量 3.39 亿立方米，森林面积 197.8 万公顷，森林蓄积量 2.8 亿立方米，森林覆盖率为 4.02%；新疆草地总面积 7.7 亿亩。其中，天然牧草地总面积 5121.58 万公顷，占全国草场总面积的 20%，天然牧草地资源是新疆发展畜牧业最基本和最主要的生产资料[①]；山地面积占总面积的 56%，盆地占 44%。农、林、牧用地面积约 6304.58 万公顷，占总面积的 37.9%。

图 4-13 显示了新疆 2001~2010 年的耕地面积变化趋势。首先，新疆耕地面积呈现出先减少后增加的变化，2001 年的面积为 416.4 万公顷，在 2004 年达到最低值 402.55 万公顷，而后慢慢增加到 2010 年的 412.46 万公顷。图 4-14 显示了新疆林地面积的变化，从 2001 年的 656.72 万公顷直线上升到 2010 年的 676.48 万公顷。新疆的草地面积在逐年递减，从 2001 年 5135.36 万公顷逐步减少到 2010 年的 5111.38 万公顷，如图 4-15 所示。但新疆的建设用地在连年增加，

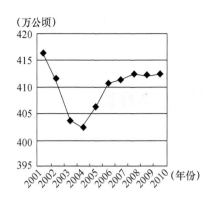

图 4-13 2001~2010 年新疆耕地面积

数据来源：《新疆统计年鉴》（2002~2011 年）。

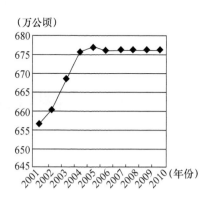

图 4-14 2001~2010 年新疆林地面积

---

① 林木资源为 2006 年自治区森林资源第五次复查数据（2009 年公布）；因 2009 年第二次全国土地调查数据国家尚未反馈，土地资源仍沿用 2008 年度数据。

从 2001 年的 117.81 万公顷增加到 2010 年的 123.98 万公顷，如图 4-16 所示。

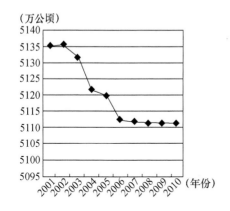

图 4-15　2001~2010 年新疆草地面积　　图 4-16　2001~2010 年新疆建设用地面积

数据来源：《新疆统计年鉴》（2002~2011 年）。

4.4.3　新疆生态环境总体水平呈现降低趋势

（1）新疆用水量不断增加，水资源承载力下降，水环境不容乐观。随着新疆工业化进程和城镇化进程的加快，新疆水资源的总量呈现下降趋势。从 2003 年的 920.10 亿立方米下降至 2009 年的 754.29 亿立方米，其中地下水资源量和地表水资源量均出现不同程度下降，主要原因是新疆大力推进"三化"建设，工业化和城镇化用水量增加，从 2000 年的 480 亿立方米增加到 2010 年的 535 亿立方米；水资源总量减少的同时，人均水资源量也呈现下降趋势，导致水资源承载力下降，如表 4-18 所示。

表 4-18　新疆水资源情况

年份	水资源总量 （亿立方米）	地表水 资源量	地下水 资源量	地下水与 地下水资 源重复量	人均水资源量 （立方米/人）	用水总量 （亿立方米）
2000	952.40	897.10	636.29	580.99	5255	480
2001	1024.40	966.90	692.31	634.81	5500	487.15
2002	1068.60	1006.00	724.85	662.25	5652	475
2003	920.10	863.20	604.30	547.40	4793	494.4
2004	855.40	809.20	502.60	456.40	4390	495.13
2005	962.82	910.66	562.57	510.41	4789	497.06

年份	水资源总量（亿立方米）	地表水资源量	地下水资源量	地下水与地下水资源重复量	人均水资源量（立方米/人）	用水总量（亿立方米）
2006	953.12	903.84	554.13	504.85	4695	508.41
2007	863.80	816.60	514.10	466.90	4168	513.73
2008	802.60	759.50	518.50	475.36	3798	528.22
2009	754.29	713.64	470.47	429.82	3517	530.91
2010	1124.00	1063.00	624.30	563.20	5120	535.08
2011	885.7	841	539.8	495.1	4035	523.51

数据来源：《新疆统计年鉴2012》。

（2）"三废"排放量不断增加，大气和土壤环境遭到污染和破坏。新疆工业化进程的加快是以大量消耗能源为前提的，大量能源的消耗使得废水、废气、固体废弃物排放量增加，通过地表径流和大气循环使得污染物在新疆沉积并可能发酵，大气和土壤环境污染和破坏情况加剧，如表4-19所示。

表4-19　新疆工业"三废"排放情况

年份	工业废水（万吨）	工业二氧化硫（万吨）	工业固体废弃物产生量（万吨）	工业废气排放（亿标立方米）	工业烟尘排放（万吨）
1990	15501	15.68	389	1072	—
1991	16764	21.8	399	1276	—
1992	18624	23.5	426	1528	—
1993	16794	30.5	471	1490	—
1994	17943	18.2	495	1583	—
1995	19001	24.1	602	1735	23.3
1996	16900	17.1	562	1622	12.7
1997	18430	17.1	816	1746	15.3
1998	19473	19.1	683	1790	13.6
1999	16919	19.8	702	1838	12.5
2000	15365	18.8	718	1944	8.4
2001	16797	19	783	2353	9.8
2002	16426	19.3	1008	2512	9.8

续表

年份	工业废水（万吨）	工业二氧化硫（万吨）	工业固体废弃物产生量（万吨）	工业废气排放（亿标立方米）	工业烟尘排放（万吨）
2003	16417	22.2	1009	2934	10.7
2004	19307	31.5	1129	3810	14.1
2005	20052	34.8	1295	4485	17.32
2006	20600	47.89	1581.23	5053	17.48
2007	21000	47.25	2136.64	5797.21	18.53
2008	22900	51.02	2438.31	6154.13	21.32
2009	24200	51.54	3206.08	6974.88	18.47
2010	25400	51.84	3914.12	9309.61	24.84
2011	28800	66.91	5219.09	11867.99	44.13

　　为了改善新疆生态环境，实现经济可持续发展，新疆采用多种方式鼓励企业积极治理"三废"污染，其中企业在治理废水、废气方面的投资较大，在一定程度上缓和了新疆生态环境恶化的程度，如表 4－20 所示。

表 4－20　新疆主要年份工业污染治理投资情况

年份	汇总工业企业数（个）	污染治理项目本年完成投资（万元）	治理废水	治理废气	治理固体废物	治理噪声	治理其他
2000	154	22311	8528	9116	349	4109	209
2001	113	32009	25917	4886	723	66	416
2002	89	16952	5015	8241	2206	261	1229
2003	83	26509	9298	9514	4865	21	2811
2004	94	29622	12334	13114	2756	92	1327
2005	97	44008	23549	9656	371	321	10111
2006	92	45229	26876	12036	2582	32	3703
2007	90	60138	29958	23891	1676	219	4394
2008	72	68004	33123	31999	1964	270	648
2009	99	125435	22242	99849	600	170	2574
2010	66	66813	19687	46276	800	—	50
2011	81	231693	36028	195202	—	—	317

资料来源：《新疆统计年鉴 2012》。

4.5　本章小结

　　本章主要运用文献法、实地调研和统计分析方法，描述了新疆经济发展、对外贸易发展和生态环境的情况，是本书重要的研究基础。新疆的经济发展主要表现为增长速度较快但发展不均衡，城乡收入绝对差距有加大的趋势；产业结构的调整与优化成为目前新疆经济发展的一个重要方面，但"调结构、转方式"的内生动力不足，"三化"协调发展任重而道远。在对外贸易方面，新疆面对对口援疆和跨越式大发展的机遇，外向型经济发展步伐加快，贸易方式加快，承接产业转移的能力和"引进来、走出去"的战略实施初见成效；边境贸易是新疆对外贸易的重要组成部分，目前边境贸易发展仍存在"灰色清关"、跨境人民币结算、贸易投资便利化水平较低等问题，加快与中亚区域主要国家的FTA谈判进程是新疆经济外向型发展取得突破的重要任务；贸易差额显示，近年来，新疆保持一定的顺差，但由于新疆"走廊贸易"特征明显，因此，如何获得贸易的真实利益，发挥贸易推动经济增长的作用，切实带动本地区科技进步与知识积累也是需要探讨的关键问题。最后，本章简要分析了新疆生态环境的情况，认为绿洲生态环境脆弱，生态资源呈现减少趋势，总水平呈下降态势，高能耗、高污染的经济发展模式尚未真正转变。

第5章　新疆绿洲贸易与经济增长关系的实证研究

5.1　引言

新古典增长理论认为，对外贸易可以使一国或地区获得规模经济效益，促进资本形成，提高资源配置效率进而促进本国或地区的经济增长。因此，贸易与经济增长是经济学家们一直关注并研究的领域，并且越来越多的经济学家将研究的重点从贸易与经济增长转向贸易开放度与经济增长方面。本章主要研究以下内容：一是贸易开放度与经济增长关联性的实证研究；二是出口贸易与经济增长关系的实证研究；三是进口贸易与经济增长关系的实证研究；四是加工贸易与经济增长关系的实证研究。研究采用的主要方法是格兰杰因果分析法、协整分析法、误差修正模型、线性回归法等方法。试图回答新疆贸易与经济增长是否有关联？二者是否存在明确的因果关系？贸易中的出口贸易和进口贸易对经济增长的影响哪一个更显著？

5.2　新疆贸易开放度与经济增长关联性实证研究

5.2.1　问题的提出

有关贸易开放度与经济增长关联性研究，国外起步较早，成果较为丰富，其研究主要集中在贸易开放度指标度量方法、贸易开放度与经济增长关系这两方面。贸易开放度指标度量方法目前主要有两种：一种是指标体系法（包括单一指标法和综合指标法两类）。如道格拉斯用商品实际价格对贸易开放条件下价格的偏差程度这一指标来体现贸易开放度，研究发现贸易开放度与人均 GDP 有着显著的联系，得出了贸易自由化可以改善国家的经济增长状况的结论。Sachs 和 Warner 采用综合指标法选取平均关税率、进口非关税率、黑市交易费用等 5 类指标将国家（地区）分为开放或不开放两种类型，以此考察一国（地区）的贸易开放度。另一种是模型构建法（也称为回归法）。如 Leamer 使用包含资本、土地、劳动力、石油、煤炭以及矿产等 9 个要素构建的 Heckscher-Ohlin-Vanek 要素禀赋模型，对 53 个国家的 183 种商品的双边贸易数据估计贸易强度，然后利用贸易强度的预测值和实际值之差作为贸易开放度指标。Lee 将进口贸易规模作为被解释变量来测算贸易壁垒对长期经济增长影响的方法，研究发现贸易开放度与经济增长之间具有明显的负相关关系。

在此基础上，国内学者结合中国的实际，对贸易开放度与经济增长关系的研究方法有了较大的改进，尤其是随着世界贸易经济进入新的历史时期，贸易开放度与经济增长间的关系发生了一定程度的变化，采用不同方法得出的研究结论也产生了一定的差异。如包群、许和连、赖明勇（2003）选取了 5 个不同的贸易开放度指标分析贸易开放度与经济增长之间的关系，实证结果表明，贸易开放度主要是通过提高生产要素的使用效率来最终推动经济增长，用不同的指标来度量贸易开放度，会导致贸易开放度与经济增长之间实证结果的不一致；张立光、郭妍（2004）利用 1980～2001 年的年度数据分析中国外贸依存度与 GDP、资本、劳动力、人力资本的直接相关性，结果表明，贸易开放度与 GDP 及资本、劳动力、人力资本投入要素之间存在长期稳定的均衡关系，并且对外贸易主要是通过对总供给的影响来带动经济增长。

改革开放以来，新疆经济总量快速增长，对外贸易开放程度不断提高，外向型经济发展迅速。从直观上看，贸易开放带动了新疆经济的快速增长，但实际上，两者的因果关系和数量关系究竟如何？是贸易开放带动了经济增长，还是经济增长导致了贸易开放度的提高？两者之间是否存在一种长期均衡关系？本节针对这些问题从实证分析的角度展开探讨研究。

5.2.2 变量选取与数据来源

5.2.2.1 变量选取

根据新疆经济发展水平，结合现阶段新疆对外贸易的主要形式，考虑数据的可得到性和操作性，同时参考国内外学者的做法，选取以下 5 类对外贸易开放度指标来度量新疆对外贸易开放度。

（1）外贸依存度：外贸依存度是外贸进出口总额与国内生产总值（GDP）的比值，反映的是进出口对经济贡献的大小程度，最早度量贸易开放度指标是从分析外贸依存度开始的。虽然随着研究的进展，出现了多种度量贸易开放度指标的方法，但是外贸依存度在分析贸易开放度时仍是一个重要的指标，发挥着不可替代的作用。其中，可以把外贸依存度分为出口依存度和进口依存度，出口依存度是出口额与 GDP 的比值，进口依存度是进口额与 GDP 的比值。

（2）外资依存度：外资依存度是外商直接投资额与国内生产总值的比值，表示吸引利用外商直接投资对经济增长的重要性。外商直接投资作为现代国际贸易和投资的主体，已成为经济增长的重要因素，在分析经济问题时，是一个必不可少的指标。

（3）边境贸易依存度：边境贸易依存度是边境贸易进出口额与 GDP 的比值。根据近年的统计数据分析，新疆的边境贸易额均占新疆贸易进出口总额的 50%以上，是新疆贸易增长的最主要贸易方式，同时新疆也成为我国边境贸易最大的省份，因此，选择边境贸易依存度这一指标来度量新疆贸易开放度有着重大意义。

（4）中亚五国贸易依存度：中亚五国①贸易依存度是新疆对中亚五国贸易进出口总值与 GDP 的比值。新疆与中亚五国毗邻，具有地理上的优势。近年来，随着中亚五国经济的复苏，双方经贸合作已逐步走向平稳发展的轨道，并在规模上进一步加强，新疆经济发展对中亚国家贸易的依赖程度越来越强。

（5）国际旅游外汇收入依存度：国际旅游收入依存度是国际旅游外汇收入与 GDP 的比值。国际旅游除了涵盖旅游的基本含义外，还包含了对外经济的含义，是一个地区对外服务贸易开放的重要内容。近年新疆国际旅游外汇收入一直处于增长的态势，作为服务贸易的一个方面，可选取国际旅游外汇收入依存度作为衡量服务贸易开放度指标。

5.2.2.2　数据来源

本书选取 1993～2011 年新疆国内生产总值（GDP）、贸易依存度（WMYCD）、出口依存度（CKYCD）、进口依存度（JKYCD）、实际利用外商直接投资依存度（WZYCD）、边境贸易依存度（BJYCD）、新疆对中亚五国进出口贸易依存度（WGYCD）以及国际旅游外汇收入依存度（LYYCD）等 8 个研究指标②。针对 GDP 与贸易进出口统计单位不同，不同时期的汇率变动，按照《中国统计年鉴》提供的人民币兑美元的汇率将所有数据统一为亿美元来表示，并根据相应公式计算出各贸易开放度度量指标值如表 5 - 1 所示。

---

① 中亚五国是指哈萨克斯坦、吉尔吉斯斯坦、乌兹别克斯坦、土库曼斯坦、塔吉克斯坦五个国家。
② 数据来源于历年的《新疆统计年鉴》、《中国统计年鉴》。

表 5 - 1 1993 ~ 2011 年新疆贸易开放度度量指标

年份	外贸依存度 （WMYCD）	出口依存度 （CKYCD）	进口依存度 （JKYCD）	外资依存度 （WZYCD）	边境贸易 依存度 （BJYCD）	中亚五国贸 易依存度 （WGYCD）	国际旅游 收入依存度 （LYYCD）
1993	0.1073	0.0576	0.0497	0.0062	0.0671	0.0584	0.0047
1994	0.1354	0.0750	0.0604	0.0063	0.0667	0.0629	0.0056
1995	0.1463	0.0788	0.0676	0.0068	0.0712	0.0686	0.0054
1996	0.1295	0.0507	0.0788	0.0061	0.0675	0.0693	0.0063
1997	0.1153	0.0531	0.0623	0.0020	0.0598	0.0561	0.0057
1998	0.1146	0.0604	0.0542	0.0016	0.0650	0.0587	0.0062
1999	0.1256	0.0731	0.0525	0.0017	0.0728	0.0729	0.0061
2000	0.1375	0.0731	0.0643	0.0012	0.0801	0.0189	0.0058
2001	0.0983	0.0371	0.0612	0.0011	0.0544	0.0564	0.0055
2002	0.1382	0.0672	0.0710	0.0022	0.0792	0.0797	0.0051
2003	0.2094	0.1115	0.0978	0.0018	0.1334	0.1250	0.0021
2004	0.2112	0.1141	0.0970	0.0017	0.1389	0.1449	0.0034
2005	0.2498	0.1585	0.0913	0.0015	0.1742	0.1892	0.0031
2006	0.2383	0.1869	0.0514	0.0027	0.1698	0.1937	0.0034
2007	0.2960	0.2483	0.0478	0.0027	0.2032	0.2368	0.0035
2008	0.3612	0.3137	0.0474	0.0031	0.2868	0.3245	0.0022
2009	0.2208	0.1729	0.0479	0.0048	0.1455	0.2351	0.0018
2010	0.2133	0.1614	0.0519	0.0029	0.1250	0.1876	0.0023
2011	0.2229	0.1644	0.0586	0.0032	0.1254	0.1455	0.0031

资料来源：依据《新疆统计年鉴》、《中国统计年鉴》数据计算整理。

5.2.3 模型建立及实证分析

5.2.3.1 相关分析

相关分析主要是判断两个或两个以上变量之间是否存在相关关系，并分析变量间相关关系的形态和程度。通常以相关系数来表明变量间相互依存关系的性质和密切程度。

指标	WMYCD	CKYCD	JKYCD	WZYCD	BJYCD	WGYCD	LYYCD
GDP	0.913	0.926	0.064	− 0.448	0.941	0.924	− 0.719

本书首先检验七种贸易开放度指标与经济增长之间的相关程度。从相关分析结果表可以看出 WMYCD、CKYCD、BJYCD、WGYCD 这四个同进出口贸易额有关的指标与 GDP 有很高的正向相关性，其关联性较为密切，相关系数分别达到 0.913、0.926、0.941、0.924；LYYCD 与 GDP 的相关系数为 - 0.719，据此表明，尽管国内旅游收入是新疆经济的主要来源之一，但其增长相对较为缓慢，对经济增长的刺激作用不强；而 JKYCD、WZYCD 与 GDP 的相关性较弱，相关系数均在 0.5 以下，并且 WZYCD 与 GDP 呈现较弱的负向相关性，这反映出尽管新疆利用外资额不断增加，但外资利用效率不高，反而会制约经济的增长。

当然，相关分析仅简单表明各类贸易开放度指标与经济增长之间的直接联系，并不能完全刻画出贸易开放度与经济增长之间的长期变动趋势以及因果关系。

5.2.3.2　变量的平稳性检验（ADF 检验）

考察时间序列的长期变动趋势，往往采用协整分析法，为此，首先需要对序列进行平稳性检验。而在现实经济生活中，大多数经济变量的时间序列往往都是非平稳的，即使它们之间没有任何关系，进行回归分析时也可能表现出较高的可决系数（R^2），造成虚假的回归。因此，必须对时间序列的平稳性进行检验，本书采用最常用 ADF 检验法进行单位根检验，结果如表 5 - 2 所示。

表 5 - 2　ADF 单位根检验结果

变量	ADF 检验值	检验类型（c，t，k）	临界值	结论
GDP	3.621	（c，t，3）	- 3.325*	不平稳
I（2）GDP	- 3.853	（c，t，0）	- 3.733**	平稳
WMYCD	- 0.373	（c，t，0）	- 3.287*	不平稳
I（1）WMYCD	- 3.832	（c，t，0）	- 3.710**	平稳
CKYCD	3.883	（0，0，0）	- 1.607*	不平稳
I（2）CKYCD	- 3.612	（c，0，3）	- 3.120**	平稳
JKYCD	- 3.125	（c，0，1）	- 3.052**	平稳
WZYCD	- 3.041	（c，0，0）	- 3.081*	不平稳
I（2）WZYCD	- 3.592	（c，0，3）	- 3.099**	平稳
WGYCD	- 0.722	（c，t，0）	- 3.342*	不平稳
I（2）WGYCD	- 4.531	（c，t，0）	- 3.829**	平稳
BJYCD	0.260	（c，t，0）	- 3.287*	不平稳
I（2）BJYCD	- 4.719	（c，t，3）	- 3.829**	平稳
LYYCD	- 2.502	（c，t，0）	- 3.287*	不平稳
I（2）LYYCD	- 4.596	（c，0，0）	- 3.052**	平稳

注：I（1）、I（2）表示变量的一阶、二阶差分；检验类型中的 c 和 t 表示带有常数项和趋势项，k 表示所采用的滞后阶数；* 表示 10% 显著性水平下的临界值，** 表示 5% 显著性水平下的临界值。

ADF 检验结果表明，除进口依存度外，其余序列都是非平稳的，存在单位根。其中 GDP、CKYCD、WZYCD、WGYCD、BJYCD、LYYCD 的二阶差分序列 ADF 检验值均在 5% 的显著性水平下小于相应的临界值，表明原序列经过二阶差分后成为平稳序列，同阶单整序列可以进行协整分析[①]；WMYCD 经过一阶差分即为平稳序列。

5.2.3.3　协整检验

根据 ADF 检验结果，GDP、CKYCD、WZYCD、WGYCD、BJYCD、LYYCD 具有同阶单整性，因此可以做变量间的协整检验。协整关系的检验通常有两种方法：一种是 Engle 和 Granger（1987）提出的基于协整回归残差的两步检验法；另一种 Johansen 和 Juselius（1990）提出的基于 VAR 的协整系统检验。本书采用后者来检验变量之间的协整关系。检验结果见表 5 - 3。

表 5 - 3　协整检验结果

检验变量	特征值	似然比统计量	结　　果
GDP	0.676	23.168	至少有两个协整关系
CKYCD	0.210	4.010	
GDP	0.608	19.217	至少有一个协整关系
WZYCD	0.177	3.309	
GDP	0.860	29.020	至少有一个协整关系
WGYCD	0.236	3.498	
GDP	0.473	18.546	至少有两个协整关系
BJYCD	0.363	7.664	
GDP	0.600	18.660	至少有一个协整关系
LYYCD	0.165	3.068	

注：临界值为5%显著性水平下。

协整检验结果表明，由标准化协整系数可以判断，出口依存度与新疆 GDP 间的协整关系最强。其他各依存度与新疆经济增长之间也都存在长期稳定的均衡关系，对新疆经济增长具有正向、积极的拉动作用。

5.2.3.4　Granger 因果关系检验

由协整检验和相关分析结果可知，新疆经济增长与各依存度之间存在长期的均衡关系和较高的相关性。但变量之间的这种均衡关系和相关性能否构成因果关

[①]　非平稳经济变量间存在长期稳定的均衡关系称作协整关系，协整是对非平稳经济变量长期均衡关系的统计描述，只有检验变量具有同阶单整性，才能进行协整分析。

系以及因果关系的方向如何，尚需要进一步验证。这里采用 Granger 提出的因果关系检验方法来解决这一问题。检验结果如表 5 - 4 所示。

表 5 - 4 Granger 因果关系检验

原假设	滞后期	F 统计值	P 值	结论
LnX_1 不是 LnY 的 Geranger 原因	2	1.3101	0.30575	不拒绝
LnX_2 不是 LnY 的 Geranger 原因	2	4.6801	0.03144	拒绝
LnX_3 不是 LnY 的 Geranger 原因	1	15.9408	0.00118	拒绝
LnX_4 不是 LnY 的 Geranger 原因	1	6.61555	0.02125	拒绝
LnX_5 不是 LnY 的 Geranger 原因	3	1.2895	0.33617	不拒绝
LnX_6 不是 LnY 的 Geranger 原因	3	1.42023	0.2997	不拒绝
LnX_7 不是 LnY 的 Geranger 原因	1	0.03771	0.84862	不拒绝
LnX_8 不是 LnY 的 Geranger 原因	1	10.8356	0.00494	拒绝
LnX_9 不是 LnY 的 Geranger 原因	1	4.78322	0.04123	拒绝
LnX_{10} 不是 LnY 的 Geranger 原因	1	6.0778	0.03138	拒绝
LnX_{11} 不是 LnY 的 Geranger 原因	2	1.26892	0.31629	不拒绝
LnX_{12} 不是 LnY 的 Geranger 原因	2	6.72402	0.01099	拒绝

Granger 因果关系检验结果表明：在 5% 的显著性水平下：①GDP 与 WMY-CD、BJYCD、LYYCD 之间分别存在单向因果关系，GDP 是外贸依存度、边境贸易依存度、国际旅游外汇收入依存度提高的格兰杰原因，但后者却不是 GDP 增长的格兰杰原因，新疆经济增长良好、安定的局面有助于扩大外贸进出口额，加强边境贸易和周边国家（或地区）的交流、合作，刺激国际旅游事业的发展，但新疆经济增长并不能完全由对外贸易的发展决定；②GDP 与 CKYCD、WGYCD 之间分别存在双向因果关系，出口增加尤其是与中亚五国的贸易往来有利于促进经济快速增长，经济增长又会带动出口的进一步增加和中亚五国贸易经济合作的扩大；③GDP 与 WZYCD 之间并不存在必然的因果关系。

5.2.3.5 贸易开放度与经济增长关联性回归分析

为了研究新疆贸易开放度与经济增长之间的相互联系程度，根据 1990～2008 年新疆 GDP 值和贸易开放度指标值，对 GDP 与贸易开放度指标分别作线性回归分析（见表 5 - 5），建立回归模型为：

$$GDP = \alpha + \beta X + \mu \tag{5-1}$$

其中，GDP 为新疆历年的国内生产总值，X 为历年的贸易开放度指标值，α 为常数项，β 为贸易开放度指标的系数，μ 为随机干扰项。

表 5 - 5　回归分析结果

贸易开放度指标	常数项	回归系数	R^2	Adjusted R^2	F
外贸依存度 （WMYCD）	-98.862 (-4.037)	1843.773 (13.435)	0.914	0.909	180.490
出口依存度 （CKYCD）	0.043 (0.002)	1943.659 (13.0236)	0.909	0.904	169.615
进口依存度 （JKYCD）	125.909 (1.264)	1227.207 (0.779)	0.034	0.022	0.606
外资依存度 （WZYCD）	225.823 (3.706)	-9959.74 (-0.550)	0.018	0.014	0.303
边境贸易依存度 （BJYCD）	-8.390 (-0.542)	2110.761 (16.232)	0.939	0.936	263.462
中亚五国贸易依存度 （WGYCD）	31.815 (1.425)	1668.78 (8.728)	0.854	0.843	76.173
国际旅游收入依存度 （LYYCD）	443.659 (4.394)	-55116.2 (-2.546)	0.276	0.233	6.481

注：括号内数值为相应的 t 统计值。

回归分析结果可以表明以下几点：

（1）从回归系数的符号看，WMYCD、CKYCD、JKYCD、BJYCD、WGYCD 对经济增长具有正面影响，WZYCD、LYYCD 对经济增长具有负面影响。

（2）从可决系数的数值看，WMYCD、CKYCD、BJYCD、WGYCD 的 R^2 值都大于 0.8，说明模型拟合优度较好。JKYCD、WZYCD、LYYCD 的 R^2 值均小于 0.3，说明模型的拟合优度较差。

（3）从回归系数的数值分析，在拟合较好的方程中，边境贸易依存度（BJYCD）对经济增长的作用最强，边境贸易依存度每增加 1 个单位，就会增加 2110.761 个单位 GDP。其次是 CKYCD、WMYCD、WGYCD。

（4）从各项指标回归系数的显著性来看，在拟合较好的方程中，各指标的 t 统计值在 5% 显著性水平，均通过了变量的显著性检验。

（5）WZYCD、LYYCD 的回归系数符号不符合我们的预期。一般认为外商直接投资额和国际旅游外汇收入占一国或地区的 GDP 比重越大，表明该国或地区的贸易开放度越高。因此，更有可能利用外部资源来促进本国或地区的经济增长，但回归结果中 WZYCD、LYYCD 的系数为负，说明以这两个指标度量的贸易开放度越高，反而对新疆的经济增长起到了一定的抑制作用，这与一般的经济规律不相符合。原因主要有两点：外商直接投资额和国际旅游外汇收入占新疆 GDP 比重随时间的波动性较大，并不呈现一个稳定的趋势。其次，相关分析表明，WZYCD、LYYCD 与经济增长的关联性不高，且为负向相关，说明外资依存度和国际旅游收入依存度两个贸易开放度指标与新疆经济增长之间的联系较弱。因此，回归系数无法准确表示外资依存度和国际旅游收入依存度与经济增长之间的相关情况。

5.2.4　实证结果分析

从相关、回归实证分析结果可得到新疆出口依存度（CKYCD）、边境贸易依存度（BJYCD）、中亚五国贸易依存度（WGYCD）对新疆经济增长影响作用较强，并对新疆经济增长具有积极正向的影响作用。而外资依存度（WZYCD）、国际旅游收入依存度（LYYCD）对新疆经济增长影响作用较弱。表明新疆利用外资的效率相对较差，外资对经济的促进作用未能充分体现；国际旅游收入占新疆 GDP 的比重过小，这表明，虽然新疆旅游资源丰富，但由于时间成本和货币成本较大，国际旅游业发展较为滞后。

协整检验结果表明，新疆贸易开放度指标与区域经济增长之间存在长期稳定的均衡关系。Granger 因果检验结果表明，GDP 是外贸依存度、边境贸易依存度、国际旅游外汇收入依存度提高的格兰杰原因，出口尤其是中亚五国贸易依存度的提高有利于促进经济快速增长，经济增长又会带动出口的进一步增加和中亚五国贸易经济合作的扩大；GDP 与 WZYCD 之间并不存在必然的因果关系。

针对以上分析结果可得出：新疆对外贸易开放度的提高主要取决于边境贸易、出口贸易、对中亚五国贸易的规模；其中，以外贸依存度、边境贸易依存度、中亚五国贸易依存度作为新疆贸易开放度度量指标与新疆经济增长有较强的关联性，而以外资依存度、国际旅游收入依存度度量的贸易开放度指标与新疆经济增长关联性较弱；新疆对外贸易是区域经济增长的重要动力，但是在吸引外资和发展国际旅游业方面仍很落后。

5.3　新疆出口贸易与经济增长关系的实证分析

5.3.1　问题的提出

作为拉动经济增长的三驾马车之一的出口贸易一直被学界广泛关注。一国

（或地区）的出口贸易的发展，既反映了该国或地区的产品国际竞争力情况，也是该国或地区的重要外汇储备来源。根据国民经济四部门模型，一国或地区的净出口（出口贸易额与进口贸易额的差额）对一国或地区的经济增长有着重要影响。

从已有的文献看，出口贸易与经济增长的关系存在较大的不确定性，不同国家不同区域出口贸易影响因素存在着很大的差异。针对中国的研究较多，但针对区域的研究相对较少，尤其是特殊区域出口贸易与经济增长关系的研究，无论从理论上还是从实证研究方面，都还不够成熟。因此，本部分以新疆为例，运用计量分析方法，实证分析新疆出口贸易与经济增长的关系。

5.3.2 新疆出口贸易与经济增长关系的实证分析

5.3.2.1 数据来源与说明

利用《新疆统计年鉴》和《中国统计年鉴》确定以下解释变量研究出口贸易与经济增长的关系。其中新疆进口额单位为万美元，在分析过程中用 IX 表示；新疆的国民生产总值单位为亿元，分析过程中用 GDPx 表示；人民币汇率单位为元，分析中用 R 表示；新疆社会固定资产投资单位为万元，在分析过程中用 RD 表示；人力资本本书选取的是新疆中等以上学校的毕业生人数来表示，单位为人，在分析过程用 RM 表示；用中亚五国 GDPH 来表示伙伴国的需求能力，单位是亿美元；能源消耗量的单位是万吨标准煤，在分析过程中用 NH 表示；FDI是新疆实际利用外资，单位是万美元。本书选取 1988 ~ 2011 年时间序列数据为实证分析的样本，如表 5 - 6 所示。

表 5 - 6　各变量的原始数据

年份	EX	IX	R	GDPx	RD	RM	GDPH	FDI	NH
1988	29887	10888	372.21	193	684119	346072	702.14	667.69	1649.07
1989	36093	12545	376.59	217	750698	347719	701.65	25.15	1760.84
1990	33530	7495	478.38	261.44	887775	343313	743.98	712.68	1924.45
1991	36317	9616	532.27	335.91	1249325	324031	679.93	406.77	2071.4
1992	45386	29653	551.87	402.31	1700326	310076	590.75	1021	2260.76
1993	49509	42701	576.19	495.25	2484352	312284	607.45	5297	2496.98
1994	57612	46441	861.87	662.32	2854786	250909	505.16	4830	2605.67
1995	76880	65918	835.1	814.85	3333404	271992	501.4	5490	2733.01
1996	54975	85392	831.42	900.93	3878472	271267	521.87	6639	3045.16
1997	66547	78120	828.98	1039.85	4468148	284580	390.40	2472	3208.24

续表

年份	EX	IX	R	GDPx	RD	RM	GDPH	FDI	NH
1998	80789	72425	827.97	1106.95	5197673	313807	365.67	2167	3279.75
1999	102743	73791	827.83	1163.17	5346468	341434	311.04	2419	3215.02
2000	120408	105991	827.84	1363.56	6103843	363503	374	1923	3316.03
2001	66849	110299	827.7	1491.6	7059970	380946	396	2035	3496.44
2002	130849	138337	827.7	1612.65	8130223	410299	416	4334	3622.4
2003	254221	222977	827.7	1886.35	10021256	434523	504	4005	4064.43
2004	304658	258905	827.68	2209.09	11615245	468849	663	4586	4784.83
2005	504024	290165	819.17	2604.14	13522757	520798	846	4749	5506.49
2006	713923	196404	797.18	3045.26	15670521	541729	1104	10366	6047.27
2007	1150311	221312	760.4	3523.16	18508415	557512	1511.9	12484	6575.92
2008	1929925	291755	694.51	4183.21	22599746	557655	1886	18984	7069.39
2009	1082325	300446	683.10	4277.05	28272359	554905	1777	21570	7525.56
2010	1296981	415853	676.95	5437.47	35396941	547288	2133	23472	8290.20
2011	1682886	599339	645.88	6610.05	47127699	526007	2496	33485	8845.12

数据来源:《新疆统计年鉴》(1989～2012 年) 以及 FAO 数据库、中国知网统计数据库;其中中亚五国的 GDP 在统计年鉴中部分年份的统计数据有异,因统计口径可能存在误差。

5.3.2.2　协整分析

协整检验的目的是为说明数据间的长期相关性,因此变量之间是否存在一个同级的单整关系直接影响到模型估计的有效性。因此,在检验各变量之间的协整关系之前,应采用 ADF 单位根检验方法检验各变量的平稳性,以及平稳性的阶数。主要采用 Eviews 6.0 软件计算得出 ADF 检验结果(见表 5 -7)。

表 5 -7　ADF 单位根检验结果

变量	ADF 统计量	1% 统计值	5% 统计值	检验形式(c t k)	结果
LnEX	-1.485776	-4.5743	-3.692	(c t 1)	非平稳
I(2) LnEX	-5.207753	-4.6712	-3.7347	(c t 1)	平稳
LnR	-1.025692	-4.5743	-3.692	(c t 1)	非平稳
I(2) LnR	-4.430286	-4.6712	-3.7347	(c t 1)	平稳
LnIX	-1.388289	-4.5348	-3.6746	(c t 0)	非平稳
I(2) LnIX	-6.28968	-4.6193	-3.7119	(c t 0)	平稳
LnGDPx	-1.92123	-4.5743	-3.692	(c t 1)	非平稳

续表

变量	ADF 统计量	1% 统计值	5% 统计值	检验形式（c t k）	结果
I（2）LnGDPx	−5.421144	−4.6712	−3.7347	（c t 1）	平　稳
LnRD	−1.308325	−4.5348	−3.6746	（c t 0）	非平稳
I（2）LnRD	−4.932661	−4.6193	−3.7119	（c t 0）	平　稳
LnRM	−1.266985	−4.5384	−3.6746	（c t 0）	非平稳
I（2）LnRM	−7.994117	−4.6193	−3.7119	（c t 0）	平　稳
LnGDPH	−1.482222	−4.5348	−3.6746	（c t 0）	非平稳
I（2）LnGDPH	−7.519621	−4.6193	−3.7119	（c t 0）	平　稳
LnFDI	−3.009562	−4.5348	−3.6746	（c t 0）	非平稳
I（2）LnFDI	−16.01018	−4.6193	−3.7119	（c t 0）	平　稳
LnNH	−1.025692	−4.5743	−3.692	（c t 1）	非平稳
I（2）LnNH	−4.430286	−4.6712	−3.7347	（c t 1）	平　稳

注：检验形式中的 c 和 t 分别表示有常数项和趋势项，k 表示滞后阶数。

如表 5 - 7 所示，在 5% 的显著水平下，变量的 ADF 检验值均大于临界值，说明序列单位根存在，表明数列是非平稳的。为消除非平稳序列对模型检验结果的影响，采用取对数二阶差分，通过二阶差分，序列在 5% 的显著性水平下为平稳序列，即各变量均为同阶单整序列，可以进行协整检验[①]。

单位根的检验表明本模型的时间序列自身非平稳，但其线性组合却平稳，反映了变量之间存在某种长期稳定的关系。为了验证这种稳定性，目前广泛采用 Engle - Granger（1987）提出的 E - G 两步检验法进行协整检验，检验过程中通常采用对数以消除异方差的影响。

建立 LnEX、LnIX、LnR、$LnGDP_x$、LnRD、LnRM、LnGDPH、LnFDI、LnNH 的函数：

（用 Y、X_1、X_2、X_3、X_4、X_5、X_6、X_7、X_8 分别表示上述变量）

$$LnY_t = \alpha + \beta_1 LnX_{1t} + \beta_2 LnX_{2t} + \beta_3 LnX_{3t} + \beta_4 LnX_{4t} +$$
$$\beta_5 LnX_{5t} + \beta_6 LnX_{6t} + \beta_7 LnX_{7t} + \beta_8 LnX_{8t} + \mu_t \qquad (5-2)$$

如果 LnY_t 和 LnX_1、LnX_2、LnX_3、LnX_4、LnX_5、LnX_6、LnX_7、LnX_8 均是同阶单整变量，且它们的线性组合：

$$\mu_t = LnY_t - \alpha - \beta_1 LnX_{1t} - \beta_2 LnX_{2t} - \beta_3 LnX_{3t} - \beta_4 LnX_{4t} -$$
$$\beta_5 LnX_{5t} - \beta_6 LnX_{6t} - \beta_7 LnX_{7t} - \beta_8 LnX_{8t} \qquad (5-3)$$

---

① 李贵琴，李豫新. 基于协整检验的新疆出口贸易影响因素分析 [J]. 价格月刊，2012 (1).

为平稳时间序列，则式（5-1）反映的就是新疆出口贸易与各变量之间存在长期均衡关系。其中 μ_t 为均衡误差。因为 μ_t 是不可观察的，我们实际上只考查它的估计量，也即残差 $e_{(t)}$。

用普通最小二乘法估计得到：

$$LnY_t = -54.32980 + 1.131529LnX_{1t} + 3.242087LnX_{2t} + 2.356087LnX_{3t} + 0.393540LnX_{4t}$$
$$（-2.575898）\quad（2.70935）\quad（2.627147）\quad（1.673665）\quad（1.404675）$$
$$+ 2.239702LnX_{5t} + 0.250723LnX_{6t} + 0.038406LnX_{7t} + 3.168790LnX_{8t}$$
$$（2.484832）\quad（1.514650）\quad（0.478804）\quad（1.825049）\quad\quad（5-4）$$
$$R^2 = 0.982607 \quad F = 77.67870 \quad D.W. = 1.531730$$

$e_{(t)}$ 单位根检验结果列于表 5-8：

表 5-8　残差序列的平稳性检验

ADF 检验	1% 的置信度时的临界值	5% 的置信度时的临界值	10% 的置信度时的临界值
-3.745420	-2.6968	-1.9602	-1.6251

在 5% 的显著水平下，变量间存在长期稳定的均衡关系，而且从式（5-3）可以看出新疆的进口额、汇率、GDP、固定资产投资、人力资本投入、伙伴国GDP、能源消耗总额对新疆出口有显著的促进作用，FDI 对出口的显著水平较差。

5.3.2.3 格兰杰因果关系检验

由于变量间存在协整关系，可以进行格兰杰因果检验。格兰杰因果检验的实质是检验变量及其滞后变量是否影响其他变量，如果受其他变量的影响，则称它们具有格兰杰因果关系，否则为不存在格兰杰因果关系，如表 5-9 所示。

表 5-9　格兰杰因果检验结果

零假设	滞后阶数	F - statistics	Prob.	结论
LnX_1 不是 LnY 的 Geranger 原因	1	1.66201	0.21566	不成立
LnX_2 不是 LnY 的 Geranger 原因	2	1.19807	0.33301	成　立
LnX_3 不是 LnY 的 Geranger 原因	6	137.432	0.0652	不成立
LnX_4 不是 LnY 的 Geranger 原因	5	4.77099	0.07762	不成立
LnX_5 不是 LnY 的 Geranger 原因	2	5.2728	0.02105	不成立
LnX_6 不是 LnY 的 Geranger 原因	6	4.46122	0.34737	不成立
LnX_7 不是 LnY 的 Geranger 原因	1	3.14592	0.09515	不成立
LnX_8 不是 LnY 的 Geranger 原因	2	3.92148	0.04649	不成立

表 5 - 9 中进口量、新疆 GDP、社会固定资产投资、人力资本投入、伙伴国 GDP、FDI 和能源消耗总量的 F 统计值明显大于 P 统计值，说明这八个影响因素中除了汇率，其他都是新疆出口额的格兰杰原因。

5.3.2.4 一元线性回归统计检验

对各变量进行一元线性回归分析，建立如下的一元回归模型：

$$EX = \alpha + \beta X + \mu \tag{5 - 5}$$

其中，EX 表示新疆出口量即被解释变量，α 与 β 为待估计值，μ 表示随机干扰项，X 表示解释变量。

通过 Eviews 6.0 软件对表 5 - 6 的数据进行的回归分析结果见表 5 - 10。

表 5 - 10 各变量回归分析结果

指标	常数项	回归系数	R^2	Adjusted R^2	F
进口量	- 44174.75 (- 2.972803)	0.796534 - 24.52971	0.970952	0.969338	601.6575
汇率	- 148560.9 (- 0.519246)	474.7613 - 1.226645	0.07714	0.025874	1.504658
新疆 GDP	- 145705 (- 3.032026)	267.9585 - 8.802166	0.811475	0.801002	77.47813
固定资产投资	- 114459.3 (- 2.626592)	0.049909 - 9.169018	0.823652	0.8138552	84.07089
人力资本	- 738704.8 (- 5.716836)	2.4909079 - 7.457779	0.775496	0.741913	55.61847
中亚五国 GDP	- 337548 (- 3.865264)	854.2647 - 6.657864	0.711201	0.695157	44.32715
FDI	- 86938.4 (- 1.490399)	73.23222 - 6.239225	0.683811	0.666245	38.92793
能源消耗总量	- 425612.7 (- 6.633530)	181.5224 - 10.46655	0.858872	0.851037	109.5487

根据对各变量进行的回归分析结果显示汇率的拟合优度很差之外，其他七个变量的拟合优度都较好，这说明汇率对新疆出口贸易发展的解释程度很小，所以剔除解释变量汇率。下面通过 T 检验来看各变量是否通过显著性检验。给定一个显著性水平，查 T 分布表中自由度为 18，$\alpha = 0.05$ 的临界值为 2.101，通过与回归结果中各变量的 T 值比较说明除了汇率之外，其他七个解释变量在 95% 的置

信度下显著，即通过了变量的显著性检验。

5.3.2.5　短期动态的误差修正模型估计

协整检验证实了 LnY 与各影响因素之间存在长期稳定的均衡关系，短期内变量由非均衡到均衡的调整过程可以通过引入误差修正模型来说明。

Sargan 在 1964 年提出向量误差修正，但是误差修正模型基本形式的形成是在 1978 年由 Hendry、Davidson 等进一步完善提出的，即传统的经济模型表述变量之间一种长期的"均衡"关系，而实际经济数据确是由"非均衡过程"生成的，因此需要将数据动态的非均衡过程逼近经济理论的长期均衡过程，最后形成自回归分布滞后模型。事实上，从长期看，协整的误差修正是发挥协整关系式的引力线作用，将非均衡状态拉回均衡状态[1]。

根据式（5－3）得到误差修正项：

$$ECM = LnY_t + 3.82211 - 1.172857LnX_{1t} - 0.192870LnX_{2t} - 1.047588LnX_{3t} -$$
$$0.274264LnX_{4t} - 0.232104LnX_{5t} - 0.104576LnX_{6t} - 1.603161LnX_{7t}$$

$$(5-6)$$

然后建立误差修正模型得：

$$D^2LnY_t = 0.012512 - 0.969749ECM(-2) + 1.232608D^2LnX_{1t} + 1.652962D^2LnX_{2t} +$$
$$(0.336292)\quad(-4.227198)\qquad(8.970566)\qquad\quad(2.337713)$$
$$1.093043D^2LnX_{3t} + 0.576220D^2LnX_{4t} + 0.251337D^2LnX_{5t} + 0.116957D^2LnX_{6t} +$$
$$(2.064121)\qquad(2.100165)\qquad(1.825036)\qquad(5.566543)$$
$$0.311410D^2LnX_{7t}\qquad\qquad\qquad\qquad\qquad\qquad\qquad\quad(5-7)$$
$$(2.279197)$$
$$R^2 = 0.955347\qquad DW = 1.720145$$

通过误差修正模型可以看出误差修正项的系数是 －0.969749，符合反向修正机制，即将以 －0.969749 的调整力度将方程非均衡状态拉回到均衡状态。

5.3.3　实证结果分析

从协整关系式看出，出口与进口、新疆 GDP、固定资产投资、人力资本投入、伙伴国 GDP、FDI 以及能源消耗总额是正相关关系。同时可以看出新疆进口额影响最为显著，人力资本投入和新疆能源消耗总量对出口的影响次之，新疆GDP、固定资本投资、伙伴国 GDP 的影响程度相当。通过误差修正模型的建立可以看出，这七个解释变量在短期内发生波动都将引起出口的波动，尤其是新疆的进口额、FDI、新疆 GDP 和新疆能源消耗总量的短期波动对出口的影响最为显著。具

①　高铁梅. 计量经济分析方法与建模 Eviews 应用及实例［M］. 清华大学出版社，2006.

体分析结果如下：①新疆进口额、新疆 GDP、固定资产投入、人力资本投入、伙伴国 GDP、FDI 和新疆能源消耗总量都显著影响新疆出口贸易发展，其中新疆能源消耗、新疆进口额和人力资产投入影响最为显著，变量和出口之间存在长期均衡的稳定关系。短期来看，新疆 GDP、新疆进口额、FDI 和新疆能源消耗总量对出口变动影响最为显著。②虽然新疆进口额、新疆 GDP、固定资产投入、人力资本投入、伙伴国 GDP、FDI 和新疆能源消耗总量都显著影响新疆出口贸易发展，但人力资本投入、伙伴国 GDP、FDI 和新疆能源消耗总量对出口的影响较小。

5.4 新疆进口贸易与经济增长关系的实证分析

5.4.1 问题的提出

大卫·李嘉图认为从国外进口较便宜的食品等生活必需品及原材料，可以稳定物价，阻止工资上涨，保证资本积累，促进经济增长。约翰·穆勒认为，进口本国缺乏的原材料、机器设备等物质资料，可以提高劳动生产率，加速储蓄的增加，从而获得资本积累的增加。张鲁青[①]运用 1980 ~ 2007 年北京的进口贸易和 GDP 的数据，分析了北京市的进口贸易对经济增长的影响，结果表明二者之间存在长期正向关系，进口贸易是经济增长的 Granger 原因。周慧君、苏子微、董秘刚[②]根据陕西省 1985 ~ 2006 年进口贸易和 GDP 统计数据，发现二者之间存在着长期稳定的均衡关系，地区经济增长明显促进了进口贸易的增加，而进口贸易对经济增长的影响并不显著。韩家彬、邸燕茹、于鸿君[③]基于新疆 1979 ~ 2006 年的年度统计数据，发现新疆经济增长与进口存在双向因果关系。何卫仙、孙慧、欧娜[④]利用新疆 1985 ~ 2008 年的年度经济数据，发现新疆的 FDI、出口、进口与GDP 之间存在长期的均衡稳定关系。

新疆是我国连接中亚、西亚、南亚和东西欧的重要通道，发展进出口贸易具

———————

① 张鲁青. 北京市进口贸易对经济增长影响的实证研究 [J]. 北京行政学院学报，2009（10）：45 - 48.

② 周慧君，苏子微，董秘刚. 陕西省进口贸易与经济增长的动态关系研究——基于协整理论检验 [J]. 西安财经学院学报，2009（1）：25 - 29.

③ 韩家彬，邸燕茹，于鸿君. 对外贸易与经济增长——基于新疆的实证研究 [J]. 经济管理研究，2008（2）.

④ 何卫仙，孙慧，欧娜. 新疆 FDI、对外贸易与经济增长关系的实证研究 [J]. 新疆大学学报，2013（1）.

有得天独厚的地缘优势,与中亚国家的边境贸易和转口贸易的经贸合作有力地促进了中亚区域经济发展。目前,我国提出进口与出口应均衡发展,而新疆与中亚国家有良好的产业互补优势,因此合理发展进口贸易以促进新疆经济增长。

5.4.2 新疆进口贸易对经济增长的统计分析

本书采用进口贸易发展的指标来分析新疆进口贸易的发展对经济增长的促进作用,计算公式如下:

进口依存度 = (当年进口额/当年 GDP) ×100%

进口拉动经济增长百分点 = 进口对经济增长的贡献率×GDP 增长率

$$进口对经济增长的贡献率 = \frac{当年进口额 - 上年进口额}{当年 GDP - 上年 GDP} \times 100\%$$

按照上述公式计算,结果如表 5 – 11 至表 5 – 13 所示。2006 年之前进口依存度还是处于上升阶段,但是上升比较缓慢,自 2006 年后开始逐渐下降。新疆的进口贸易贡献率、进口贸易拉动度总体为正,只有个别年份出现了负数。此外,进口贸易依存度波动不大、进口贸易贡献率、进口贸易拉动度呈现波动态势,且幅度较大。

表 5 – 11　1995~2010 年新疆进口贸易额及增长率

单位:万美元

年份	进口额	增长率	年份	进口额	增长率
1995	65918	41.94	2003	222977	61.18
1996	85392	29.54	2004	258905	16.11
1997	78120	– 8.52	2005	290165	12.07
1998	72425	– 7.29	2006	196404	– 32.31
1999	73791	1.89	2007	221312	12.68
2000	105991	43.64	2008	291755	31.83
2001	110299	4.06	2009	300446	2.98
2002	138337	25.42	2010	389041	29.49

数据来源:《新疆统计年鉴 2010》和新疆维吾尔自治区 2010 年国民经济和社会发展统计公报。

表 5 – 12　1995~2010 年新疆进口依存度、贡献率、拉动度

年份	进口依存度	进口贸易贡献率	进口拉动度
1995	6.76	9.34	2.82
1996	7.88	13.56	2.68

续表

年份	进口依存度	进口贸易贡献率	进口拉动度
1997	6.23	-0.95	-0.22
1998	5.42	-2.56	-0.26
1999	5.25	3.22	0.26
2000	6.43	14.39	2.14
2001	6.12	-0.78	-0.04
2002	7.1	14.57	1.91
2003	9.78	26.76	4.23
2004	9.7	9.12	1.32
2005	9.13	6.3	1.27
2006	5.14	-19.39	-3.15
2007	4.78	1.49	0.16
2008	5.21	5.09	0.84
2009	4.8	2.77	2.6
2010	5.5	5.76	65.77

数据来源:《新疆统计年鉴 2010》和新疆维吾尔自治区 2010 年国民经济和社会发展统计公报。

表 5 – 13　1995～2010 年新疆 GDP 总量与新疆进口总量

单位:亿元

年份	新疆生产总值（GDP）	进口额（IM）	当年汇率	年份	新疆生产总值（GDP）	进口额（IM）	当年汇率
1995	814.85	55.05	8.3509	2003	1886.35	184.56	8.277
1996	900.93	71.00	8.3142	2004	2209.09	214.30	8.2768
1997	1039.85	64.76	8.2898	2005	2604.14	237.70	8.1917
1998	1106.95	59.96	8.2791	2006	3045.26	156.60	7.9718
1999	1163.17	61.09	8.2783	2007	3523.16	168.30	7.6040
2000	1363.56	87.74	8.2784	2008	4183.21	202.63	6.9451
2001	1491.6	91.29	8.2770	2009	4277.05	205.23	6.8310
2002	1612.65	114.50	8.2770	2010	5418.81	271.02	6.7695

数据来源:《新疆统计年鉴 2010》和新疆维吾尔自治区 2010 年国民经济和社会发展统计公报。

5.4.3　进口贸易与经济增长关系分析

5.4.3.1　相关性

在建立模型之前，首先对选取变量的相关关系进行分析，运用经济计量软件 Eviews 6.0 分析，得出各变量的趋势图如下。从图 5 - 1 可以看出，LnIM，LnGDP 之间有不断增长的变化趋势，并且变动的方向较为一致。表 5 - 14 给出了各变量的相关系数，从相关系数可以看出，二者的相关系数为 0.908506，表明两变量之间具有较强的正相关关系，但这并不代表所选自变量必然是导致因变量的原因。

如图 5 - 1 所示，各变量的一阶差分序列表现为平稳序列。因此，还需要进行 ADF 检验、协整检验、Granger 因果关系检验来分析它们之间的关系。

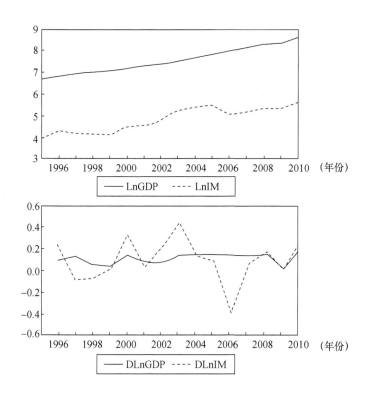

图 5 - 1　LnGDP 与 LnIM 一阶差分图像

表 5 - 14　各变量相关系数表

	LnGDP	LnIM
LnGDP	1	0.908506
LnIM	0.908506	1

5.4.3.2 ADF 检验

ADF 检验的目的是为了验证时间序列的平稳性，主要方法是通过在回归方程中加入因变量的滞后查分项来控制高阶序列自相关问题。

从表 5-15 中可以看出，LnGDP 和 LnIM 是不平稳的，而它们的一阶差分项 DLnGDP 和 DLnIM 是平稳的，说明 LnGDP 和 LnIM 是 I（1）的。

表 5-15　LnGDP 和 LnIM 单位根的 ADF 检验

变量	检验类 (c, t, k)	ADF 检验值	各显著性水平下的临界值			检验 结果
			1%	5%	10%	
LnGDP	(c, t, 1)	1.538623	-4.0113	-3.1003	-2.6927	不平稳
DLnGDP	(c, t, 1)	-4.746441	-4.1366	-3.1483	-2.7180	平稳
LnIM	(c, t, 1)	-0.481806	-4.0113	-3.1003	-2.6927	不平稳
DLnIM	(c, t, 1)	-3.411934	-4.1366	-3.1483	-2.7180	平稳

注：（1）检验形式中，c 为常数项，t 为趋势项，k 为滞后阶数；（2）滞后期 k 的选择标准是以 AIC（赤池信息准则）和 SC（施瓦兹准则）值最小为准则；（3）D 表示变量的一阶差分。

5.4.3.3 协整检验

协整检验证实了 LnY 与各影响因素之间存在长期稳定的均衡关系，短期内变量由非均衡到均衡的调整过程可以通过引入误差修正模型来说明。

Sargan（1964）提出向量误差修正，但是误差修正模型基本形式的形成是在 1978 年由 Hendry、Davidson 等进一步完善提出的，传统的经济模型表述变量之间是一种长期的"均衡"关系，而实际经济数据却是由"非均衡过程"生成的，因此需要将数据动态的非均衡过程逼近经济理论的长期均衡过程，最后形成自回归分布滞后模型。事实上，从长期看，协整的误差修正是发挥协整关系式的引力线作用，将非均衡状态拉回均衡状态。

首先用 LnGDP 对 LnIM 进行 OLS 估计，估计方程见式（5-8），然后用 ADF 法对误差项进行平稳性检验。

$$LnGDP = 2.8932009 + 0.972476345LnIM \qquad (5-8)$$
$$(t =)\ (5.006498)\ (8.134826)$$

$R^2 = 0.8253828$，$Adj - R^2 = -0.8129102$，D. W. $= 0.6053119$，F $= 66.175396$

此时 $R^2 = 0.8253828$，模型拟合优度较高。若变量序列 LnGDP、LnIM 存在协整关系，则模型估计式（5-8）的残差序列 E 应具有平稳性，对 E 做单位根检验，ADF 检验结果如表 5-16 所示。

可以看出，在 5% 的显著性水平下是平稳的，说明新疆进口贸易与地区的生产总值 GDP 之间存在协整关系。新疆进口贸易额的增加对本省 GDP 产生正向影响，在影响程度上，进口额增加 1 个百分点会带来 GDP 增加 0.972 个百分点。说明新疆进口贸易对新疆生产总值具有正向的推动作用。

表 5 - 16　平稳性检验

变量	检验类型 （c，t，k）	ADF 检验值	显著性水平	临界值	检验结果
E	（c，0，0）	- 2.190874	1%	- 2.7570	I（0）
			5%	- 1.9677	
			10%	- 1.6285	

5.4.3.4　Granger 因果关系检验

根据协整检验结果，新疆进口贸易与地区生产总值增长之间存在长期的均衡关系，但这种均衡关系是否构成因果关系，还需进一步检验。本书采用 Granger 因果检验法来考察二者之间的关系。各变量的 Granger 因果关系检验表明，在 1% 显著性水平上，LnGDP 不是 LnIM 的 Granger 原因；但 LnIM 是 LnGDP 的 Granger 原因。即经济增长不是进口贸易增长的原因；反过来进口贸易的增长一定能促进经济增长，二者存在单向的因果关系，如表 5 - 17 所示。

表 5 - 17　进口贸易 IM 与生产总值 GDP 的 Granger 因果检验结果

Null Hypothesis	F-Statistic	Probability	结论
LnIM does not Granger Cause LnGDP	4.29765	0.06111	拒绝
LnGDP does not Granger Cause LnIM	1.75182	0.25582	接受

5.4.4　实证结论

从相关关系看，新疆国内生产总值与新疆进口存在着极强的相关关系（相关系数接近于 1）。从协整关系看，新疆国内生产总值与新疆进口存在着较为显著的协整关系，即表明新疆进口贸易的增长和地区经济增长之间存在长期稳定的均衡关系。从协整方程看，进口贸易对新疆经济增长起到了促进作用。从长期来看，进口贸易每增加 1 个百分点，GDP 增加 0.972 个百分点。此外，进口贸易是 GDP 增长的 Granger 原因，而 GDP 却不是进口贸易增长的 Granger 原因，二者只存在单向的因果关系。Granger 因果检验结果进一步证实了新疆进口促进了新疆经济增长。

5.5 新疆加工贸易与新疆经济增长关系分析

5.5.1 问题的提出

新疆加工贸易起步较晚，基础相对薄弱，但从长远看，来新疆加工贸易前景好，潜力大。随着"十二五"规划的实施，新疆整体设施环境的优化、贸易的整体升级，以及逐步承接的东部地区产业转移，新疆加工贸易对经济增长的支撑作用将会越来越明显。本节运用加工贸易增值系数法、加工贸易对国民生产总值（GDP）拉动度和计量回归三种方法实证分析了加工贸易对新疆经济增长的贡献。

5.5.2 加工贸易对新疆经济增长贡献的实证分析

5.5.2.1 新疆加工贸易的增值系数分析

增值系数是衡量加工贸易创汇水平的一种质量指标，反映了原材料与制成品的增值程度。计算公式：

增值系数 = 加工贸易出口额/加工贸易进口额

该指标反映了生产加工环节的附加值程度，一般来说，如果加工贸易所需零部件和原材料由国内生产供给程度高，则该增值系数则高，表明加工贸易利润较高，对经济增长的贡献就越高。

表 5-18 1998~2011 年新疆加工贸易的增值系数

单位：亿美元

年份	加工贸易进出口总额	加工贸易出口额	加工贸易进口额	增值系数
1998	0.824	0.523	0.301	1.735
1999	1.008	0.770	0.239	3.228
2000	1.001	0.643	0.357	1.801
2001	1.466	1.218	0.248	4.905
2002	1.840	1.553	0.287	5.406
2003	2.329	2.019	0.311	6.500
2004	3.184	2.664	0.520	5.128
2005	3.183	2.811	0.372	7.558
2006	3.177	2.704	0.473	5.719
2007	3.957	3.667	0.290	12.667

续表

年份	加工贸易进出口总额	加工贸易出口额	加工贸易进口额	增值系数
2008	4.606	4.422	0.184	24.060
2009	3.474	3.219	0.254	12.665
2010	3.270	3.040	0.230	13.217
2011	2.650	2.350	0.300	7.833

数据来源:《新疆统计年鉴》(1999~2011 年)、《新疆维吾尔自治区 2011 年国民经济和社会发展统计公报》。

　　如表 5 - 18 和图 5 - 2 所示,新疆加工贸易的增值系数均大于 1,这表明新疆加工贸易的出口额大于进口额,即处于贸易顺差。增值系数从 1998 年 1.735,经过不断发展,到 2007 年首次超过 10,到 2008 年达到 24.1 左右,说明新疆加工贸易顺差逐渐增大,出口创汇能力增强。其中,2009~2011 年的增值系数逐年下降,是由于金融危机后新疆加工贸易出口额有所下降,国外原材料和国内原材料价格上涨,加工贸易利润降低所致。此外,加工贸易增值系数的变化也反映出新疆加工贸易受市场环境影响较大,加工贸易层次还有待升级。

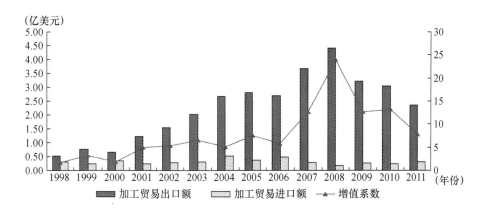

图 5 - 2　新疆加工贸易发展与增值情况

数据来源:《新疆统计年鉴》(1999~2011 年)、《新疆维吾尔自治区 2011 年国民经济和社会发展统计公报》。

5.5.2.2　新疆加工贸易对经济增长的拉动度分析

　　加工贸易对 GDP 的拉动度表示 GDP 增长率中的加工贸易贡献情况,即加工贸易进出口对经济增长的贡献度与 GDP 增长率之间的乘积。公式如下:

　　加工贸易对 GDP 增长的拉动度 = (加工贸易净出口增量/GDP 增量) × GDP 的增长率 = 加工贸易对经济增长的贡献度 × GDP 的增长率

1998 年以来，除 2000 年、2006 年、2009～2011 年外，新疆加工贸易对经济增长的贡献度和拉动度均为正值，如表 5 – 19 所示。1998～2008 年新疆加工贸易对经济增长的年均贡献度为 1.47%，年均拉动度为 0.13%；1998～2011 年新疆加工贸易对经济增长的年均贡献度为 0.33%，年均拉动度为 0.03%。这表明，新疆加工贸易起步相对较晚，从事加工贸易的企业少，也未形成规模。此外，金融危机后，金融危机对新疆加工贸易发展影响较大，加工贸易呈现"走廊贸易"和"过境贸易"加剧情况，即"进而不加"、"加而不出"等现象，这表明新疆加工贸易亟待进行产业升级。

表 5 – 19　1998～2011 年新疆加工贸易对 GDP 的拉动度

年份	GDP 增量 （亿元）	加工贸易净 出口额增量 （亿元）	加工贸易对 经济增长的 贡献度（%）	GDP 增长率 （%）	加工贸易对 GDP 增长的 拉动度（%）
1998	67.1	—	—	7.30	—
1999	56.22	2.56	4.56	7.10	0.32
2000	200.39	− 2.03	− 1.01	8.20	− 0.08
2001	128.04	5.66	4.42	8.10	0.36
2002	121.05	2.45	2.02	8.10	0.16
2003	273.7	3.67	1.34	10.80	0.14
2004	322.74	3.61	1.12	11.10	0.12
2005	395.05	2.23	0.56	10.90	0.06
2006	441.12	− 2.19	− 0.50	11.00	− 0.05
2007	477.9	7.89	1.65	12.20	0.20
2008	660.05	3.75	0.57	11.00	0.06
2009	93.84	− 9.18	− 9.78	8.10	− 0.79
2010	1141.76	− 1.23	− 0.11	10.60	− 0.01
2011	1155.73	− 5.78	− 0.50	12.00	− 0.06

注：表中"—"表示无数据。

数据来源：《新疆统计年鉴》（1998～2008 年）、《新疆维吾尔自治区 2011 年国民经济和社会发展统计公报》。

5.5.2.3　新疆加工贸易对经济增长作用的计量经济分析

（1）变量与数据。由于 2009～2011 年新疆加工贸易数据变动幅度大，数据异常，难以真实反映加工贸易与新疆经济增长的关系。因此选取 1998～2008 年的数据为基础，以新疆生产总值（GDP）为被解释变量，作为反映经济增长的指标；选取新疆加工贸易进出口总额（TPT）、出口额（PTX）、进口额（PTM）为解释变量，其中加工贸易数据根据当年的年平均汇率换算得出。实证分析采用Eviews 6.0为分析工具，为消除异方差特对新疆生产总值（GDP）、加工贸易进出口总额、加工贸易出口额、加工贸易进口额取对数，即用LnGDP表示GDP，LnTPT表示加工贸易进出口总额，LnPTX表示加工贸易出口额，LnPTM表示加工贸易进口额，如表5-20和表5-21所示。

表5-20　1998~2008年新疆GDP、加工贸易进出口总额、出口额及进口额

单位：亿元

年份	GDP	TPT	PTX	PTM
1998	1106.95	6.91	4.42	2.49
1999	1163.17	8.35	6.37	1.97
2000	1363.56	8.28	4.97	3.31
2001	1491.6	12.14	10.02	2.07
2002	1612.65	15.23	12.83	2.40
2003	1886.35	19.29	16.72	2.57
2004	2209.09	26.35	22.02	4.30
2005	2604.14	26.07	23.02	3.03
2006	3045.26	25.33	21.52	3.75
2007	3523.16	30.09	27.91	2.21
2008	4183.21	32.00	30.71	1.25

数据来源：《新疆统计年鉴》（1998~2008年）。

表5-21　1998~2008年新疆GDP、加工贸易进出口总额、出口额及进口额的对数值

年份	GDP	TPT	PTX	PTM
1998	7.009364	1.932970	1.486140	0.912283
1999	7.058904	2.122262	1.851599	0.678034
2000	7.217854	2.113843	1.603420	1.196948
2001	7.307605	2.496506	2.304583	0.727549
2002	7.385634	2.723267	2.551786	0.875469
2003	7.542399	2.959587	2.816606	0.943906
2004	7.700336	3.271468	3.091951	1.458615

续表

年份	GDP	TPT	PTX	PTM
2005	7.864858	3.260785	3.136363	1.108563
2006	8.021342	3.231989	3.068983	1.321756
2007	8.167114	3.404193	3.328985	0.792993
2008	8.338834	3.465736	3.424588	0.223144

数据来源:《新疆统计年鉴》(1998～2008年)。

(2)单位根检验。为验证时间序列的平稳性,必须进行单位根检验。检验结果为:DGDP、DPTX的ADF统计量的值均小于5%临界值,DTPT、D^2PTM的ADF统计量的值均小于10%临界值,即经过差分后的DGDP、DTPT、DPTX、D^2PTM序列平稳,如表5-22所示。

表5-22 变量ADF检验结果

变量	检验类型 (c, t, l)	ADF统计量	1%临界值	5%临界值	10%临界值	结论
DGDP	(0, 0, 1)	-2.5167	-2.9677	-1.989	-1.6382	平稳
DTPT	(c, 0, 1)	-2.8967	-4.6405	-3.355	-2.8169	平稳
DPTX	(c, 0, 1)	-3.375	-4.6405	-3.335	-2.8169	平稳
D^2PTM	(0, 0, 1)	-1.9471	-3.0507	-1.9962	-1.6415	平稳

(3)格兰杰因果检验。为了确定变量之间的关系,首先通过格兰杰因果检验来判断TPT、PTX、PTM与GDP之间是单向或是双向的格兰杰因果关系。从表5-23中可以看出,存在TPT、PTX、PTM对GDP的单向格兰杰因果关系,因此我们可以确定,新疆加工贸易进出口总额、出口额、进口额在一定程度上促进了GDP的发展。

表5-23 格兰杰因果检验结果

滞后阶数	格兰杰因果性	F统计值	结论
3	TPT不是GDP的Granger原因	12.20	拒绝
3	GDP不是TPT的Granger原因	2.19	接受
3	PTX不是GDP的Granger原因	9.70	拒绝
3	GDP不是PTX的Granger原因	0.87	接受
3	PTM不是GDP的Granger原因	4.32	拒绝
3	GDP不是PTM的Granger原因	0.12	接受

（4）线性回归分析。①新疆加工贸易进出口总额对经济增长作用的线性回归分析。以表 5 - 21 数据为基础，新疆 1998 ~ 2008 年加工贸易进出口总额对 GDP 作用的回归结果如下：

$$Ln\hat{GDP} = 5.4899 + 0.7946\ LnTPT \tag{5-9}$$

　　　（21. 4524）　　　（8. 4021）

　　$R^2 = 0.8869,\ F = 70.5953,\ D.\ W. = 1.1206$

以上结果显示，在新疆 GDP 与加工贸易进出口总额的线性回归模型中，自变量（GDP）与常数项的回归系数 t 统计值都超过了临界值，具有显著性，表明加工贸易进出口总额对 GDP 是有显著影响的。方程的拟合优度较好，为 0.8869，表明上述方程式解释力强，可信度高。回归模型的 D. W. 值为 1.1206，$D_L = 0.927$，$D_U = 1.324$，$D_L < D.\ W. < D_U$，说明 D. W. 值落在无法判定的区域，对回归模型进行 LM 检验，来判断是否存在自相关。结果如表所示，$R^2 = 4.0198$ 小于 5% 显著性水平下自由度为 2 的 $X^2_{0.05}\ (2) = 5.99$，可判断模型不存在自相关。

表 5 - 24　回归方程（5 - 9）检验结果

Breusch-Godfrey Serial Correlation LM Test:			
F-statistic	2. 015603	Probability	0. 203546
Obs * R-squared	4. 019802	Probability	0. 134002

回归方程检验结果表明：新疆加工贸易进出口总额与 GDP 之间有正相关性，而且拟合优度较好，GDP 与加工贸易进出口总额的回归系数为 0.7496，说明加工贸易进出口总额每增加 1 个单位，GDP 平均增加 0.7496 个单位，表明新疆加工贸易进出口总额对经济增长有促进作用。

②新疆加工贸易出口额对经济增长作用的线性回归分析。以表 5 - 19 数据为基础，新疆 1998 ~ 2008 年加工贸易出口额对 GDP 增长贡献的回归分析结果如下：

$$Ln\hat{GDP} = 6.0352 + 0.6010LnPTX \tag{5-10}$$

　　　（28. 0801）　　　（7. 5216）

　　$R^2 = 0.8928,\ F = 56.5741,\ D.\ W. = 1.2025$

以上结果显示，在新疆 GDP 与加工贸易出口额的线性回归模型中，自变量 GDP 与常数项的回归系数 t 统计值超过了临界值，具有显著性，表明加工贸易出口额对 GDP 是有显著影响的。方程的拟合优度较好，为 0.8928，表明上述方程式解释力强，可信度高。回归模型的 D. W. 值为 1.2025，$D_L = 0.927$，$D_U = 1.324$，$D_L < D.\ W. < D_U$，说明 D. W. 值落在无法判定的区域，对回归模型进行

LM 检验，来判断是否存在自相关。结果如表 5 – 25 所示，$R^2 = 1.5712$ 小于 5% 显著性水平下自由度为 1 的 $X^2_{0.05}$ （1） $= 3.84$，可判断模型不存在自相关。

表 5 – 25　回归方程 （5 – 10） LM 检验结果

Breusch-Godfrey Serial Correlation LM Test：

F-statistic	1. 333164	Probability	0. 281565
Obs * R-squared	1. 571257	Probability	0. 210025

　　表 5 – 25 结果表明：新疆加工贸易出口额与 GDP 之间有正相关性，而且拟合优度较好，GDP 对加工贸易的回归系数为 0.6010，说明加工贸易出口额每增加 1 个单位，GDP 平均增加 0.6010 个单位，表明加工贸易出口额对新疆经济增长有促进作用。

　　③新疆加工贸易进口对经济增长作用的线性回归分析。对新疆 1998 ~ 2008 年加工贸易进口额对 GDP 增长贡献的回归分析结果如下：

$$Ln\hat{GDP} = 7.7772 - 0.1890LnPTM \qquad\qquad (5 - 11)$$
$$(18.0128) \qquad (0.4316)$$
$$R^2 = 0.0203,\ F = 0.1862,\ D.W. = 0.1126$$

　　以上结果显示，在新疆 GDP 与加工贸易进口额的线性回归模型中，方程的拟合优度很低，仅为 0.0203，表明上述方程式解释力弱，可信度低。回归模型的 D.W. 值仅为 0.1126，$D_L = 0.927$，$D_U = 1.324$，$0 < D.W. < D_L$，说明回归模型中存在正相关。对回归模型进行 LM 检验，$R^2 = 8.2996$ 大于 5% 显著性水平下自由度为 1 的 $X^2_{0.05}$ （1） $= 3.84$，可判断模型存在一阶序列相关 （表 5 – 26）。Eviews 6.0 采用在回归模型中添加 AR （1） 消除一阶序列相关。

表 5 – 26　回归方程 （5 – 11） LM 检验结果

Breusch-Godfrey Serial Correlation LM Test：

F-statistic	24. 58831	Probability	0. 001109
Obs * R-squared	8. 299645	Probability	0. 003965

　　在 Eviews 6.0 下，一阶广义差分估计结果：

$$Ln\hat{GDP} = 5.9599 + 0.0498LnPTM + [AR (1) = 1.0899] \qquad (5 - 12)$$
$$(12.3073) \qquad (1.8618)$$
$$R^2 = 0.9958,\ F = 839.3940,\ D.W. = 2.8612$$

由以上结果可知，D. W. 检验值由 0.1126 提升到 2.8612，表明已基本消除了自相关。拟合优度由原来的 0.0203 提升到 0.9958，t 统计值为 1.8618，并且 F 统计值为 839.3940，达到了较高的显著水平，表明回归模型中所有回归系数都通过了显著性检验。

结果表明：新疆加工贸易进口额与 GDP 之间有正相关性，而且拟合优度较好，GDP 对加工贸易的回归系数为 0.0498，说明加工贸易进口额每增加 1 个单位，GDP 平均增加 0.0498 个单位，表明加工贸易进口额对新疆经济增长有一定的促进作用。

5.5.3 主要结论

一是新疆加工贸易增值系数出现上下波动，新疆加工贸易对经济增长具有一定的贡献度和拉动度。

二是新疆加工贸易进出口总额对经济增长有促进作用。回归结果显示，新疆加工贸易进出口总额与 GDP 之间有正相关性，加工贸易进出口额每增加 1 个单位，GDP 平均增加 0.7496 个单位。

三是新疆加工贸易出口额、进口额对经济增长均有一定促进作用，加工贸易出口额每增加 1 个单位，GDP 平均增加 0.6010 个单位；加工贸易进口额每增加 1 个单位，GDP 平均增加 0.0498 个单位。

5.6 本章小结

本章主要分析了新疆绿洲贸易与经济增长的关系。①首先运用关联分析法分析了贸易开放度与新疆经济增长的关系，结果表明贸易开放度与新疆经济增长具有正关联，即贸易开放度越高，经济增长越快。②运用协整分析方法，验证新疆出口贸易与新疆经济增长的关系，结果表明，新疆经济增长与出口贸易具有稳定的长期关系，且出口贸易与经济增长是单向因果关系，即出口贸易是经济增长的原因，但经济增长不是出口贸易增加的原因。③运用线性回归模型分析新疆进口贸易与经济增长的关系，结果表明，进口贸易对新疆经济增长具有较好的促进作用，但促进作用有限。④运用贡献度和回归模型分析新疆加工贸易与经济增长的关系，结果表明，加工贸易对新疆经济增长具有一定的贡献度和拉动度，二者之间存在着双向因果关系。

第6章 新疆绿洲贸易与生态环境
关系的实证分析

6.1 引言

正如第 2 章所阐释的，贸易与生态坏境的关系一直存在着较大的争议，其缘由主要在于发展中国家（地区）与发达国家（地区）处于不同的发展阶段，具有不同的经济和政治利益诉求。焦点在于：发达国家已经走过了"先污染、后治理"的经济发展阶段，公民社会的环境保护意识较强，具有较为充裕的资金和先进的技术，有条件进行 R&D 开展环境保护与治理；发展中国家还处于经济发展或转型过程中，经济增长意识占据主导地位，环保意识较为淡薄，且缺乏生态环境保护的资金和技术，因此更多的采取"先污染、后治理"或"边污染、边治理"的模式。目前，中国生态环境日益恶化，大气污染、水污染、土壤污染等生态环境问题凸显，"调结构、转方式"的经济改革正逐渐推进。新疆绿洲生态环境本底薄弱，近年来依托面向中亚的地缘优势和承接东中部产业转移的机遇，外向型企业增速明显，对外贸易发展迅速（见第 4 章），"走廊贸易"以及工业化进程的加快使新疆生态环境面临进一步恶化的风险。本章首先以新疆对外贸易生态足迹分析为出发点，分析新疆对外贸易的生态足迹盈余/赤字，以明确当前生态环境对新疆对外贸易发展的承载力与容忍空间；其次应用虚拟水贸易理论分析新疆农产品贸易虚拟水的进/出口量，以及新疆农产品贸易对新疆水资源环境的影响；最后通过对新疆出口贸易与能源消费关系的分析，引入"贸易含污量"概念说明出口贸易是否增加了能源消费并对生态环境产生影响。

6.2 新疆绿洲对外贸易生态足迹分析

6.2.1 生态足迹法概述

生态足迹（Ecological Footprint，EF）是 William Rees[①] 和 Wackernagel[②] 提出并完善的一种定量评价一个国家或地区经济贸易可持续发展的方法，主要使用生物生产性土地面积（全球性公顷，Global Hectare，gha）来评价生态系统能够支持与满足人类需求量与区域生物生产性土地的可得量，其核算对象主要包括生物资源产品和化石能源产品，并将消费的资源和化石能源转化为生物生产性土地。生态足迹理论能够较好地反映人类活动所需要的生态足迹和自然生态系统所能提供的承载力状态，目前已经成为可持续发展研究的典型工具。由于贸易全球化的影响，资源型贸易产品的域际流动实际隐含生态要素的流动，将可能产生严重的资源衰竭和生态环境问题，因此贸易顺差往往意味着生态资本上的亏损，从而损害一个国家或地区对外贸易发展的可持续性。一个国家或地区的对外贸易生态足迹核算就是将进出口商品折算为生产、消费资源产品和化石能源产品所需的生物生产性土地面积，计算对外贸易中的生态盈余或赤字。当一国或地区的对外贸易生态足迹为盈余时，表明该国或地区具有生态要素优势，具有可持续发展的潜力；当生态足迹为赤字时，表明生态要素的净流出，能源资源进一步耗竭，不利于对外贸易的可持续发展。因此，从生态要素视角，应用生态足迹分析方法定量评价一个国家或地区的对外贸易可持续发展问题具有重要的理论和现实意义。

Wackernagel 对世界上的 52 个国家和地区于 1993 年的生态足迹计算结果表明，在目前的生活消费水平下，全球人均生态足迹为 2.8gha，而地球所能提供的人均生态足迹（生态承载力）为 2.1gha，人均生态赤字为 0.7gha。Jeroen 和 Harmen[③] 分析评价了生态足迹方法概念、模型与研究假设，认为生态足迹方法对研究贸易可持续发展提供了新的研究方法和思路，但存在较大修正与完善改进的空

① Rees, W. E. Ecological Footprint and Appropriated Carrying Capacity: What Urban Economics Leaves out. Environment and Urbanization, 1992, 4 (2): 121 – 130.

② Wackernagel, M., Onisto, L., Bello, P., et al. Ecological Footprints of Nations: How Much Nature do You Use? How Much Nature do They Have? Commissioned by the Earth Council for the Rio + 5 Forum. International Councilfor Local Environ-mental Initiatives. Toronto, 1997.

③ Jeroen C. J. M. van den Bergh, Harmen Verbruggen. Spatial Sustainability, Trade and Indicators: an Evaluation of the "Ecological Footprint" Ecological Economics, 1999 (2): 61 – 72.

间。Klaus Hubacek 与 Stefan Giljum[①] 运用实物投入产出方法估算了西方欧洲国家直接和间接的土地占用、生产与消费，分析了欧盟15国进出口贸易的生态足迹。Mariano Torras[②] 运用生态足迹法分析了国际贸易带来的资源利用和污染情况。Wenli Qiang 和 Thomas Kastner 等[③]应用生态足迹法分析了中国农产品贸易中的虚拟土地价值问题，结果表明，随着1986～2009年中国农作物的贸易虚拟土地进口不断增加，中国应改变虚拟土地贸易模式。

生态足迹法于2000年引入中国后，引起了国内部分学者的关注并进行了不断的修正、完善与发展，在国际贸易研究领域取得了一定的研究进展[④]。张志强等[⑤]首次将生态足迹理论引入中国，并被用于定量分析中国和一些省市或地区的对外贸易可持续发展问题。陈丽萍、杨忠直[⑥]利用生态足迹法对1991～2003年中国进出口贸易中的输入输出做出定量分析，结果表明，1995年前的中国在初级产品和能源产品贸易中存在生态足迹赤字，1996年后的生态足迹由赤字转变为盈余。白钰、曾辉等[⑦]提出了基于生物产品和能源间接贸易的生物产品贸易调整系数、能源贸易调整系数，并构建了基于宏观贸易调整方法的国家生态足迹分析模型。张学勤、陈成忠[⑧]基于生态足迹模型，采用能值方法、投入产出方法计算中国1995～2005年进出口贸易中的生态足迹及中国进出口贸易对生态环境的动态影响。陈琰、由黎、赵淳、胡荣华[⑨]将生态足迹核算方法运用于进出口贸易的可持续发展研究，结果表明，1994～2007年间，中国进出口贸易结构逐渐优化，我国已经从自然资源的净输出国转化为净输入国，且输入的生态足迹逐年增长。

① Klaus Hubacek, Stefan Giljum. Applying Physical Input-output Analysis to Estimate Land Appropriation (Ecological Footprints) of International Tradeactivities. Ecological Economics, 2003 (44): 137 – 151.

② Mariano Torras. An Ecological Footprint Approach to External Debt Relief, World Development, 2003 (31): 2161 – 2171.

③ Wenli Qiang, Aimin Liua, Shengkui Cheng, Thomas Kastner, Gaodi Xie. Agricultural Trade and Virtual Land Use: The Case of China's Crop Trade. Land Use Policy, 2013 (33): 141 – 150.

④ 尹科，王如松，周传斌，梁菁. 生态足迹核算方法及其应用研究进展 [J]，生态环境学报，2012，21 (3): 584 – 589.

⑤ 张志强，徐中民，程国栋等. 中国西部12省（区市）的生态足迹 [J]，地理学报，2001，56 (5): 599 – 610.

⑥ 陈丽萍，杨忠直. 中国进出口贸易中的生态足迹 [J]. 世界经济研究，2005 (5).

⑦ 白钰，曾辉，李贵才，高启辉，魏建兵. 基于宏观贸易调整方法的国家生态足迹模型 [J]，生态学报，2009，29 (9): 4827 – 4835.

⑧ 张学勤，陈成忠. 中国国际贸易及其生态影响的动态分析 [J]，河北师范大学学报（自然科学版），2010，34 (5): 601 – 608.

⑨ 陈琰，由黎，赵淳，胡荣华. 中国进出口贸易的生态足迹核算 [J]. 资源科学. 2010 (7).

李昭华、汪凌志[①]运用投入产出法测算了中国 1992～2007 年的对外贸易生态足迹，结果表明中国是实际用地的净出口国和虚拟用地的净出口国。此外，部分学者基于生态足迹法研究了新疆资源环境承载力问题、生态安全问题和经济可持续发展问题。

在中国加入世界贸易组织和实施西部大开发战略以及"走出去"战略的背景下，新疆又迎来了对口援疆的历史机遇，进入了"大开发、大开放、大发展"的新时期。新疆作为中国向西开放的桥头堡和连接欧亚经济的纽带，在对外贸易的发展促进新疆经济增长的同时，可能使本来就脆弱的生态环境进一步恶化，进而威胁边疆的生态安全。因此，结合新疆生态环境和对外贸易发展实际，运用生态足迹法核算与分析新疆对外贸易生态盈余与赤字情况，揭示新疆对外贸易中隐含的生态要素，对促进新疆对外贸易发展方式转变和可持续发展有着重要的意义。

6.2.2　贸易生态足迹的核算方法与数据处理

6.2.2.1　贸易生态足迹核算方法

根据 Wackernagel 生态足迹模型及基本假设，将贸易足迹核算项目划分为生物资源账户贸易生态足迹和能源账户贸易生态足迹两大类，核算方法如下：

（1）生物资源账户贸易生态足迹核算方法。

生物资源账户进口贸易生态足迹计算公式：

$$B_i = \sum I_i / P_i \cdot E_i \qquad (6-1)$$

生物资源账户出口贸易生态足迹计算公式：

$$B_e = \sum X_i / P_i \cdot E_i \qquad (6-2)$$

生物资源账户贸易生态足迹盈余/赤字计算公式：

$$B = B_i - B_e = \sum (I_i / P_i \cdot E_i) - \sum (X_i / P_i \cdot E_i) \qquad (6-3)$$

式（6-1）、式（6-2）、式（6-3）中，B 表示一国或地区的生物资源账户贸易足迹，B_i 表示一国或地区的生物资源账户的进口贸易生态足迹，B_e 表示一国或地区的生物资源账户的出口贸易生态足迹，I_i 表示第 i 种产品的进口量（t），X_i 表示第 i 种产品的出口量（t），P_i 表示第 i 种产品的世界平均产量（t/hm²），E_i 表示第 i 种产品所占用土地类型的均衡因子（gha/hm²）。

若 $B_i - B_e > 0$，表明一国或地区进口商品占用的生物资源的生态足迹大于该国或地区出口商品占用的生物资源的生态足迹，相当于净进口了国外的生物资源的生态性生产土地面积，表现为生物资源账户的贸易生态盈余。若 $B_i - B_e < 0$，

---

① 李昭华，汪凌志. 中国对外贸易自然资本流向及其影响因素——基于 I-O 模型的生态足迹分析 [J]. 中国工业经济，2012（7）.

相当于净出口了生态生产性土地面积，表现为生物资源账户的贸易生态赤字。若 $B_i - B_e = 0$，则表明生物资源账户贸易生态均衡。

（2）能源账户贸易生态足迹核算方法。

能源账户进口贸易生态足迹计算公式：

$$E_i = \sum I_j / P_j \cdot K_j \cdot E_j \qquad (6-4)$$

能源账户出口贸易生态足迹计算公式：

$$E_e = \sum X_j / P_j \cdot K_j \cdot E_j \qquad (6-5)$$

能源账户贸易生态足迹盈余/赤字计算公式：

$$E = E_i - E_e = \sum (I_j / P_j \cdot K_j \cdot E_j) - \sum (X_j / P_j \cdot K_j \cdot E_j) \qquad (6-6)$$

式（6-4）、式（6-5）、式（6-6）中，E 表示一国或地区的能源账户贸易足迹，E_i 表示一国或地区的能源账户进口贸易生态足迹，E_e 表示一国或地区的能源账户出口贸易生态足迹，I_j 表示第 j 种能源的进口量（t），X_j 表示第 j 种能源的出口量（t），P_j 表示第 j 种能源的折算系数（Gj/t），K_j 表示第 j 种能源的全球平均能源足迹（Gj/hm^2），E_j 表示第 j 种能源产品所占用土地类型的均衡因子（gha/hm^2）。

若 $E_i - E_e > 0$，表明一国或地区进口商品占用的能源资源的生态足迹大于该国或地区出口商品占用的能源资源的生态足迹，相当于净进口了国外的能源资源的生态性生产土地面积（碳吸收地），表现为能源资源账户的贸易生态盈余。若 $E_i - E_e < 0$，相当于净出口了能源资源的生态生产性土地面积，表现为能源资源账户的贸易生态赤字。若 $E_i - E_e = 0$，则表明能源资源账户贸易生态均衡。

（3）贸易生态足迹核算方法。

进口贸易生态足迹核算公式：

$$EM_{(B,E)} = B_i + E_i = \sum (I_i / P_i \cdot E_i) + \sum (I_j / P_j \cdot K_j \cdot E_j) \qquad (6-7)$$

出口贸易生态足迹核算公式：

$$EX_{(B,E)} = B_e + E_e = \sum (X_i / P_i \cdot E_i) + \sum X_j / P_j \cdot K_j \cdot E_j \qquad (6-8)$$

对外贸易生态足迹盈余/赤字计算公式：

$$ED(ER) = B + E = EM_{(B,E)} - EX_{(B,E)} \qquad (6-9)$$

式（6-7）、式（6-8）、式（6-9）中，ED(ER) 表示一国或地区的贸易生态足迹赤字或盈余，EM 表示一国或地区的进口贸易生态足迹，EX 表示一国或地区的出口贸易生态足迹。若 EM - EX > 0，表明贸易生态足迹账户为盈余；若 EM - EX < 0，表明贸易生态足迹账户为赤字；若 EM - EX = 0，表明贸易生态足迹账户为均衡。

6.2.2.2 数据处理与说明

本书利用新疆海关进出口主要商品数据、《新疆统计年鉴》（2002～2012

年)、《中国能源统计年鉴》、《中国农村统计年鉴》(1994~2012 年)、世界自然基金会《地球生命力报告》(1998~2012 年) 及 2013 年的联合国粮农组织统计数据库,应用生态足迹核算方法,对新疆对外贸易生态足迹盈余/赤字进行了核算,将不同种类、数量的进出口商品分别折算为生产该商品所需的土地类型的生态足迹。根据生产力的大小,一般将土地类型分为耕地、牧草地、林地、渔业用地、化石能源用地 (即碳吸收利用地,碳足迹) 与建设用地六种土地类型,其中,生物资源账户包括耕地、牧草地、林地和渔业用地,能源账户包括化石能源用地与建设用地。

由于不同类型土地生物生产能力差异较大,各类土地利用均衡因子 (见表 6 - 1) 按其生产力进行比例折算成全球性公顷,使计算结果转化为量纲统一的可比较的生物生产性地域面积。由于不同研究计算的全球生态足迹均衡因子不一致,为便于比较分析,本书结合相关文献和新疆对外贸易实际,采用世界自然基金会 2008 年的全球均衡因子 (见表 6 - 1)。此外,在生物资源账户贸易生态足迹计算中所需的某种进出口商品的世界平均产量数据,主要来自联合国粮农组织 (FAO) 统计数据库、《中国农村统计年鉴》与相关文献;在能源账户贸易生态足迹计算中所需的全球平均能源足迹和能源折算系数来自 Wackernagel 1999 年的计算。

表 6 - 1　不同研究计算的全球生态足迹均衡因子

单位：gha/hm²

土地利用类型	全球均衡因子				中国均衡因子		新疆均衡因子
	Wackernagel (1993)	Wackernagel (2003)	WWF (2001)	WWF (2008)	王青、刘建兴 (2004)	刘某承、李文华 (2009)	刘某承、李文华 (2009)
耕地	2.82	2.17	2.19	2.39	5.25	1.74	2.25
林地	1.14	1.35	1.38	1.25	0.21	1.41	2.36
牧草地	0.54	0.47	0.48	0.51	0.09	0.44	0.42
水域用地	0.22	0.35	0.36	0.41	0.14	0.35	0.33
化能用地	1.14	1.35	1.38	1.1	0.21	1.41	2.36
建设用地	2.82	2.17	2.19	2.39	5.25	1.74	2.25

6.2.3　新疆贸易生态足迹盈余/赤字核算与结果分析

6.2.3.1　2011 年新疆对外贸易生态足迹核算与分析

(1) 新疆 2011 年生物资源账户贸易生态足迹核算。生物资源账户贸易生态足迹主要包括耕地、牧草地、林地和渔业用地。耕地是指支持粮食、牲畜饲料、油料作物与橡胶等农产品生产的土地利用，包括粮食、豆类、棉花及棉织品、水果及干果等进出口商品用地；牧草地是指支持畜牧业产品生产的土地利用（不包括牲畜饲料种植用地），包括肉及肉制品类、皮毛及绒毛制品、皮革等进出口商品用地；林地包括天然林地与人工林地，主要包括木材、纸与纸板等进出口商品用地；渔业用地是指水产品生产所需的水域面积，由于 2011 年新疆主要进出口商品中无水产品的进出口贸易，生物资源账户中不计算水域的贸易生态足迹。

根据新疆进出口商品的类别，农产品利用土地类型为耕地，全球平均产量根据相关参考文献和 FAO 统计数据中的主要农产品的平均产量核算（加总平均产量为 11.986t/hm^2）；纺织纱线转化为相应的耕地足迹，全球平均产量取棉花的平均产量替代（WWF）；动物产品中猪肉类转为耕地面积，全球平均产量为粮食平均产量的 1/6（从粮食到猪禽肉类的粮食转化系数为 6）；反刍类动物的肉类及牛、马等皮革转化为牧草地面积，全球平均产量根据反刍类动物的各种产品的总数量/世界牧草总面积进行估算（约为 0.27t/hm^2）；粮食的全球平均产量以谷物的全球平均产量替代；水果、家具、纸及纸板转化为林地面积，以全球林产品平均产量 1.99t/hm^2 为准；其他产品的全球平均产量以 FAO 统计数据为准。本书根据新疆 2011 年进出口商品情况[①]，依据生物资源账户贸易生态足迹核算式（6 - 1）、式（6 - 2）、式（6 - 3），计算结果如表 6 - 2、表 6 - 3、表 6 - 4 所示。

表 6 - 2　2011 年新疆生物资源账户进口贸易生态足迹

进口	进口量（t）	全球平均产量（t/hm^2）	均衡因子（gha/hm^2）	生态足迹（gha）	土地类型
农产品 *	246478	11.986	2.39	49147.54	耕地
棉花 *	143448	1.592	2.39	215352.21	耕地
纺织纱线、织物 *	5961.2	1.592	2.39	8949.29	耕地
牛、马皮革	15203	0.27	0.51	28716.78	牧草地
原木	6000	1.9	1.25	3947.37	林地
纸及纸板	57	1.9	1.25	37.5	林地
羊毛及羊毛条	9476	0.27	0.51	17899.11	牧草地

---

① 2011 年，按乌鲁木齐海关商品编码 8 位统计，新疆主要进出口商品均为 31 种，其中，部分商品非新疆自产产品出口，对新疆贸易生态足迹影响不予计算（例如鞋类），同时，根据《新疆统计年鉴》（2012）中统计的主要进出口商品进行了补充调整。此外，受限于统计数据，本书并未计算进出口贸易中大部分工业制品及中间品的嵌入能（携带能）生态足迹。以下计算 1993 ~ 2011 年的新疆对外贸易生态足迹时采用同样的处理方法。

表6-3　2011年新疆生物资源账户出口贸易生态足迹

出口	出口量 （t）	全球平均产量 （t/hm²）	均衡因子 （gha/hm²）	生态足迹 （gha）	土地类型
农产品*	1048528	11.896	2.39	209075.75	耕地
蔬菜*	47726	15.7	2.39	7265.30	耕地
番茄酱	680000	27.4	2.39	59313.87	耕地
药材	91	1.548	2.39	140.50	耕地
纺织纱线、织物*	788083.8	1.592	2.39	1183115.80	耕地
棉纱	2849	1.592	2.39	4277.08	耕地
家具及其零件*	9656	1.9	1.25	6352.63	林地
鲜、干水果*	178096	1.9	1.25	117168.42	林地
纸及纸板*	19489	1.9	1.25	12821.71	林地
肠衣	491	0.27	0.51	927.44	牧草地
肉及杂碎*	5390	0.27	0.51	10181.11	牧草地

注："＊"表示数据从海关统计数据调整而来。其中，纺织纱线、织物产品按含棉70%重量折算。原木产品按0.6t/m³计算。

资料来源：乌鲁木齐海关统计资料（http://urumqi.customs.gov.cn）、《新疆统计年鉴》（2012）。

表6-4　2011年新疆生物资源账户贸易生态足迹

土地类型 贸易足迹	耕地（gha）	牧草地（gha）	林地（gha）	总计（gha）
进口贸易生态足迹	273449.04	46615.89	3984.87	324049.8
出口贸易生态足迹	1463188.24	11108.56	136342.76	1610639.56
贸易生态足迹盈余/赤字	-1189739.20	+35507.33	-132357.89	-1286589.76

注："＋"表示贸易生态足迹为盈余，对外贸易处于生态优势；"－"表示贸易生态足迹为赤字，对外贸易中处于中生态劣势。

（2）新疆2011年能源账户贸易生态足迹核算。能源账户主要包括化石能源用地和建设用地。建设用地是指支持交通、住房、工厂与水电站等基础设施的土地利用，一般指进出口电力。由于新疆进出口商品不涉及本地区建筑的建设用地，因此不考虑占用的建设用地的面积；化石能源用地反映了贸易中的煤炭、焦炭、原油、汽油、柴油、燃料油、液化石油气等能源消费时，排放 CO_2 被吸收时所需的林地面积。化石能源用地面积核算是根据全球能源折算系数，将能源的具体消耗量折算为统一的能量单位，再以该化石能源全球平均能源足迹为标准，将进出口能源消费所消耗的能源折算成一定的土地面积（见表6-5）。根据能源账户贸易生态足迹的核算式（6-4）、式（6-5），计算出新疆能源账户进出口贸易生态足迹计算结果，如表6-5所示。

表6-5 各种能源的转换参数

能源种类	全球平均能源足迹（Gj/hm²）	折算系数（Gj/t）
煤炭	55	20.934
焦炭	55	28.47
原油	93	41.868
成品油	93	43.124
汽油、煤油、柴油	93	43.124
燃料油	71	50.2
天然气	93	38.978
热力	1000	29.334
电力	1000	11.84

注："全球平均能源足迹"表示指定的燃料燃烧释放相当量热值时，同时产生的 CO_2 需要 $1hm^2$ 林地1年时间的吸收。天然气的密度按 $0.5kg/m^3$ 折算而成，热力的单位是百万千焦，电力单位是万千瓦时。

表6-6 2011年新疆能源账户进出口贸易生态足迹与土地类型

类型	数量（t）	折算系数（Gj/t）	全球平均能源足迹（Gj/hm²）	均衡因子（gha/hm²）	生态足迹（gha）	土地类型
原油（进）	3700000	41.868	93	1.1	1832287.7	化石能源地
成品油（进）	710000	43.124	93	1.1	362148.86	化石能源地
焦炭（出）	259776	55	28.47	1.1	552035.41	化石能源地

注：（进）表示进口商品；（出）表示出口商品。

资料来源：乌鲁木齐海关统计资料，http://urumqi.customs.gov.cn。各种能源的转换参数来自 Wackernagel（1999）。

根据式（6-6）计算，2011年新疆能源账户进口贸易生态足迹为 2612.395gha，出口贸易生态足迹为 770.224gha，能源账户贸易盈余为 1842.171gha。

（3）新疆2011年贸易生态足迹盈余/赤字核算与结果分析。根据上述新疆2011年生物资源账户进出口贸易生态足迹、能源账户贸易生态足迹的核算结果，按土地类型归类，根据式（6-7）、式（6-8）、式（6-9）计算出各种土地类型的出口生态足迹、进口生态足迹及其贸易生态盈余/赤字，结果如表6-7所示。

表 6 - 7　2011 年新疆贸易生态足迹盈余/赤字

贸易足迹类型	进口生态足迹（gha）	出口生态足迹（gha）	生态足迹盈余/赤字（gha）
耕地	273449. 04	1463188. 24	- 1189739. 20
林地	3984. 87	136342. 76	- 132357. 89
牧草地	46615. 89	11108. 56	+ 35507. 33
化石能源用地	2194436. 56	552035. 41	+ 1642401. 15
生物资源账户盈余/赤字	324049. 8	1610639. 56	- 1286589. 76
能源账户贸易生态盈余/赤字	2194436. 56	552035. 41	+ 1642401. 15
合计	2518486. 36	2162674. 97	+ 355811. 39

注："+"表示贸易生态足迹为盈余，对外贸易中处于生态优势；"-"表示贸易生态足迹为赤字，对外贸易处于中生态劣势。

表 6 - 7 计算结果表明：2011 年新疆贸易生态足迹为 355811. 39gha，整体处于盈余状态，对外贸易中处于生态优势。各类土地的贸易生态足迹盈余/赤字分别为耕地 - 1189739. 20gha、林地 - 132357. 89gha、牧草地 35507. 33gha、化石能源用地 1642401. 15gha，生物资源账户贸易生态赤字 - 1286589. 76gha，能源账户贸易生态盈余 1642401. 15gha。其中，耕地和林地呈现贸易生态足迹赤字状态，表明对外贸易处于劣势；牧草地和化石能源用地均为贸易生态足迹盈余，化石能源用地盈余现象最为突出，表明对外贸易处于优势。耕地生态足迹的赤字主要由纺织纱线、织物、农产品、番茄酱的大量出口导致；林地贸易生态足迹赤字主要由鲜、干水果、纸制品和家具的出口所带来的；牧草地贸易生态足迹轻微盈余表现为皮革少量的进口；化石能源用地贸易生态足迹大量盈余主要是由于原油、成品油的大量进口。

上述分析也反映了当前新疆对外贸易发展的基本现状，即新疆仍保持出口初级生物资源产品、进口能源资源性产品为主的贸易商品格局，这种贸易格局将可能使新疆生物资源的生态环境承载力进一步下降。

6. 2. 3. 2　1993 ~ 2011 年新疆对外贸易生态足迹核算与动态分析

上文利用生态足迹法计算了 2011 年新疆对外生态足迹盈余与赤字，为动态反映新疆对外贸易生态足迹的变化情况，采用上述核算过程，选取乌鲁木齐海关统计的 2006 ~ 2011 年新疆主要进出口商品的数据，以及《新疆统计年鉴》（1994 ~ 2012 年）的新疆主要进出口商品量数据，调整计算 2001 ~ 2011 年新疆出口贸易生态足迹、进口贸易生态足迹及其贸易生态足迹盈余/赤字。由于数据庞杂，仅将主要结果绘图分析如下。

（1）1993 ~ 2011 年新疆进出口贸易生态足迹测度结果与动态分析。通过对

1993～2011 年新疆主要出口商品的贸易生态足迹核算，绘制经均衡因子转化的具有可比性的新疆各类土地生态足迹曲线。图 6-1 显示，新疆主要出口贸易生态足迹动态变化的特征为：①1993～2011 年间新疆出口贸易的生态足迹中耕地所占比重最大，1993～2005 年呈现波动性变化，2006 年后快速上升。这主要是由于 1993～1998 年新疆着重实施"一白（棉花）、一黑（石油）"的优势资源转换战略，棉花产业迅速发展，棉花出口量不断增加，平均占新疆主要出口商品总数量的 85% 以上，仅有少量的毛纱线、啤酒花和甘草等农副产品出口。1999 年后，新疆主要出口商品中棉纱所占数量有所增加，尤其食糖和药材的出口增速明显，带动了出口贸易中所含耕地生态用地出现增长，但部分年份存在较大的波动性。2006 年以后，新疆出口输出的耕地均衡生态足迹快速上升，主要是由于乌鲁木齐海关统计数据中的农产品出口量大幅增加，尤其番茄酱、蔬菜和原棉一直保持较高的增速，其农作物输出产品种类较为丰富，例如纱线、辣椒干、果蔬汁以及粮食均有出口。②草地均衡足迹输出所占比重最小，出口商品种类较为单一，肠衣为主要出口商品，鹿茸、肉及杂碎（牛、羊）出口量较小且不稳定。③自 2006 年以来①，林地均衡生态足迹输出所占比重稳中有升，主要出口商品为鲜、干林果产品以及纸与纸板类产品的出口。④化石能源用地所占比重波动较大，主要出口商品为焦炭、半焦炭，部分年份出口少量的成品油。

如图 6-1 所示，新疆主要进口贸易生态足迹变化的特征为：①林地均衡生态足迹输入所占比重较大，但波动明显。1993～1998 年，进口贸易生态足迹仅包括林地均衡生态足迹输入，主要输入产品为纸张，但数量较小；1999～2003 年，林产品进口数量和种类有所增加，主要表现为原木产品的大量进口和少量的纸与纸板产品的进口；2004～2011 年纸与纸板进口量先大幅增加后大幅减少，原木进口则先减少后增加，偶有林果、纸浆的进口。②草地均衡生态足迹输入变动幅度较小，总体呈现小幅减少态势，输入产品单一，主要进口产品为羊毛及羊毛条、牛皮革、马皮革。③耕地均衡生态足迹输入所占比重最小，主要表现为2006 年以来的农产品粮食、纱线、棉花、食用油等产品的少量输入。④化石能源用地均衡生态足迹所占比重增幅最快，目前所占比重最大，主要包括大量的原油、成品油和少量的液化气输入。

（2）1993～2011 年新疆贸易生态足迹盈余/赤字测度结果与动态分析。如图 6-2、图 6-3 所示，1993～2011 年新疆贸易生态足迹盈余/赤字②的变化特征为：①耕地均衡生态足迹的净输入一直以来都为赤字，且赤字有明显的上升趋势，

---

① 由于 1993～2005 年《新疆统计年鉴》中没有林地类产品的出口数据，因此可以近似的认为该时期新疆林地均衡足迹输出为零。

② 净输入 > 0 为盈余，净输入 < 0 为赤字。

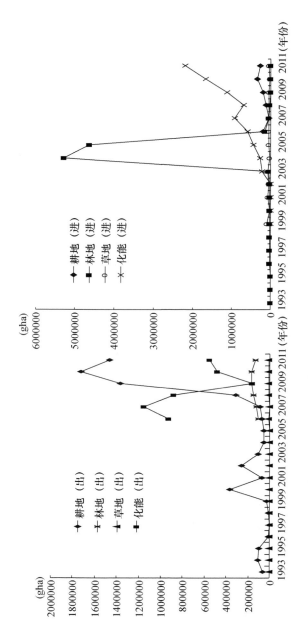

图 6 - 1　1993～2011 年新疆主要商品进出口贸易土地均衡生态足迹

处于对外贸易的劣势，表明新疆初级农产品的出口比重偏高，农业产业链较短，产品附加值较低，农业产业结构仍需调整与优化。②1993～2006 年林地均衡生态足迹的净输入为正值，表明贸易生态足迹盈余，处于对外贸易的优势。但 2007年以来，林地贸易的生态足迹赤字明显呈现增加的趋势，主要是林果产品、纸与

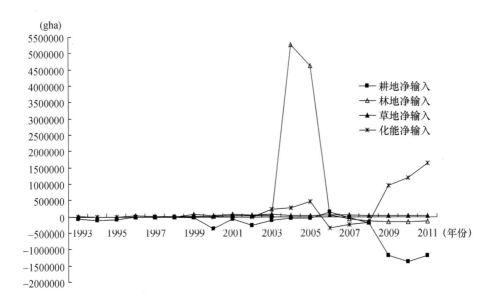

图 6 - 2　1993～2011 年新疆各种类型土地的贸易生态盈余/赤字

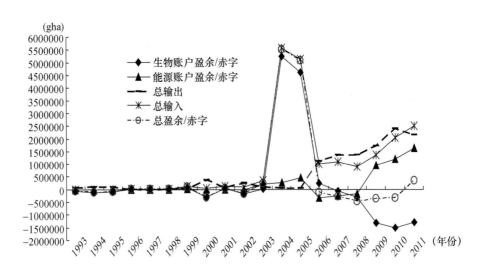

图 6 - 3　1993～2011 年新疆对外贸易生态足迹演变

纸板的大量出口所致，这主要与新疆"减棉、稳粮、增林果"的产业结构转化有一定关系，同时也反映出林地生态承载力正面临着严峻的考验。③草地均衡生态足迹的净输入为正值，表明贸易生态足迹盈余，但盈余较小，表明新疆的畜牧业发展具有较好地生态承载力。④化石能源用地均衡生态足迹净输入为正值，且增速明显，主要是由于新疆较好地发挥了同中亚国家的能源贸易优势，能源进口具有较好的发展前景，但也可能导致新疆废弃物排放量的增加，降低生态承载力。⑤2003年前，新疆对外贸易生态足迹总量较小，2003 年后总输入和总输出的均衡生态足迹均呈现上升趋势，表明新疆对外贸易的总体规模不断扩大；生物资源账户贸易生态足迹呈赤字上升趋势，能源账户贸易生态足迹呈盈余上升趋势，总贸易生态足迹呈现从赤字向盈余转变的趋势。

6.2.4　主要结论

从生态足迹的概念和理论出发，阐释了运用生态足迹模型评价一个国家或地区对外贸易可持续发展的理论意义。在此基础上，结合新疆生态环境和对外贸易发展实际，运用生态足迹模型核算分析了新疆 2011 年对外贸易的生态足迹（ +355811.39gha），整体处于盈余状态，对外贸易处于生态优势。为更好地反映新疆对外贸易生态足迹的总体和变化情况，采用相同的核算方式，计算了1993 ~ 2011 年新疆主要进出口商品中携带的生态足迹，结果表明，新疆对外贸易的发展使出口贸易生态足迹和进口贸易生态足迹均呈现上升趋势，进出口贸易生态足迹波动较大，总贸易生态足迹正处于从赤字向盈余转变的关键时期，因此更应关注新疆对外贸易可持续发展的问题。

需要指出的是，尽管生态足迹法在研究中存在均衡因子、全球平均产量的选择与确定问题，但对模型通过适当处理与调整，仍能较好地反映一个国家或地区的可持续发展问题。例如，上述研究结果表明，新疆耕地贸易生态足迹一直处于赤字状态，而能源用地呈现盈余态势，这与新疆出口贸易商品结构以初级农产品为主、进口以能源产品为主密切相关，较好地提供了当前调整优化新疆进出口商品结构以促进对外贸易可持续发展的依据。

6.3　新疆对外贸易对水环境的影响分析
——基于农产品虚拟水贸易

6.3.1　问题的提出

随着人口数量的高速增长和经济的快速发展，全球水资源压力越来越大，水问题已经成为 21 世纪人类面临的重大问题之一。Fish Elson 在评价以色列农业时提出了物化水的概念,他提出"大量水资源密集型农作物的出口对以色列来说是不可持续的,因为伴随着农产品的出口大量的物化水被出口到国外"[①]。J. Anthony Allan[②] 提出了"虚拟水"的概念,即指农产品生产过程中所消耗的水资源数量。Hoekstra[③] 和 Mekonnen[④] 进一步将农产品虚拟水的范围扩展至其他产品和服务,即生产商品和服务所需的水资源数量,包括生产或者消费的产品中包含的虚拟水数量。虚拟水是以虚拟形式嵌在产品中看不见的水,也被称为"嵌入水"和"外生水":"嵌入水"是指特定的产品以不同的形式包含有一定数量的水;"外生水"则指进口虚拟水的国家或地区使用非本国或本地区的水[⑤]。

近年来,在虚拟水理论和虚拟水战略框架下,各国学者进行过诸多的研究,将"虚拟水"概念延伸至"水足迹",以寻求人类消费、全球贸易与水资源利用的关系[⑥]。2002 年世界水贸易专家会议上首次探讨了虚拟水定量分析方法,主要利用联合国粮农组织设计的 CropWat、ClimWat、Faostat 等数据库,测算不同国家不同农作物的虚拟水含量[⑦]。此后,召开的数次国际水资源会议主要涉及了虚拟水的计算方法改进、虚拟水影响因素、虚拟水对政府政策制定的影响等方面,推动了虚拟水贸易在全球范围内的研究,既达成了共识,也存在部分争议。在农产品贸易虚拟水计算方面,Zimmer 和 Renault[⑧] 根据生产有相同营养值的替代产品的虚拟水量,测算农产品的虚拟水量,并引入产品比例因子和价值比例因子进行区分计算;Hoekstra 等[⑨] 运用不同的模型计算了不同国家不同种类农产品的虚拟

① Qadirm, Boers Th, Schubert Set all Agricultural Water Management in Water Starved Countries: Challenges and Opportunity is. A agricultural Water Managing, 2003 (62).

② Allan, J. A., Virtual Water: A Long Term Solution for Water Short Middle Eastern Economics? Paper Presented at the 1997 British Association Festival of Science , 1997.

③ Hoekstra, A. Y., Virtual Water Trade: Proceedings of the International Export Meeting on Virtual Water-Trade, Value of Water Research Reports Series, 2003 (12): 12 – 13.

④ Arjen Y. Hoekstra1 and Mesfin M. Mekonnen, The Water Footprint of Humanity, PNAS, 2011.

⑤ Allan J. A. Fortunately there are Substitutes for Water Otherwise Our Hydro – political Futures Would be Impossible. In: ODA, Priorities for Water Resources Allocation and Management. ODA, London, 1993: 13 – 26.

⑥ 诸大建,田园宏. 虚拟水与水足迹对比研究 [J]. 同济大学学报 (社会科学版),2012,23 (4): 4349.

⑦ 周姣,史安娜. 虚拟水和虚拟水贸易研究综述 [J]. 河海大学学报 (哲学社会科学版),2010 (12): 25 – 28.

⑧ Zimmer D., Renault D. Virtual Water in Food Production and Global Trade: Review of Method Logical Issues and Preliminary Result. Virtual Water Trade HE Delft, 2003 (12).

⑨ Mesfin M. Mekonnen and Arjen Y. Hoekstra., A Global Assessment of the Water Footprint of Farm Animal Products, Ecosystems, 2012 (15): 401 – 415.

水量。Wichelns[①] 认为分析虚拟水的比较优势具有较强的政策意义和现实应用意义；而 Singh 和 Dinesh[②] 则运用俄林模型和回归模型证明虚拟水贸易对实现供水安全无意义。诸多研究表明，虚拟水研究对促进全球水资源管理具有重要的理论和现实意义。

虚拟水贸易在我国的研究正处于起步阶段，研究方法及研究所需的数据库尚不完善。部分学者主要借鉴国外的研究经验，探讨了中国虚拟水理论、虚拟水计算、虚拟水贸易和虚拟水战略等方面的问题，但关于各产业虚拟水含量的计算研究极为匮乏。程国栋[③]、钟华平等[④]认为虚拟水为解决中国水资源安全提供了新思路，拓宽了水资源研究领域。龙爱华、徐中民等[⑤]引入虚拟水概念，计算了2000 年新疆、青海、甘肃、陕西的居民消费虚拟水数量和人均虚拟水消费情况，分析了虚拟水战略对西北地区解决水资源短缺问题的政策含义。罗贞礼等[⑥]对郴州市农产品的虚拟水进行了量化分析。曹建廷等[⑦]、姚蓝等[⑧]归纳了农作物和畜产品相关的虚拟水计算方法并进行了计算。黄晓荣等[⑨]基于虚拟水理论，运用投入产出法计算了宁夏虚拟水贸易情况。王红瑞等[⑩]归纳了畜产品虚拟水及贸易的计算方法，计算了中国各省市畜产品虚拟水含量变化情况。周姣等[⑪]利用混合性投入产出法分析了各行业及区间贸易调水量，实证分析了华北地区的虚拟水贸易。刘红梅等[⑫]构建了中国农业虚拟水国际贸易影响因素的时空引力模型，实证检验了中国农业虚拟水国际贸易的影响因素。徐中民[⑬]分析了 Allan 虚拟水战略的局限性，认为贫水地区应通过产业链正反馈环实现实体水和虚拟水的良性循环，并论证了张掖市的虚拟水战略。上述研究主要研究中国部分省市、地区的农

①　Wichelns D. The Role of Virtual Water in Efforts to Achieve Food Security and Other National Goals with an Example from Egypt. Agricultural Water Management, 2003 (49): 131 – 151.

②　M. Dinesh Kumar and O. P. Singh. Virtual Water in Global Food and Water Policy Making: Is There a Need for Rethinking? Water Resources Management, 2005 (19): 759 – 789.

③　程国栋. 虚拟水——中国水资源安全战略的新思路 [J]. 中国科学院院刊, 2003 (3): 260.

④　钟华平, 耿雷华. 虚拟水与水安全 [J]. 中国水利, 2004 (5).

⑤　龙爱华, 徐中民, 张志强. 西北四省 (区) 2000 年的水资源足迹 [J], 冰川冻土, 2003 (6).

⑥　罗贞礼, 黄璜. 郴州市农产品虚拟水的量化分析 [J]. 湖南农业大学学报 (自然科学版), 2004 (3).

⑦　曹建廷, 李原园. 农畜产品虚拟水研究的背景、方法及意义 [J]. 水科学进展, 2004 (6).

⑧　姚蓝, 李磊, 宿伟玲. 动物虚拟水概念及其应用 [J]. 大连大学学报, 2005 (3).

⑨　黄晓荣, 裴源生, 梁川. 宁夏虚拟水贸易计算的投入产出方法 [J]. 水科学进展, 2004 (4).

⑩　王红瑞, 王军红. 中国畜产品虚拟水含量 [J]. 环境科学, 2006 (4).

⑪　周姣, 史安娜. 区域虚拟水贸易计算方法与实证 [J]. 中国人口·资源与环境, 2008 (4).

⑫　刘红梅, 李国军, 王克强. 中国农业虚拟水国际贸易影响因素研究——基于引力模型的分析[J]. 管理世界, 2010 (9).

⑬　徐中民. 虚拟水战略新论 [J]. 冰川冻土, 2013 (2).

产品虚拟水含量，但对干旱区绿洲的农产品虚拟水贸易足迹的研究鲜有涉及。

中国是一个缺水大国，水资源短缺加之时空分布不均、水土资源分布不匹配等问题，使得水资源问题已成为制约中国社会经济可持续发展的重要因素。新疆地处欧亚大陆腹地，是典型的干旱、半干旱地区，水不仅是干旱区绿洲生态构成、发展、稳定的基础和依据，而且是干旱区绿洲最关键的生态环境因子①。例如，2010年全疆水资源总量为 1120 亿 m^3，但由于河道、湖泊量减少及生态恶化，仅有535.08 亿 m^3 为可利用水资源，资源性缺水已经严重阻碍了新疆经济的发展。此外，改革开放以来，新疆产业用水结构一直处于严重不均衡状态，农业用水比例过大，例如 2010 年农业用水 495.95 亿 m^3（全国排名第一），占生产用水 97%（全国平均约 61%），因此农产品是水资源密集型产品。统计数据显示，新疆农业的发展带动农产品贸易额持续增长，出口主要以棉花、番茄酱、水果、蔬菜以及部分林、畜产品为主，总体呈现较大的贸易顺差，农产品贸易顺差所引致的水资源跨国界虚拟流动对新疆干旱区绿洲水资源的动态平衡和水安全具有重要的意义。

6.3.2　方法与说明

农产品虚拟水贸易足迹主要结合虚拟水和水足迹的特征，是指一定时期内一个国家或地区农产品虚拟水进口贸易、出口贸易与差额情况，主要包括农作物产品、动物产品和林产品。目前，虚拟水贸易研究主要是对农产品贸易结构中的各类产品进行虚拟水含量的计算，采取的主要方式是从生产者在生产过程中消耗的实际水资源量或消费者消费农产品所需的水资源量②。本书主要从生产者角度对进出口农产品虚拟水进行量化。

6.3.2.1　农作物中虚拟水计算方法

农作物虚拟水的量化一般指作物用水，主要计算作物生长发育期间蒸发、蒸腾所消耗的全部水资源量。一般采用联合国粮农组织（FAO）推荐的 CROPWAT 模型结合 ClimWat、Faostat 中的相关数据计算。该模型主要通过采集各地的相关气候、土壤参数，计算出一定的参考作物需水量（Crop Water Consumption），并以此为基准，修正不同的作物系数 K_c（Crop Coefficient），获得各种农产品作物单位需水量，统计作物单位面积产量，利用 FAO 的彭曼—孟（Penman - Monteith）公式计算其中的虚拟水含量。具体计算方法如下：

$$CVW_{(m,n)} = \frac{CWR_{(m,n)}}{CY_{(m,n)}} \qquad\qquad (6-10)$$

① 于茜，瓦哈甫哈力克，杨晋娟，史蒂文. 虚拟水战略——解决干旱区缺水问题的全新思路 [J] 新疆农业科学，2009（1）.

② 刘幸菡，吴国蔚. 虚拟水贸易在我国农产品贸易中的实证研究 [J]. 国际贸易问题，2005（9）.

式（6 - 10）中，$CVW_{(m,n)}$ 表示 m 国或地区第 n 类农作物单位产量的虚拟水含量（m^3/t）；$CWR_{(m,n)}$ 表示 m 国或地区第 n 类农作物单位面积的需水量（m^3/hm^2）；$CY_{(m,n)}$ 表示 m 国或地区第 n 类农作物的单位面积产量（t/hm^2）。m 国或地区第 n 类农作物单位面积的需水量 $CWR_{(n,c)}$ 计算公式为式（6 - 11）：

$$CWR_{(n,c)} = ET_0 \times K_c \tag{6 - 11}$$

式（6 - 11）中：ET_0 表示 m 国或地区参考农作物的需水（mm/d）；K_c 表示不同作物的系数。其中，m 国或地区参考农作物的需水 ET_0 由 FAO 的彭曼—孟（Penman-Monteith）方程计算得出式 6 - 12：

$$ET_0 = \frac{0.408\Delta\ (R_n - G)\ + \gamma\ \dfrac{900}{T_{mean} + 273}u_2\ (e_s - e_a)}{\Delta + \gamma\ (1 + 0.34u_2)} \tag{6 - 12}$$

式（6 - 12）中，ET_0 表示可能蒸散量，单位为 mm 每天（mm·d）；R_n 表示地表净辐射，单位为兆焦每米每天（MJ·m·d）；G 表示土壤热通量，单位为兆焦每平方米每天（MJ·m·d）；T_{mean} 表示日平均气温，单位为摄氏度（℃）；u_2 表示 2 米高处风速，单位为米每秒（m/s）；e_s 表示饱和水气压，单位为千帕（kPa）；e_a 表示实际水气压，单位为千帕（kPa）；Δ 表示饱和水气压曲线斜率，单位为千帕每摄氏度（kPa·℃）；γ 表示干湿表常数，单位为千帕每摄氏度（kPa·℃）。

上述公式中，参考作物蒸发、蒸腾水量 ET_0 是在忽略作物类型、作物发育和管理措施等对作物需水影响的基础上，计算一个假定的作物参考面（作物高 12cm，固定的表面阻力系数 70s/m，反射率 0.23，作物类型是草，全覆盖而且有充足的水）的需水量，气候数据主要运用联合国粮农组织的 ClimWat 软件实测的新疆主要观测点 ET_0 平均值后利用彭曼—孟公式计算得出。K_c 是指为区分作物下垫面与参考作物下垫面之间的差异而引入的系数，反映实际作物与参考作物表面植被覆盖于空气动力学阻力以及生理和物理特征差异，相关数据来自《中国主要农作物需水量等值线图》。新疆主要进出口农作物的土壤数据主要参考相关文献和根据新疆主要田间试验数据进行调整得出。相关农作物的单位面积产量主要根据历年《中国农村统计年鉴》、《中国农业统计资料》、《新疆统计年鉴》、《新疆农牧产品成本收益汇总资料》以及《地球生命力报告》获得。此外，农作物加工产品虚拟水含量按投入原材料的比例和加工转化效率的乘积予以计算；农作物副产品按副产品重量比例进行折算。

6.3.2.2　畜产品虚拟水含量计算方法

畜产品虚拟水含量的计算较为复杂，主要指活动物整个生长过程需要的水量，同时包括成为畜产品后处理过程需要的水量（仅计算新鲜水，不计算废水）。某种活动物的生长过程中的需水量包括：①活动物的饮用水的虚拟水含量，即提供给整个生长期的动物饮用水的总量，以某种动物每天的饮用水（m³/d）×活动物生命周期（d）/活动物整个生命周期的重量（t）计算。②活动物喂养饲料消耗的实体水和饲料中的虚拟水含量，饲料中虚拟水的计算按各种农作物虚拟水含量计算；喂养饲料搅拌的虚拟水含量是以每天饲料搅拌用水量（m³/d）×活动物生命周期（d）/活动物整个生命周期的重量（t）。③设施用水的虚拟水含量，主要用于活动物清洁和圈舍清洁的虚拟水含量，以每天清洁用水量（m³/d）×活动物生命周期（d）/活动物整个生命周期的重量（t）。④成为畜产品后的虚拟水含量，除了包括活动物虚拟水之外，还包括从活动物到畜产品加工过程所消耗的水量，具体计算可以参考相关产品的"加工系数"和"价值系数"（王红瑞等，2006；龙爱华等，2003）。畜产品虚拟水含量的计算公式为式（6-13）：

$$AVW_{(m,x)} = AVW_{forage(m,x)} + AVW_{drink(m,x)} + AVW_{facility(m,x)} + AVW_{process(m,x)}$$

$$(6-13)$$

式（6-13）中，$AVW_{(m,x)}$ 表示 m 国第 x 种畜产品单位虚拟水含量（m³/t），$AVW_{forage(m,x)}$ 表示 m 国第 x 种活动物的单位虚拟水含量（m³/t），$AVW_{drink(m,x)}$ 表示 m 国第 x 种活动物饮用水虚拟水含量（m³/t），$AVW_{facility(m,x)}$ 表示 m 国第 x 种活动物清洁设施单位虚拟水含量（m³/t），$AVW_{process(m,x)}$ 表示 m 国第 x 种畜产品加工过程的单位虚拟水含量。

6.3.2.3 林产品虚拟水含量计算方法

林产品虚拟水含量计算主要运用"生产树法"进行测算，即先计算林产品生产过程中消耗的原料、燃料中蕴涵的虚拟水和产品直接耗水量之和，然后根据"加工系数"或"价值系数"折算，获得各种林产品的虚拟水含量。林产品虚拟水含量的计算公式为式（6-14）：

$$LVW_{(m,y)} = \frac{FVW_{(m,y)}}{SW_{(m,y)} \times R}$$

$$(6-14)$$

式（6-14）中，$LVW_{(m,y)}$ 为 m 国第 y 类林产品的虚拟水含量（m³/m³），$FVW_{(m,y)}$ 为 m 国第 y 类林产品单位面积森林虚拟水含量（m³/hm²），$SW_{(m,y)}$ 为 m 国第 y 类产品的森林单位面积蓄积量（m³/hm²），R 为原木出材率（%）。本书主要采用田明华等（2012）对木质林产品虚拟水含量估算方法，运用相关文献成果对新疆林产品虚拟水含量进行数据引用与估算。

6.3.2.4 农产品虚拟水贸易足迹计算过程

农产品虚拟水贸易是指农产品虚拟水出口贸易和进口贸易，包括农作物产品虚拟水进出口贸易、畜产品虚拟水进出口贸易和林产品虚拟水出口贸易。

（1）农产品虚拟水出口贸易计算方法。农产品虚拟水进口贸易主要包括农作物产品虚拟水出口贸易量、畜产品虚拟水出口贸易量和林产品虚拟水出口贸易量。计算公式如式（6-15）：

$$EAVW_{(m,t)} = \sum_0^n CVW_{(m,n,t)} \times CE_{(m,n,t)} + \sum_0^x AVW_{(m,x,t)} \times AE_{(m,x,t)} + \sum_0^y LVW_{(m,y,t)} \times LE_{(m,y,t)}$$

（6-15）

式（6-15）中，$EAVW_{(m,t)}$ 表示 m 国 t 年农产品虚拟水出口贸易量（m³/a）；$\sum_0^n CVW_{(m,n,t)} \times CE_{(m,n,t)}$ 表示 m 国 t 年所有农作物产品虚拟水出口贸易量（m³），$CVW_{(m,n,t)}$ 表示 m 国 t 年第 n 类农作物产品的虚拟水含量（m³/t），$CE_{(m,n,t)}$ 表示 m 国 t 年第 n 类农作物产品出口量（t）；$\sum_0^x AVW_{(m,x,t)} \times AE_{(m,x,t)}$ 表示 m 国 t 年所有畜产品虚拟水出口贸易量（m³），$AVW_{(m,x,t)}$ 表示 m 国 t 年第 x 类畜产品的虚拟水含量（m³/t），$AE_{(m,x,t)}$ 表示 m 国 t 年第 x 类畜产品出口量（t）；$\sum_0^y LVW_{(m,y,t)} \times LE_{(m,y,t)}$ 表示 m 国 t 年所有林产品虚拟水出口贸易量（m³），$LVW_{(m,y,t)}$ 表示 m 国 t 年第 y 类畜产品的虚拟水含量（m³/m³），$LE_{(m,y,t)}$ 表示 m 国 t 年第 y 类林产品出口量（m³）。

（2）农产品虚拟水进口贸易计算方法。农产品虚拟水进口贸易主要包括农作物产品虚拟水进口贸易量、畜产品虚拟水进口贸易量和林产品虚拟水进口贸易量。计算公式如式 6-16：

$$IAVW_{(m,t)} = \sum_0^n CVW_{(m,n,t)} \times CI_{(m,n,t)} + \sum_0^x AVW_{(m,x,t)} \times AI_{(m,x,t)} + \sum_0^y LVW_{(m,y,t)} \times LI_{(m,y,t)}$$

（6-16）

式（6-16）中，$IAVW_{(m,t)}$ 表示 m 国 t 年农产品虚拟水进口贸易量（m³/a）；$\sum_0^n CVW_{(m,n,t)} \times CI_{(m,n,t)}$ 表示 m 国 t 年所有农作物产品虚拟水进口贸易量（m³），$CVW_{(m,n,t)}$ 表示 m 国 t 年第 n 类进口农作物产品的虚拟水含量（m³/t），$CI_{(m,n,t)}$ 表示 m 国 t 年第 n 类农作物产品进口量（t）；$\sum_0^x AVW_{(m,x,t)} \times AI_{(m,x,t)}$ 表示 m 国 t 年所有畜产品虚拟水进口贸易量（m³），$AVW_{(m,x,t)}$ 表示 m 国 t 年第 x 类进口畜产品的虚拟水含量（m³/t），$AI_{(m,x,t)}$ 表示 m 国 t 年第 x 类畜产品进口量（t）；$\sum_0^y LVW_{(m,y,t)} \times LI_{(m,y,t)}$ 表示 m 国 t 年所有林产品虚拟水进口贸易量（m³），$LVW_{(m,y,t)}$ 表示 m 国 t 年第 y 类进口畜产品的虚拟水含量（m³/m³），$LI_{(m,y,t)}$ 表示 m 国 t 年第 y 类林产品进口量（m³）。

（3）农产品虚拟水净进口贸易足迹计算方法。农产品虚拟水净进口贸易是指农产品虚拟水进口贸易与出口贸易的差额，反映了农产品进出口贸易对一国或地区的水资源的影响。计算方法为式（6－17）：

$$NAVW_{(m,t)} = IAVW_{(m,t)} - EAVW_{(m,t)} \qquad (6-17)$$

式（6－17）中，$NAVW_{(m,t)}$ 表示 m 国 t 年农产品虚拟水净进口贸易量，符号为"＋"表明一国或地区虚拟水的净输入，有利于水资源安全；符号为"－"表明一国或地区虚拟水的净输出，不利于水资源安全。

6.3.3 新疆绿洲农产品虚拟水贸易足迹计算与实证分析

6.3.3.1 新疆绿洲农产品贸易环境概述

新疆地域辽阔，自然环境与气候复杂多变，绿洲与戈壁并存，水资源的缺乏和内陆、干旱半干旱的特点决定了新疆生态环境脆弱的特征。区域内可利用水资源短缺，土地面积小，利用率低，土壤容易盐碱化，受外界影响大。近年来，随着新疆工业化进程和城镇化进程的加快，水资源的总量呈现下降趋势，从 2000 年的 952.4 亿 m³ 下降至 2009 年的 754.29 亿 m³；而用水总量则不断增加，从 2000 年的 480 亿 m³ 增加到 2010 年的 535 亿 m³；人均水资源量也呈现下降趋势，从 2000 年的人均 5255m³ 下降至 2009 年的 3517m³；区域水资源承载力总体呈恶化趋势。2011 年，新疆土地总面积 16648.97 万 hm²，其中，农用地面积 6308.48 万 hm²，现有耕地面积 412.46 万 hm²，人均占有耕地 2.8 亩，约为全国人均耕地数的 2 倍；林地面积 676.48 万 hm²，活立木总蓄积量 3.39 亿 m³，森林面积 197.8 万 hm²，森林蓄积量 2.8 亿 m³，森林覆盖率为 4.02%；新疆草地总面积 7.7 亿亩，其中，天然牧草地总面积 5121.58 万 hm²，占全国草场总面积的 20%，天然牧草地资源是新疆发展畜牧业最基本和最主要的生产资料[①]。

新疆是通向中亚、西亚及欧洲的重要国际大通道，与多个国家毗邻，开放口岸 29 个，是中国对外开放口岸最多的省区，已经成为我国向西开放的重要桥头堡和连接欧亚的经济枢纽。此外，新设喀什、霍尔果斯两个经济特区，乌鲁木齐国家级高新技术开发区和三个边境经济合作区以及石河子、乌鲁木齐经济技术开发区，初步形成了向国际、国内拓展的多方位对外开放的发展格局。2006～2011 年，新疆农产品贸易总额从 52868 万美元增加到 135893 万美元，年均增长率约为 25%。其中，农产品出口额从 2006 年的 38005 万美元增加到 2011 年的 88091 万美元，年均增长率约为 20%。农产品进口额从 2006 年的 14863 万美元增加到 2011 年的 47801 万美元，年均进口量增长率超过 35%。在贸易地理方向方面，中亚国家尤其中亚五国是新疆农产品贸易的主要贸易伙伴，约占 2011 年新疆农

---

① 林木资源为 2006 年新疆维吾尔自治区森林资源第五次复查数据（2009 年公布）；因 2009 年第二次全国土地调查数据国家尚未反馈，土地资源仍沿用 2008 年度数据。

产品进出口贸易总额的 75%。在贸易方式方面，新疆农产品贸易逐渐呈现多元化发展趋势，但边境贸易一直是新疆对外贸易的主要方式，约占进出口贸易的 50% 以上。在贸易商品结构方面，新疆主要出口农产品包括棉花、番茄酱、蔬菜、大米、鲜干水果、食用植物油、纸与纸板、药材、肠衣、肉和杂碎等；主要进口产品包括羊毛、纸及纸板、原木、锯材、皮革等。

6.3.3.2　数据收集与处理

根据新疆实际情况并考虑资料的可获得性与可比性，选择农作物产品（棉花、蔬菜、番茄酱、药材、大米、食用植物油、鲜干水果）、畜产品（肠衣、牛皮革及马皮革、肉和杂碎、羊毛）和林产品（原木、纸与纸板、锯材）等主要进出口农产品进行虚拟水含量与虚拟水贸易估算。数据主要来源于新疆海关进出口主要商品数据、《新疆统计年鉴》（2002 ~ 2012 年）、《新疆农牧产品成本收益资料汇编》（2007 ~ 2012 年）、《中国农村统计年鉴》（1994 ~ 2012 年）、世界自然基金会《地球生命力报告》（1998 ~ 2012 年）、联合国粮农组织统计数据库、海关信息网、中国知网中国经济社会发展统计数据库以及相关的参考文献。通过数据收集与整理，2006 ~ 2011 年新疆主要进出口商品数量如表 6 - 8 所示。

表 6 - 8　2006 ~ 2011 年新疆主要农产品进出口数量

进出口商品	2006 年	2007 年	2008 年	2009 年	2010 年	2011 年
（出）棉花（原棉）（吨）	1178	2390	9329	1487	86	326
（出）蔬菜（吨）	57622	73741	47079	69169	63246	47726
（出）番茄酱（吨）	380681	530000	510000	440000	600000	680000
（出）药材（吨）	1781	761	516	186	250	91
（出）鲜、干水果及干果（吨）	140812	168706	196755	236487	233953	178096
（出）肠衣（吨）	428	381	408	613	617	491
（出）纸与纸板（立方米）	30533	33235	26017	19805	21940	32482
（出）肉及杂碎（吨）	4562	4318	4424	5014	4158	5390
（出）大米（吨）	23632	30572	12562	14641	20495	22000
（出）食用植物油（吨）	325	439	2172	2020	568	1000
（进）棉花（吨）	67515	39891	46041	64543	166017	143448
（进）羊毛及羊毛条（吨）	4049	6895	3370	5050	5425	9476
（进）纸及纸板（吨）	190	458	50	270	35	54
（进）原木（立方米）	82534	96613	41767	20000	10000	10000
（进）牛皮革及马皮革（吨）	24036	17960	18857	11324	13840	15203
（进）食用植物油（吨）	3	430	27	3	14	10
（进）锯材（立方米）	40257	39025	41574	83700	120000	150000

注：（进）表示某种农产品的进口；（出）表示某种农产品的出口。由于统计数据的统计口径与方法不同，部分数据经过调整与取舍得出。

6.3.3.3 新疆主要进出口农产品虚拟水含量计算

进出口农产品虚拟水含量计算过程中，蔬菜按番茄、黄瓜、马铃薯、茄子、菜椒、圆白菜平均单位产量计算；番茄酱按工业番茄平均产量计算，加工番茄酱过程中的耗水为 30m³/t；药材按枸杞、甘草和红花的平均单位产量计算；鲜干水果按苹果、红枣、葡萄、西瓜、甜瓜平均单位产量计算；大米按粳稻单位产量计算；食用植物油按葵花籽单位产量计算，不另行计算加工生产过程中的耗水；肉和杂碎按牛和羊的平均单位产量计算，加工过程用水约为 25m³/t；羊毛、皮革按平均转化系数 7 计算，此外皮革加工过程中耗水为 60m³/t ~ 120m³/t，本书取中间值 80m³/t；肠衣按猪肉转化系数 3 计算，加工过程中耗水约为 45m³/t；锯材按原木平均产量转化系数 1.3 计算，加工过程用水忽略不计；纸与纸板按原木平均产量转化系数 3.7 计算，加工过程实际耗水为 30m³/t。根据前述方法与公式，计算出新疆主要进出口农产品单位质量平均虚拟水含量，结果表明：林产品平均虚拟水含量最高，其次是畜产品，最后是农作物产品，具体数据如表 6 - 9 所示。

表 6 - 9　2006 ~ 2011 年新疆主要农产品单位重量的平均虚拟水含量与平均单位面积产量

产品种类	单位面积平均产量（t/hm²）	平均虚拟水含量（m³/t）
棉花（原棉）	1.5	9713.9
蔬菜	80.9	169.9
番茄酱	85.6	270.5
药材	1.8	147.6
鲜、干水果及干果	20.8	969.6
肠衣（吨）	0.9	3576
纸与纸板	7.0	4693.7
肉及杂碎	0.3	19022
大米	10.4	1094.5
食用植物油	2.9	3065.4
羊毛及羊毛条	0.9	18005
牛皮革及马皮革	2.1	20069
锯材	2.4	1843.5
原木	1.9	1418.1

6.3.3.4 新疆主要农产品虚拟水贸易足迹计算

根据表 6 - 8 和表 6 - 9，利用前述农产品虚拟水贸易计算方法与公式，估算出 2006 ~ 2011 年新疆农产品虚拟水进口贸易量、出口贸易量和净进口贸易量，如表6-10、表6-11所示。需要特别说明的是，在计算过程中忽略了进口农产品虚拟水要素与新疆农产品出口虚拟水要素的差异性，同时考虑数据之间的横向和纵向的可比性，简便起见，采用新疆农产品虚拟水平均含量进行估算。

表6-10　2006~2011年新疆主要农产品虚拟水进出口贸易量

单位：$10^6 m^3$

进出口产品	2006年	2007年	2008年	2009年	2010年	2011年
（出）棉花（原棉）	11.44	23.22	90.62	14.44	0.84	3.17
（出）蔬菜	9.79	12.53	8.00	11.75	10.75	8.11
（出）番茄酱	102.97	143.37	137.96	119.02	162.30	183.94
（出）药材	0.26	0.11	0.08	0.03	0.04	0.01
（出）鲜、干水果及干果	136.53	163.58	190.77	229.30	226.84	172.68
（出）肠衣	1.53	1.36	1.46	2.19	2.21	1.76
（出）纸与纸板	143.31	156.00	122.12	92.96	102.98	152.46
（出）肉及杂碎	86.78	82.14	84.15	95.38	79.09	102.53
（出）大米	25.87	33.46	13.75	16.02	22.43	24.08
（出）食用植物油	1.00	1.35	6.66	6.19	1.74	3.07
（进）棉花	655.83	387.50	447.24	626.96	1612.67	1393.44
（进）羊毛及羊毛条	72.90	124.14	60.68	90.93	97.68	170.62
（进）纸及纸板	0.89	2.15	0.23	1.27	0.16	0.25
（进）原木	117.04	137.01	59.23	28.36	14.18	14.18
（进）牛皮革及马皮革	482.38	360.44	378.44	227.26	277.75	305.11
（进）食用植物油	0.01	1.32	0.08	0.01	0.04	0.03
（进）锯材	74.21	71.94	76.64	154.30	221.22	276.53

表6-11　2006~2011年新疆农产品虚拟水贸易足迹情况

单位：$10^6 m^3$

虚拟水贸易量	2006年	2007年	2008年	2009年	2010年	2011年	总量
农作物产品虚拟水出口	287.86	377.61	447.83	396.76	424.93	395.06	2330.05
农作物产品虚拟水进口	655.84	388.82	447.32	626.97	1612.72	1393.47	5125.14
农作物虚拟水净进口	367.98	11.21	-0.51	230.22	1187.78	998.42	2795.09
畜产品虚拟水出口	88.31	83.50	85.61	97.57	81.30	104.28	540.57
畜产品虚拟水进口	555.28	484.58	439.12	318.19	375.43	475.72	2648.33
畜产品虚拟水净进口	466.97	401.08	353.51	220.62	294.13	371.44	2107.75

虚拟水贸易量	2006 年	2007 年	2008 年	2009 年	2010 年	2011 年	总量
林产品虚拟水出口	143.31	156.00	122.12	92.96	102.98	152.46	769.82
林产品虚拟水进口	192.15	211.10	136.11	183.93	235.57	290.96	1249.81
林产品虚拟水净进口	48.83	55.10	13.99	90.97	132.59	138.50	479.98
农产品虚拟水出口	519.48	617.10	655.56	587.29	609.21	651.80	3640.44
农产品虚拟水进口	1403.27	1084.50	1022.54	1129.09	2223.71	2160.15	9023.27
农产品虚拟水净进口	883.79	467.40	366.98	541.80	1614.50	1508.35	5382.83

6.3.3.5 新疆主要农产品虚拟水贸易实证分析

表 6 - 10、表 6 - 11 计算结果表明，2006 ~ 2011 年新疆农产品虚拟水整体呈现净输入的逆差状态，这意味着新疆每年从外部获取的虚拟水资源可以在一定程度上缓解新疆干旱区绿洲的水资源压力，具体实证分析如下：

（1）基于产品结构的虚拟水贸易量变化趋势分析。从农产品虚拟水出口贸易的产品结构看：①2006 ~ 2011 年鲜干水果产品的虚拟水出口贸易量呈现净输出持续增长的态势，从 2006 年的 $136.53 \times 10^6 m^3$ 增加到 2010 年的 $226.84 \times 10^6 m^3$，2011 年出现小幅回落，这与新疆种植业的"增林果"的产业结构调整相吻合，即种植业产业结构的调整带动了水果类产品的出口，从而增加了水果产品的虚拟水出口贸易量。②2006 ~ 2011 年番茄酱虚拟水出口贸易量呈现上升趋势（净输出），从 2006 年的 $102.97 \times 10^6 m^3$ 增加到 2011 年的 $183.94 \times 10^6 m^3$，这与新疆一直是中国番茄酱出口的主要区域的事实一致（占全国的 70% 以上），但与 2006 年以前相比，番茄酱出口的增速明显放缓，主要是由于近年来番茄酱国外市场需求萎缩，价格大幅下降，导致新疆番茄酱出口面临诸多困难，但番茄酱虚拟水出口贸易量仍然是新疆农产品虚拟水出口的重要构成部分（约占 25%）。③2006 ~ 2011 年纸与纸板产品虚拟水出口贸易含量远大于虚拟水进口贸易含量，表现为虚拟水净输出，总体虚拟水输出呈现阶段性增长趋势。2009 年后上升趋势明显，虚拟水出口量从 $92.96 \times 10^6 m^3$ 增加到 2011 年的 $152.46 \times 10^6 m^3$，虚拟水进口量基本可忽略不计。④大米、肉和杂碎产品虚拟水出口贸易量基本保持稳定，约占农产品总出口量的 20%；棉花产品出口量波动较大，导致虚拟水出口量出现较大幅度的波动，尤其 2008 年金融危机对新疆棉花产品的出口影响较大，进口量不断增加，总体呈现棉花产品虚拟水贸易的净输入；其他产品如蔬菜、肠衣、食用植物油、药材等产品的虚拟水出口量相对较小，变动趋势相对不明显，如图 6 - 4 所示。

从农产品虚拟水进口贸易的产品结构看：①2006 ~ 2011 年棉花产品的虚拟水

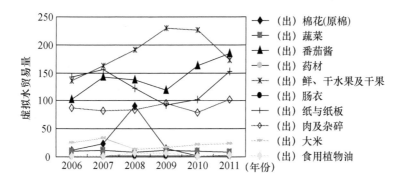

图 6 - 4　2006～2011 年基于产品结构的新疆农产品虚拟水出口贸易变化趋势

进口贸易量增幅较大，2008 年以后增速尤其明显，虚拟水进口量从 2007 年的 387.5 × 10⁶ m³ 增加到 2010 年的 1612.67 × 10⁶ m³，约占农产品虚拟水进口量的 70%，整体上表现为虚拟水的净输入。主要与 2008 年金融危机和新疆棉花成本价格不断上升，内地棉纺织企业对进口低价原棉的国内市场需求增加密切相关。②2006～2011 年牛皮革与马皮革虚拟水进口量呈现小幅回落趋势，从 2006 年的 482.38 × 10⁶ m³ 回落至 2011 年的 305.11 × 10⁶ m³，约占虚拟水总进口量 15%。皮革进口量萎缩的主要原因是新疆本地皮革产业经营不利，多数皮革厂破产重组（例如建华皮革厂、伊犁皮革厂、阿山皮革集团公司等），导致进口皮革需求减少。但内地皮革企业和新疆部分民营企业对皮革产品的进口仍具有较强的需求。③2006～2011 年锯材产品的虚拟水进口量持续上升，从 2006 年的 74.21 × 10⁶ m³ 增加到 2011 年的 276.53 × 10⁶ m³，已经成为新疆林产品虚拟水进口贸易的主要产品，这与新疆周边国家具有丰富的林木资源和产业互补关系联系紧密。④2006～2011 年羊毛产品虚拟水进口量呈现小幅上升趋势，从 2006 年的 72.9 × 10⁶ m³ 增加至 2011 年的 170.62 × 10⁶ m³；原木产品虚拟水进口大幅下降，从 2006 年的 117.04 × 10⁶ m³ 下降至 2011 年的 14.18 × 10⁶ m³；纸与纸板产品、食用植物油产品的虚拟水进口量相对较小，变动趋势不明显，如图 6 - 5 所示。

（2）基于类别结构的虚拟水贸易量变化趋势分析。从农作物产品、畜产品和林产品的虚拟水贸易变化趋势看：①农作物产品的虚拟水出口量和进口量均呈现增加的趋势。其中，农作物产品虚拟水出口量从 2006 年的 287.86 × 10⁶ m³ 增加到 2011 年的 395.06 × 10⁶ m³，2006～2011 年农作物产品虚拟水总出口量为 2330.05 × 10⁶ m³；农作物产品虚拟水进口量从 2006 年的 655.84 × 10⁶ m³ 增加到 2011 年的 1393.47 × 10⁶ m³，2006～2011 年农作物产品虚拟水总进口量为 5125.14 × 10⁶ m³；2006～2011 年农作物产品虚拟水进口量基本大于出口量，农作物产品虚拟水净输入总计 2795.1 × 10⁶ m³。②2006～2011 年间，畜产品的虚拟水出口量变

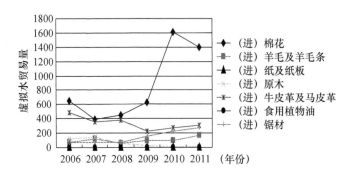

图 6 - 5   2006 ~ 2011 年基于产品结构的新疆农产品虚拟水进口贸易变化趋势

动较小，呈轻微波动趋势，2006 ~ 2011 年畜产品虚拟水总出口量为 540.57 × $10^6 m^3$；畜产品虚拟水进口量呈现下降趋势，虚拟水净输入小幅收窄，2006 ~ 2011 年畜产品虚拟水总进口量为 2648.33 × $10^6 m^3$；2006 ~ 2011 年畜产品虚拟水进口量大于出口量，畜产品虚拟水净输入总计 2107.75 × $10^6 m^3$。③2006 ~ 2011 年间，林产品虚拟水出口量在 92.96 × 10^6 ~ 156 × $10^6 m^3$ 波动性变化，总虚拟水出口量为 769.82 × $10^6 m^3$；林产品虚拟水进口量不断增加，从 2006 年的 192.15 × $10^6 m^3$ 增加至 290.96 × $10^6 m^3$，总虚拟水进口量为 1249.81 × $10^6 m^3$；林产品虚拟水进口量大于出口量，林产品虚拟水净输入总计 479.98 × $10^6 m^3$，如图 6 - 6 所示。

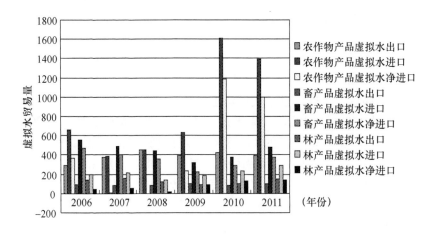

图 6 - 6   2006 ~ 2011 年基于类别结构的新疆农产品虚拟水贸易量变化趋势

（3）农产品虚拟水贸易量变化总体趋势分析。从新疆农产品虚拟水量总量看：农产品虚拟水的出口总量从 2006 年的 519.48 × $10^6 m^3$ 增加到 2011 年的 651.8 × $10^6 m^3$，总体上变化波动不明显，呈现小幅上升的态势，2006 ~ 2011 年农产品虚拟水出口总计 3640.44 × 10⁶ m³；虚拟水进口总量从 2006 年的 1403.27 × 10^6 m³ 增加到 2011 年的 2160.15 × 10⁶ m³，总体上先降后升，呈现较大浮动的波动变化，2006 ~ 2011 年农产品虚拟水进口总计 9023.27 × 10⁶ m³；虚拟水净进口贸易量受虚拟水进口量影响较大，同样呈现先降后升、大幅波动的趋势，净进口总量从 2006 年的 883.79 × 10⁶ m³ 增加到 2011 年的 1508.35 × 10⁶ m³，2006 ~ 2011 年农产品虚拟水净进口总计 5382.83 × 10⁶ m³，如图 6 - 7 所示。

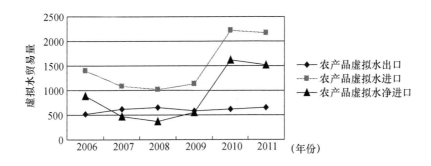

图 6 - 7　2006 ~ 2011 年新疆农产品虚拟水贸易量变化趋势

6.3.4　主要结论

第一，农业是干旱区绿洲耗水量最大的产业，农产品贸易的出口为虚拟水资源的输出，农产品的进口虚拟水资源的输入，一国或地区的农产品虚拟水贸易的净进口可以在一定程度上缓解水资源承载力压力。新疆是干旱区绿洲的典型区域，农业用水占水资源的 97% 以上，农业的发展促进了农产品贸易的快速增长。2006 ~ 2011 年新疆农产品贸易无论在数量和数值上都处于顺差状态，因此测算新疆农产品虚拟水的输出与输入情况，对新疆干旱区绿洲的水资源环境的改善具有重要的理论与现实意义。

第二，新疆农产品的虚拟水贸易包括农作物虚拟水贸易、畜产品虚拟水贸易和林产品虚拟水贸易。通过计算与分析可以发现，2006 ~ 2011 年新疆主要进出口农产品中，畜产品和林产品的平均虚拟水以及农作物产品中棉花平均虚拟水含量较高。新疆农产品虚拟水出口量较大的是棉花、番茄酱、鲜干水果、肉和杂碎以及纸与纸板产品；虚拟水进口量较大的主要是棉花、皮革制品与锯材。此外，新疆农产品虚拟水贸易的进出口结构相对稳定，虚拟水进出口贸易以农作物产品为主，且部分商品受经济环境影响较大，呈现较大的波动性变化。

第三，从计算数据看，2006 ~ 2011 年新疆农产品虚拟水贸易一直处于净输入状态，平均每年约有 900 × 10⁶ m³ 的虚拟水净进口量，以及总计 5382.83 ×

10^6m^3 的虚拟水净进口量，这在一定程度上缓解了新疆水资源的短缺和水资源承载压力。需要特别指出的是，新疆是中国向西开放的桥头堡和枢纽，"两头在外"的"走廊贸易"特征较为显著，导致新疆虚拟水进口在形式上计算为新疆虚拟水资源的增加，但实际上这些虚拟水往往流入内地。例如，2006～2011年新疆虚拟水进口中棉花产品虚拟水进口总量为 $5123.64 \times 10^6 \text{m}^3$，约占总虚拟水进口总量的60%，如果剔除棉花的虚拟水进口量，新疆农产品虚拟水进口与出口基本保持平衡，甚至出现逆差。

总之，尽管新疆农产品虚拟水贸易近年来保持净输入，但由于新疆出口产品多为消耗本地水资源生产的产品，进口产品携带的虚拟水又部分流入内地，可能导致新疆干旱区绿洲水资源面临更严峻的短缺和水资源承载力下降。因此，在考虑农产品贸易多种因素的基础上，新疆应进一步调整农产品的进出口贸易结构，倡导外向型农业产业发展循环经济，运用虚拟水战略，平衡虚拟水的经济价值和环境价值，提升农产品贸易中的生态效益，缓解经济发展与水资源短缺之间的矛盾。

6.4 新疆出口贸易与能源环境关系实证分析 ——基于分行业的制成品出口贸易

6.4.1 问题的提出

随着贸易的快速发展，人们很自然地将快速增长的贸易与近年来中国的能耗和环境污染状况联系起来，认为贸易的扩张是中国节能和环境污染状况难以有效改善的一大原因。"贸易含污量"（Embodied Effluent Trade，EET）一般指一国为生产出口产品所耗费的资源[①]。上述概念在后来的相关研究中得到了广泛的应用。在国内，大多数关于贸易含污量的研究围绕贸易对能耗和 CO_2 影响展开，用以反映贸易对能耗及相关污染物排放的影响。

随着新疆经济社会的发展，尤其是"农业现代化、工业化和新型城镇化"三化建设的实施，新疆能源消费总量持续攀升，从1990年的1924.38万吨标准煤增长到2010年的8290.20万吨标准煤，增加了6365.82万吨标准煤，增长了291.06%，年均增幅为16.54%。而依托地缘优势，新疆对外贸易发展日趋加快，

---

① 张友国. 中国贸易增长的能源环境代价［J］. 数量经济技术经济研究，2009（1）.

出口贸易额也从 1990 年的 33530 万美元增长到 2010 年的 1296981 万美元。在新疆工作会议召开和"十二五"规划实施的大背景下，新疆外向型经济发展面临新的历史机遇，与此同时，外向型经济的发展必然带动能源消费的增加，节能减排任务将进一步加重。因而研究新疆出口贸易与能源消费的关系对节能减排，改善新疆生态环境，促进新疆经济可持续发展具有重要的现实意义。

6.4.2　新疆能源消费现状分析

（1）新疆能源生产与消费总量。新疆能源消费总量从 1990 年的 1924.38 万吨标准煤增长到 2010 年的 8290.20 万吨标准煤，如图 6-8 所示，新疆能源消费总量一直处于增长状态，增幅达到 6365.82 万吨标准煤，高于全国的增速，能源消费总量增长迅速。

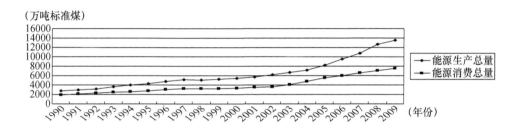

图 6-8　1990～2009 年新疆能源生产量和消费量

资料来源：《新疆统计年鉴》（1991～2010 年）。

（2）新疆能源消费结构分析。如图 6-9 所示，新疆的能源消费结构非常鲜明，煤炭是新疆的主要消费能源，并且比重居高不下；其次是石油这种不可再生资源，石油在新疆消费能源的比重没有多大的变化；天然气的比重呈明显的上升

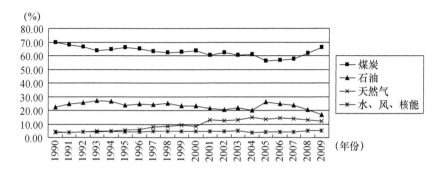

图 6-9　1990～2009 年新疆能源消费结构

资料来源：《新疆统计年鉴》（1991～2010 年）。

趋势；风电、水电和核电在新疆能源消费总量中所占的比重排在第四位，并且其比重一直在低位运行，增长情况不明显。这表明新疆的能源消费结构有待进一步改善和优化。

（3）新疆分行业能源消费量分析。如图 6 - 10 所示，新疆 1993 ~ 2008 年间，工业行业的能源消费是所有行业里面能源消费所占的比重最高，其次为生活消费，其余行业的能源消费所占的比重均在低位运行，差异较小。

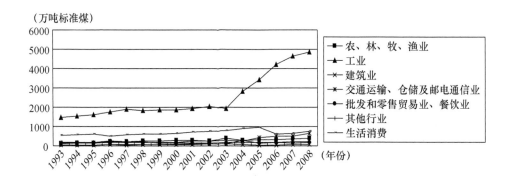

图 6 - 10 1993 ~ 2008 年新疆分行业能源消费

资料来源：《新疆统计年鉴》（1991 ~ 2009 年）。

如图 6 - 11 所示，在工业行业内的采矿业、制造业和电力、燃气及水的生产和供应业的三个部门中，制造业的能源消费是三者中占工业行业能源消费总量的比重最大的，其次为采矿业，最低的是电力、燃气及水的生产和供应业。因而制造业的能源消费是工业行业消费中的主要构成部分。

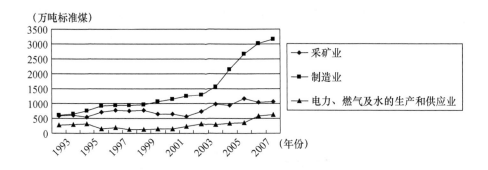

图 6 - 11 1993 ~ 2007 年新疆工业行业能源消费

资料来源：《新疆统计年鉴》（1991 ~ 2010 年）。

6.4.3 数据来源与说明

本书选取的数据中，新疆出口贸易额、能源消费总量、分行业能源消费量和能源消费结构方面的数据均是根据历年的《新疆统计年鉴》整理得出，其中新疆出口贸易额的单位为万美元，能源消费的单位为万吨标准煤。新疆出口贸易结构表中的数据，1990~2005 年新疆出口贸易组成中，初级产品出口总量和工业制成品出口总量均是根据历年统计年鉴整理得来，2006~2009 年的相关数据均根据乌鲁木齐海关官方网站统计数据整理。

实证分析与检验部分的数据均对其进行了对数处理，对所有数据都进行对数化处理，对数化处理不会改变变量时序性质，且能够使其趋势线性化，处理后的数据如表 6-12 至表 6-15 所示，Ln(EC) 表示对能源消费总量取对数的时间序列，Ln(ex) 表示对出口总额取对数后的时间序列，Ln(QF)、Ln(ZX)、Ln(JX) 分别表示对轻纺产品、橡胶制品、矿冶产品及其制品出口总额、杂项制品出口总额和机械及运输设备出口总额取对数后的时间序列，Ln(CJ) 和 Ln(GYZP) 分别表示初级产品和工业制成品出口总额取对数后的时间序列，且全部检验和回归过程均借助于计量经济学软件 Eviews 6.0 完成。

表 6-12 能源消费总量和出口额时间序列

单位：万吨标准煤，万美元

年份	能源消费总量	出口额	年份	能源消费总量	出口额
1990	1924.38	33530	2001	3496.44	66849
1991	2071.4	36317	2002	3622.4	130849
1992	2260.76	45386	2003	4064.43	254221
1993	2496.98	49509	2004	4784.83	304658
1994	2605.67	57612	2005	5506.49	504024
1995	2733.04	76880	2006	6047.27	713923
1996	3045.16	54975	2007	6575.92	1150311
1997	3208.24	66547	2008	7069.39	1929925
1998	3279.75	80789	2009	7525.56	1082325
1999	3215.02	102743	2010	8290.20	
2000	3316.03	120408			

数据来源：《新疆统计年鉴》（1991~2012 年）。

表 6 - 13 出口贸易额数据时间序列

单位：万美元

年份	初级产品	工业制成品	轻纺产品、橡胶制品、矿冶产品及其制品	机械及运输设备	杂项制品
1990	20000	13530	670	650	10888
1991	22631	13686	316	636	9580
1992	27195	18191	766	1222	14481
1993	32032	17477	487	1996	13677
1994	32744	24868	1455	3294	18487
1995	38678	38202	1864	4473	28734
1996	16395	38580	1937	3412	28202
1997	18590	47957	1790	3572	36717
1998	17693	63096	2934	3665	52476
1999	23043	79700	20892	3051	51900
2000	36002	84406	25540	6595	48308
2001	22152	44697	14099	9928	15682
2002	40228	90621	19112	10760	55827
2003	35739	218482	34280	16374	158355
2004	37709	266949	40833	17285	197443
2005	49432	454592	100433	27298	308700
2006	39905	676617	91587	142516	402788
2007	118120	1093899	142146	267317	626350
2008	168201	1794919	221331	258978	1251324
2009	151877	986293	174492	216180	553646

数据来源：《新疆统计年鉴》（1990～2007 年）和乌鲁木齐海关统计数据。

表 6 - 14 能源消费总量和出口额对数时间序列

年份	Ln（EC）	Ln（ex）	年份	Ln（EC）	Ln（ex）
1990	7.562	10.42	1996	8.021	10.915
1991	7.636	10.5	1997	8.073	11.106
1992	7.723	10.723	1998	8.096	11.3
1993	7.823	10.81	1999	8.076	11.54
1994	7.865	10.961	2000	8.107	11.699
1995	7.913	11.25	2001	8.16	11.11

续表

年份	Ln（EC）	Ln（ex）	年份	Ln（EC）	Ln（ex）
2002	8.195	11.782	2006	8.707	13.479
2003	8.31	12.446	2007	8.791	13.956
2004	8.473	12.627	2008	8.864	14.473
2005	8.614	13.13	2009	8.926	13.895

数据来源：《新疆统计年鉴》（1991～2010 年）。

表 6－15　出口贸易系列数据对数时间序列

年份	Ln（QF）	Ln（JX）	Ln（ZX）	Ln（CJ）	Ln（GYZP）
1990	6.507	6.477	9.295	9.903	9.513
1991	5.756	6.455	9.167	10.027	9.524
1992	6.641	7.108	9.581	10.211	9.809
1993	6.188	7.599	9.523	10.374	9.769
1994	7.283	8.100	9.825	10.396	10.121
1995	7.530	8.406	10.266	10.563	10.551
1996	7.569	8.135	10.247	9.705	10.560
1997	7.490	8.181	10.511	9.830	10.778
1998	7.984	8.207	10.868	9.781	11.052
1999	9.947	8.023	10.857	10.045	11.286
2000	10.148	8.794	10.785	10.491	11.343
2001	9.554	9.203	9.660	10.006	10.708
2002	9.858	9.284	10.930	10.602	11.414
2003	10.442	9.703	11.973	10.484	12.294
2004	10.617	9.758	12.193	10.538	12.495
2005	11.517	10.215	12.640	10.808	13.027
2006	11.425	11.867	12.906	10.594	13.425
2007	11.865	12.496	13.348	11.679	13.905
2008	12.307	12.464	14.040	12.033	14.400
2009	12.070	12.284	13.224	11.931	13.802

数据来源：《新疆统计年鉴》（1990～2010 年）和乌鲁木齐海关统计数据。

6.4.4 实证分析与检验

6.4.4.1 ADF 检验

进行线性回归检验的前提条件是时间序列必须具有平稳性，否则可能出现虚假回归的问题。因此本部分采用 ADF 检验对各指标时间序列的平稳性进行单位根检验，得出的结果如表 6-16 所示，Ln(EC)和 Ln(JX)三个时间序列均为二阶差分平稳时间序列，Ln(QF)、Ln(ZX)、Ln(CJ)和 Ln(GYZP)均为一阶差分平稳时间序列，因此可以进行线性回归检验。

表 6-16 各指标时间序列单位根检验结果

变量	检验形式	ADF 检验值	1% 临界值	5% 临界值	10% 临界值	是否平稳
Ln (EC)	(c, 0, 4)	-0.026822	-3.85739	-3.04039	-2.660551	否
Ln (EC)	(c, t, 4)	-2.239051	-4.57156	-3.69081	-3.286909	否
Ln (EC)	(0, 0, 4)	1.707527	-2.69977	-1.96141	-1.60661	否
DLn (EC)	(c, 0, 4)	-2.047755	-3.85739	-3.04039	-2.660551	否
DLn (EC)	(c, t, 4)	-2.041778	-4.57156	-3.69081	-3.286909	否
DLn (EC)	(0, 0, 4)	-1.059561	-2.69977	-1.96141	-1.60661	否
D^2Ln (EC)	(c, 0, 4)	-3.807885	-3.88675	-3.05217	-2.666593	是
Ln (ex)	(c, 0, 4)	-0.117313	-3.83151	-3.02997	-2.655194	否
Ln (ex)	(c, t, 4)	-1.87325	-4.5326	-3.67362	-3.277364	否
Ln (ex)	(0, 0, 4)	2.210904	-2.69236	-1.96017	-1.607051	否
DLn (ex)	(c, 0, 4)	-3.981411	-3.85739	-3.04039	-2.660551	是
Ln (QF)	(c, 0, 4)	-0.478324	-3.83151	-3.02997	-2.655194	否
Ln (QF)	(c, t, 4)	-3.201129	-4.57156	-3.69081	-3.286909	否
Ln (QF)	(0, 0, 4)	1.800189	-2.69236	-1.96017	-1.607051	否
DLn (QF)	(c, 0, 4)	-3.783715	-3.88675	-3.05217	-2.666593	是
Ln (JX)	(c, 0, 4)	1.283667	-3.95915	-3.081	-2.68133	否
Ln (JX)	(c, t, 4)	-2.243492	-4.57156	-3.69081	-3.286909	否
Ln (JX)	(0, 0, 4)	2.846411	-2.69236	-1.96017	-1.607051	否
DLn (JX)	(c, 0, 4)	-1.0159	-4.00443	-3.0989	-2.690439	否
DLn (JX)	(c, t, 4)	-1.355574	-4.80008	-3.79117	-3.342253	否
DLn (JX)	(0, 0, 4)	-0.273056	-2.74061	-1.96843	-1.604392	否
D^2Ln (JX)	(c, 0, 4)	-4.426647	-4.00443	-3.0989	-2.690439	是
Ln (ZX)	(c, 0, 4)	-0.587996	-3.83151	-3.02997	-2.655194	否

续表

变量	检验形式	ADF 检验值	1% 临界值	5% 临界值	10% 临界值	是否平稳
Ln（ZX）	(c, t, 4)	-2.426202	-4.5326	-3.67362	-3.277364	否
Ln（ZX）	(0, 0, 4)	1.529021	-2.69236	-1.96017	-1.607051	否
DLn（ZX）	(c, 0, 4)	-4.207337	-3.85739	-3.04039	-2.660551	是
Ln（CJ）	(c, 0, 4)	-1.666294	-4.5326	-3.67362	-3.277364	否
Ln（CJ）	(c, t, 4)	-0.555875	-3.83151	-3.02997	-2.655194	否
Ln（CJ）	(0, 0, 4)	1.113481	-2.69236	-1.96017	-1.607051	否
DLn（CJ）	(c, 0, 4)	-5.315255	-3.85739	-3.04039	-2.660551	是
Ln（GYZP）	(c, 0, 4)	-0.216275	-3.83151	-3.02997	-2.655194	否
Ln（GYZP）	(c, t, 4)	-2.217011	-4.5326	-3.67362	-3.277364	否
Ln（GYZP）	(0, 0, 4)	2.524422	-2.69236	-1.96017	-1.607051	否
DLn（GYZP）	(c, 0, 4)	-3.669526	-3.85739	-3.04039	-2.660551	是

注：其中（c，t，k）分别表示单位根检验方程包括常数项、时间趋势和滞后项的阶数；D 表示一阶差分算子，D^2 表示二阶差分算子，滞后阶数软件默认为4。

6.4.4.2 新疆出口贸易额与能源消费总量的关系分析

本部分将通过建立回归模型来进一步研究新疆出口贸易额与能源消费总量的关系，以 Ln(ex) 为因变量，以 Ln(EC) 为自变量，建立以下回归模型。

$$Ln(ex) = C + \beta_1 Ln(EC) + U \tag{6-18}$$

其中 C 为常量，U 为随机干扰项。

表 6-17 出口贸易额与能源消费总量线性回归分析检验结果

Variable	Coefficient	Std. Error	t-Statistic	Prob.
Ln_ EC_	2.989327	0.177250	16.86500	0.0000
C	-12.59678	1.454610	-8.659904	0.0000
R-squared	0.940482	Mean dependent var		11.90600
Adjusted R-squared	0.937175	S. D. dependent var		1.266003
S. E. of regression	0.317322	Akaike info criterion		0.636841
Sum squared resid	1.812481	Schwarz criterion		0.736415
Log likelihood	-4.368414	Hannan-Quinn criter.		0.656279
F-statistic	284.4281	Durbin-Watson stat		1.349868
Prob（F-statistic）	0.000000			

通过 Eviews 6.0 软件运用最小二乘法计算。通过 T 检验，在 5% 的置信水平下，样本数为 20，自变量数为 1 时的 D_U 值为 1.41，D_L 值为 1.20，因而不能判断其是否通过 D. W. 检验，因而进行滞后阶数为 1 的 LM 检验，结果如表 6 – 17 所示，而相对应的拉格朗日乘数为 3.84，表明其不存在一阶自相关，且通过 T 检验和 F 检验，拟合优度系数为 0.94048，说明拟合性良好，因此回归分析得到如下回归方程。

$$Ln(ex) = 2.989 Ln(EC) - 12.5968 \tag{6 – 19}$$

该模型表明 1990～2009 年间，新疆的能源消费总量与出口贸易呈正相关关系，且新疆能源消费总量每增加 1 个百分点，出口贸易额将增加 2.989 个百分点。

6.4.4.3　出口产品结构与能源消费总量的关系分析

在本部分中，利用 1990～2009 年新疆出口贸易产品结构构成和能源消费总量的相关方面的数据进行分析。

（1）初级产品和工业制成品出口额与能源消费总量关系分析。1990～2009 年间，新疆出口产品构成中，工业制成品所占的比例不断上升，由 1990 年的 40.35% 增长至 2006 年的 94.43%，初级产品所占的比例下降明显。为了解初级产品出口和工业制成品出口分别与能源消费总量之间的关系，分别建立新的回归模型如下：

$$Ln(CJ) = C + \beta_2 Ln(EC) + U \tag{6 – 20}$$
$$Ln(GYZP) = C + \beta_3 Ln(EC) + U \tag{6 – 21}$$

通过 Eviews 6.0 软件运用最小二乘法计算得到的结果分别如表 6 – 18 所示，结果表明其没有通过自相关检验，在 5% 的置信水平下，存在一阶正自相关，需要消除自相关，消除自相关后，通过 T 检验、F 检验和 D. W. 检验，拟合优度系数为 0.709787，说明拟合性较好，因此得到以下回归方程：

表 6 – 18　初级产品和能源消费总量线性回归分析检验结果

Variable	Coefficient	Std. Error	t – Statistic	Prob.
Ln_ EC_	1.299487	0.236802	5.487656	0.0000
C	– 0.151417	1.943321	– 0.077917	0.9388
R-squared	0.625891	Mean dependent var		10.50016
Adjusted R-squared	0.605108	S. D. dependent var		0.674620
S. E. of regression	0.423934	Akaike info criterion		1.216163
Sum squared resid	3.234964	Schwarz criterion		1.315736
Log likelihood	– 10.16163	Hannan-Quinn criter.		1.235600
F-statistic	30.11436	Durbin-Watson stat		0.975962

$$\text{Ln}(CJ) = -1.47 + 1.459\text{Ln}(EC) \tag{6-22}$$

该模型表明 1990～2009 年间，新疆的能源消费总量与初级产品的出口额呈正相关关系，且新疆能源消费总量每增加 1 个百分点，出口贸易额将增加 1.459 个百分点。

利用同样方法，对回归模型（6-6）进行检验，均通过了 T 检验、D. W. 检验和 F 检验，该模型的拟合优度系数为 0.967269，说明拟合性良好。因此得到以下回归方程：

$$\text{Ln}(GYZP) = -19.04364 + 3.724951\text{Ln}(EC) \tag{6-23}$$

该模型表明 1990～2009 年间，新疆的能源消费总量与工业制品的出口额呈正相关关系，且新疆能源消费总量每增加 1 个百分点，出口贸易额将增加 3.72495 个百分点。

（2）新疆轻纺产品、橡胶制品和矿冶产品及其制品出口额与能源消费总量关系分析。同理，利用新疆轻纺产品、橡胶制品和矿冶产品及其制品出口额与能源消费总量相关数据建立新的回归模型，表示如下：

$$\text{Ln}(QF) = C + \beta_4\text{Ln}(EC) + U \tag{6-24}$$

通过 Eviews 6.0 软件运用最小二乘法计算通过 T 检验，通过 D. W. 检验和 F 检验，拟合优度系数 0.910607，拟合性良好。因此得到如下回归方程：

$$\text{Ln}(QF) = -29.98837 + 4.763692\text{Ln}(EC) \tag{6-25}$$

该模型表明 1990～2009 年间，新疆的能源消费总量与轻纺产品、橡胶制品和矿冶产品及其制品出口额呈正相关关系，且新疆能源消费总量每增加 1 个百分点，轻纺产品、橡胶制品和矿冶产品及其制品出口额将增加 4.764 个百分点。

（3）新疆杂项制品出口额与能源消费总量关系分析。同理，利用新疆杂项制品出口额与能源消费总量相关数据建立新的回归模型表示如下：

$$\text{Ln}(ZX) = C + \beta_5\text{Ln}(EC) + U \tag{6-26}$$

通过 Eviews 6.0 软件运用最小二乘法计算，均通过 T 检验和 D. W. 检验，拟合优度系数 0.930851，说明拟合性良好。因此得到如下回归方程：

$$\text{Ln}(ZX) = -17.97281 + 3.545895\text{Ln}(EC) \tag{6-27}$$

该模型表明 1990～2009 年间，新疆的能源消费总量与杂项制品出口额呈正相关关系，且新疆能源消费总量每增加 1 个百分点，杂项制品出口贸易额将增加 3.545895 个百分点。

（4）新疆机械及运输设备出口额与能源消费总量关系分析。同理，利用新疆机械及运输设备出口额与能源消费总量相关数据建立新的回归模型，其中 $\text{Ln}(JX)$ 机械及运输设备出口总额，模型表示如下：

$$\text{Ln}(JX) = C + \beta_6\text{Ln}(EC) + U \tag{6-28}$$

通过 Eviews 6.0 软件运用最小二乘法计算，结果表明其存在一阶自相关，因此需要消除一阶自相关。自相关消除后，均通过 T 检验、F 检验和 D. W. 检验，拟合优度系数 0.95618，拟合性良好。因此得到如下回归方程：

$$Ln(JX) = -27.8762 + 4.51Ln(EC) \qquad (6-29)$$

该模型表明 1990~2009 年间，新疆的能源消费总量与机械及运输设备出口额呈正相关关系，且新疆能源消费总量每增加 1 个百分点，机械及运输设备出口额将增加 4.51 个百分点。

6.4.5 实证分析结论

主要结论：一是出口贸易额与能源消费存在正相关关系。新疆的能源消费总量与出口贸易呈正相关关系，且新疆能源消费总量每增加 1 个百分点，出口贸易额将增加 2.989 个百分点，说明能源消费总量对出口贸易拉动较大。二是不同产品的出口额与能源消费总量的关系不同。新疆能源消费总量与初级产品出口额呈正相关关系，新疆能源消费总量每增加 1 个百分点，新疆初级产品出口额将增加 1.459 个百分点；新疆能源消费总量与工业制品出口额呈正相关关系，新疆能源消费总量每增加 1 个百分点，新疆工业制品出口额将增加 3.72495 个百分点，说明能源消费总量对工业制品出口贸易拉动效果很大，且拉动效果大于对初级产品的拉动效果；新疆能源消费总量分别与轻纺产品、橡胶制品和矿冶产品及其制品出口额、杂项制品出口额和机械及运输设备出口额分别呈正相关关系，且新疆能源消费总量每增加 1 个百分点，新疆轻纺产品、橡胶制品和矿冶产品及其制品出口额、杂项制品出口额和机械及运输设备出口额将分别增加 4.764 个百分点、3.55 个百分点和 4.51 个百分点。这些数据说明机械及运输设备出口和轻纺产品、橡胶制品和矿冶产品及其制品出口比重的大幅提升是以能源消耗为代价的，且机械及运输设备出口每增加 1 个百分点所付出的能源代价高于轻纺产品、橡胶制品和矿冶产品及其制品，而占工业制品出口总额比重最大的杂项制品是低能耗产品。

计算结果表明，新疆出口贸易发展依赖于能源消费的增加，而能源消费的增加造成了能源污染，加剧了新疆生态环境水平的降低。

6.5 新疆对外贸易与环境污染实证分析

6.5.1 问题的提出

全球性的资源耗竭和严重的环境污染与破坏正在危害着人类，在贸易发展的过程中，越来越多的人开始关注环境问题。随着国际贸易规模的不断扩大和世界环境的逐渐恶化，贸易与环境的关系问题在国际经济中的地位日益突出，对贸易与环境关系的研究也在世界范围内广泛开展起来。目前国外有关贸易与环境的研究一般集中于三方面：贸易增长加剧环境的污染、贸易的增长有利于改善环境的污染、贸易与环境之间关系复杂（详见第 2 章文献回顾部分）。

数据显示，从 2005 年到 2010 年六年间，新疆对外贸易总量从 699826 万美元增加到 1712834 万美元，年均增长近 40.9%。其中，贸易出口额从 2005 年的 438688 万美元增加到 2010 年的 1296981 万美元。贸易进口总额从 2005 年的 261138 万美元增加到 2010 年的 415853 万美元，年均进口量增长率超过 12.5%。新疆凭借着本身独有的地缘优势、资源优势、政策优势，对外贸易尤其是边境贸易发展面临重大的历史机遇。

新疆工业化进程的加快，是以大量消耗能源为前提的，大量能源的消耗，使得废水、废气、固体废弃物排放量增加，通过地表径流和大气循环使得污染物在新疆沉积并可能发酵，大气和土壤环境污染和破坏情况加剧。

本书利用 1990 ~ 2011 年间新疆进出口贸易额及 3 类环境污染指标，利用时间序列分析方法分析对外贸易对环境污染的影响，为实现新疆对外贸易和环境的协调发展提供了理论依据。

6.5.2 变量选取与数据来源

在本书的研究过程中，反映对外贸易的指标用进出口总额表示，用污染物排放量指标来反映环境污染程度与环境质量，各类污染排放量包括四类指标：工业废水排放量、工业烟尘排放总量、工业二氧化硫、工业粉尘排放量，单位为万吨。原始数据均来源于《新疆 50 年统计年鉴》、《新疆统计年鉴（2012）》及相关数据库，时序长度为 1990 ~ 2011 年。进出口贸易的原始数据用美元计算（为保证序列数据的一致性，用每年平均汇率折算成人民币）。所有数据的整理和计算分析使用 Eviews 6.0 软件处理，如表 6 - 19 所示。

表 6 – 19 1990 ~ 2011 年对外贸易与环境污染情况

（进出口总额单位：万美元；其他单位：万吨）

年份	进出口总额	工业 SO_2	烟尘排放量	工业粉尘	废水
1990	41025	15.68	18.80	8.00	22347
1991	45933	21.80	23.10	8.00	25087
1992	75039	23.50	23.30	12.00	28801
1993	92210	30.50	26.70	9.00	33404

续表

年份	进出口总额	工业 SO$_2$	烟尘排放量	工业粉尘	废水
1994	104053	18.20	24.13	12.51	35741
1995	142798	24.10	23.30	13.00	39827
1996	140367	17.04	29.12	12.67	43989
1997	144667	17.72	26.47	13.70	45992
1998	153214	19.14	25.51	14.84	47532
1999	176534	19.79	24.39	12.04	45483
2000	226399	18.77	20.47	11.26	45349
2001	177148	18.89	19.86	9.82	47564
2002	269186	19.30	19.10	9.37	48890
2003	477198	22.18	20.37	10.93	55900
2004	563563	31.46	25.91	16.77	60000
2005	794189	34.83	27.05	17.32	63400
2006	910327	42.89	28.17	17.48	65400
2007	1371623	47.25	29.18	18.53	68600
2008	2221680	51.02	30.67	21.32	74700
2009	1382771	51.54	31.67	18.47	77200
2010	1712834	51.84	34.40	24.84	83700
2011	2282225	66.91	53.27	44.13	90900

资料来源：《新疆统计年鉴》、《新疆环境状况统计公报》，《新疆50年》，中国宏观数据挖掘分析系统。

6.5.3 新疆对外贸易与环境污染关系的实证分析

6.5.3.1 相关性分析

利用 Eviews 6.0 计量分析软件进行相关性统计分析。假设工业 SO$_2$、烟尘、工业粉尘、废水的排放量分别为 X_1、X_2、X_3、X_4，新疆对外贸易额为 Y，采用 1985~2011 年的数据，利用 Eviews 6.0 计量分析软件，得出它们之间的相关关系如表 6 - 20 所示：

表 6 - 20　各变量与对外贸易额相关系数

	Y	X_1	X_2	X_3	X_4
Y	1.000000	0.811820	0.335187	0.727710	0.868247
X_1	0.811820	1.000000	0.510082	0.611845	0.562370

续表

	Y	X_1	X_2	X_3	X_4
X_2	0.335187	0.510082	1.000000	0.668011	0.333046
X_3	0.727710	0.611845	0.668011	1.000000	0.752561
X_4	0.868247	0.562370	0.333046	0.752561	1.000000

　　由表 6 - 20 中可知对外贸易额与工业 SO_2、废水的排放量之间的相关系数分别为：0.811820 和 0.868247，说明对外贸易与二者之间有较强的相关关系；对外贸易与烟尘、工业粉尘的排放量的相关系数分别为 0.335187 和 0.727710，说明对外贸易与二者的相关关系较弱，下面仅对对外贸易与 SO_2 和废水的相关关系进行分析。

6.5.3.2　工业 SO_2 与对外贸易关系实证分析

（1）散点图。

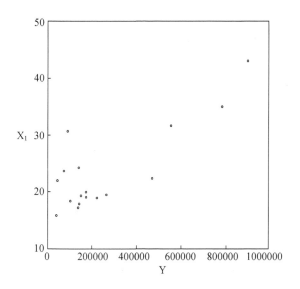

图 6 - 12　工业 SO_2 与对外贸易关系的散点图

　　通过对对外贸易额 Y 与 SO_2 排放量 X_1 之间关系的各种模型的比较得出：对外贸易额 Y 与工业 SO_2 的相关系数为 0.811820，说明二者之间的相关程度较高；画出对外贸易额 Y 与工业 SO_2 之间的散点图，由图可看出，二者之间存在线性关系，所以对对外贸易与工业 SO_2 的排放量建立如下计量模型：$Y_t = a_0 + a_1 X_{t1} + \varepsilon_t$ 其中，Y_t 为新疆对外贸易额，a_0 为常数项，X_{t1} 为自变量工业 SO_2，a_1 为自变量工业 SO_2 之前的系数，ε_t 为随机干扰项。

（2）相关性检验。对模型 $Y_t = a_0 + a_1 X_{t1} + \varepsilon_t$ 用普通最小二乘法回归得到，如表 6 – 21 所示：

表 6 – 21　工业 SO_2 与对外贸易线性回归检验结果

Variable	Coefficient	Std. Error	t-Statistic	Prob.
C	– 400313. 4	129647. 2	– 3. 087713	0. 0075
X_1	28649. 48	5320. 545	5. 384689	0. 0001
R-squared	0. 659051	Mean dependent var		266697. 1
Adjusted R-squared	0. 636321	S. D. dependent var		261617. 8
S. E. of regression	157770. 7	Akaike info criterion		26. 88580
Sum squared resid	3. 73E + 11	Schwarz criterion		26. 98383
Log likelihood	– 226. 5293	F-statistic		28. 99488
Durbin-Watson stat	0. 933419	Prob （F-statistic）		0. 000076

在 5% 显著水平下，查表得 n = 17，k = 2（包含常数项）的 D. W. 的临界值分别为：$d_1 = 1. 13$，$dd_u = 1. 38$，由于对 $Y_t = a_0 + a_1 X_{t1} + \varepsilon_t$ 回归的结果中 D. W. = 0. 933419 小于其临界值 $d_1 = 1. 13$，故模型存在正自相关。由 LM 检验可知模型 $Y_t = a_0 + a_1 X_{t1} + \varepsilon_t$ 存在 3 阶序列相关。

（3）为了消除模型 $Y_t = a_0 + a_1 X_{t1} + \varepsilon_t$ 的自相关性，对其进行 4 阶差分得到，如表 6 – 22 所示：

表 6 – 22　工业 SO_2 与对外贸易线性回归差分

Variable	Coefficient	Std. Error	t-Statistic	Prob.
C	– 317693. 4	140002. 2	– 2. 269204	0. 0466
X_1	29139. 03	4226. 463	6. 894425	0. 0000
AR （4）	0. 256145	0. 243964	1. 049930	0. 3185
R-squared	0. 893234	Mean dependent var		329203. 3
Adjusted R-squared	0. 871881	S. D. dependent var		270411. 3
S. E. of regression	96790. 31	Akaike info criterion		25. 99766
Sum squared resid	9. 37E + 10	Schwarz criterion		26. 12803
Log likelihood	– 165. 9848	F-statistic		41. 83141
Durbin-Watson stat	1. 908047	Prob （F-statistic）		0. 000014

因此得到对外贸易额与工业 SO_2 排放量的回归函数为：

$$\hat{Y}_t = -317693.4 + 29139.03\hat{X}_{1t}$$

$$(-2.269204)\quad(6.894425)$$

$$R^2 = 0.893234 \qquad F = 41.83141 \quad D.\,W. = 1.908047$$

由表 6 - 22 可以知道：$R^2 = 0.893234$，表明对外贸易与工业 SO_2 之间的线性关系的拟合程度较好。在 5% 的显著水平下，X_1 的 t 值大于其临界值 | $t_{0.025}$（15）| = 2.131，F 值也大于其临界值 $F_{0.05}$（1，15）= 4.54，通过变量的显著性检验，D.W. 接近于 2，表明模型已经不存在序列相关性。从经济意义角度看，X_{1t} 前的系数为正，表明对外贸易与工业 SO_2 之间存在正相关的关系，对外贸易额的增加加剧了工业 SO_2 的排放。

6.5.3.3　废水与对外贸易关系实证分析

（1）散点图。

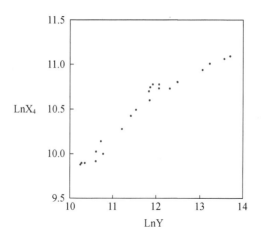

图 6 - 13　废水排放量与对外贸易关系的散点图

通过对对外贸易额 Y 与废水排放量 X_4 之间关系的各种模型的比较得出：分别对对外贸易额 Y 与废水排放量 X_4 取对数，通过计量软件 Eveiws 6.0 得到 LnY 和 LnX 之间的相关系数为 0.965105，表明 LnY 和 LnX 的相关程度较大；画出 LnY 和 LnX 的散点图，由二者的散点图可以知道 LnY 与 LnX 之间存在较强的线性关系，所以对对外贸易额与废水建立如下计量对数模型：$LnY_t = d_0 + d_1 LnX_{t4} + \varepsilon_t$，其中，$Y_t$ 为新疆对外贸易额，d_0 为常数项，X_{t4} 为自变量废水的排放量，d_1 为自变量废水的排放量之前的系数，ε_t 为随机干扰项。

（2）自相关性检验。对模型 $LnY_t = d_0 + d_1 LnX_{t4} + \varepsilon_t$ 通过计量软件 Eveiws 7.2 进行普通最小二乘法回归，如表 6 - 23 所示。

表6-23 废水与对外贸易线性回归检验结果

Variable	Coefficient	Std. Error	t-Statistic	Prob.
C	-13.79119	1.549534	-8.900215	0.0000
LnX$_4$	2.433301	0.147633	16.48210	0.0000
R-squared	0.931427	Mean dependent var		11.72875
Adjusted R-squared	0.927998	S. D. dependent var		1.062096
S. E. of regression	0.284994	Akaike info criterion		0.413808
Sum squared resid	1.624427	Schwarz criterion		0.512994
Log likelihood	-2.551889	F-statistic		271.6597
Durbin-Watson stat	0.458904	Prob（F-statistic）		0.000000

在5%的显著水平下，查表6-23得 n=22，k=2（包含常数项）的 D. W. 的临界值分别为：d_l = 1.24，dd_u = 1.43，由于对模型 $LnY_t = d_0 + d_1LnX_{t4} + \varepsilon_t$ 回归的结果中 D. W. =0.458904，小于其临界值 d_l = 1.24，故由 D. W. 的判断标准可以知道，模型 $LnY_t = d_0 + d_1LnX_{t4} + \varepsilon_t$ 存在正自相关，而且由 LM 检验可知模型 $LnY_t = d_0 + d_1LnX_{t4} + \varepsilon_t$ 存在 1 阶序列相关。

（3）为了消除模型 $LnY_t = d_0 + d_1LnX_{t4} + \varepsilon_t$ 的自相关性，对其进行 1 阶差分，如表6-24所示：

表6-24 废水与对外贸易线性回归差分

Variable	Coefficient	Std. Error	t-Statistic	Prob.
C	-13.89850	5.654427	-2.457986	0.0243
LnX$_4$	2.454394	0.523387	4.689442	0.0002
AR（1）	0.831080	0.169779	4.895085	0.0001
R-squared	0.967586	Mean dependent var		11.79765
Adjusted R-squared	0.963984	S. D. dependent var		1.036718
S. E. of regression	0.196747	Akaike info criterion		-0.282232
Sum squared resid	0.696769	Schwarz criterion		-0.133015
Log likelihood	5.963439	F-statistic		268.6548
Durbin-Watson stat	1.924918	Prob（F-statistic）		0.000000

得到对外贸易额与废水的排放量之间的回归函数为：

$$\hat{LnY}_t = -13.89850 + 2.454394\hat{LnX}_{t4}$$
$$(-2.457986)\quad(4.689442)$$
$$R^2 = 0.967586 \quad\quad F = 268.6548 \quad D.W. = 1.924918$$

其中：$R^2 = 0.967586$，表明对外贸易与废水之间的线性关系的拟合程度较好；在 5% 的显著水平下，LnX_{t4} 的 $t = 4.689442$ 大于其临界值 $| t_{0.025}(22) | = 2.07$，$F = 268.6548$ 的值也大于其临界值 $F_{0.05}(1, 22) = 4.28$，表明变量 LnX_{t4} 的 t 检验、F 检验均通过变量的显著性检验；$D.W. = 1.924918$ 接近于 2，表明模型已经不存在序列相关性。从经济意义角度看，X_{t4} 前的系数为正，表明对外贸易与废水之间存在正相关的关系，随着对外贸易额的增加加剧了废水排放量的增多。

6.5.4 实证结论与分析

从对外贸易与环境的整体分析看，随着对外贸易额的增加，在新疆环境污染的诸多因素中，工业 SO_2 和废水的排放量随着年份的变化呈现出整体上升的趋势，且与对外贸易额之间存在较强的正相关关系；工业粉尘和烟尘排放量随着年份的变化二者呈现增加、减小相互交替的趋势，且相关系数表明工业粉尘和烟尘排放量与对外贸易额之间的关系较弱，所以二者与对外贸易额的变化没有明显的关系。

从对工业 SO_2 和废水的排放量与对外贸易实证分析看，工业 SO_2 与对外贸易之间存在线性相关关系，工业废水与对外贸易之间是偏弹性相关，对外贸易与工业 SO_2 的回归函数中的常数项为负值，表明除了工业 SO_2 还有生活中排放的 SO_2 与对外贸易有关，工业 SO_2、废水的系数均为正数，表明对外贸易额的增加使得工业 SO_2 和废水的排放量随之增多，因此，可以得出对外贸易加剧了环境的污染的结论。

6.6 本章小结

本章主要探讨了新疆绿洲贸易与生态环境之间的关系。①运用生态足迹法研究了新疆对外贸易的可持续性，结果表明新疆 2000～2010 年间对外贸易生态足迹出现盈余，表明新疆生态环境具有较好的承载力，新疆对外贸易发展还具有一定的生态容忍空间；②运用虚拟水理论探讨了新疆农产品贸易对水环境的影响，结果表明，新疆大量出口初级农产品造成虚拟水的净流出，对新疆水环境承载力有一定的影响；③运用"贸易含污量"理论探讨了新疆出口贸易与能源消费的关系，结果表明，新疆出口贸易的发展以消耗能源为代价，能源消耗中的"含污"对生态环境造成负面影响；④运用线性回归模型分析新疆贸易与"废水、废气、废物"之间的关系，表明贸易的增加会导致污染的增加。

第7章　开放条件下新疆绿洲经济增长与生态环境关系分析

7.1　引言

通过前述研究，本书基于贸易视角实证分析了贸易和经济增长的关系、贸易和生态环境的关系，研究主要验证了贸易影响经济环境，同时贸易也作用于生态环境，但"贸易—经济增长—生态环境"的逻辑框架的论证，还需要验证经济增长与生态环境的关系，同时将贸易作为开放条件，运用 VAR 模型进行冲击分析，以验证传导机制。本章将分为三个部分，一是利用环境污染的相关数据，通过回归模型，分析经济增长对新疆绿洲废水、废气、二氧化硫、烟尘、固体废弃物等环境污染指标进行实证；二是通过 VAR 模型分析贸易、经济增长与生态环境的相互关系；三是分行业讨论新疆各工业产业、贸易对生态环境的影响。

7.2　新疆经济增长与生态环境实证分析

7.2.1　数据来源与模型构建

本书的数据来源：1991~2012 年《新疆统计年鉴》数据、《新疆 50 年统计年鉴》以及《中国环境年鉴》等。部分数据通过整理计算获得，如表 7-1 所示。

表 7 - 1   1990 ~ 2011 年新疆环境污染情况

年份	废水（万吨）	烟（粉）尘（万吨）	工业废水（万吨）	工业二氧化硫（万吨）	工业固体废弃物产生量（万吨）	工业废气排放（亿标立方米）	工业烟尘排放（万吨）
1990	22347	18.8	15501	15.68	389	1072	8
1991	25087	23.1	16764	21.8	399	1276	8
1992	28801	23.3	18624	23.5	426	1528	12
1993	33404	26.7	16794	30.5	471	1490	9
1994	35741	24.13	17943	18.2	495	1583	12.51
1995	39827	23.3	19001	24.1	602	1735	13
1996	42000	29.1	16900	17.1	562	1622	12.7
1997	45992	26.5	18430	17.1	816	1746	15.3
1998	47532	25.5	19473	19.1	683	1790	13.6
1999	45483	24.4	16919	19.8	702	1838	12.5
2000	45349	20.5	15365	18.8	718	1944	8.4
2001	47564	19.8	16797	19	783	2353	9.8
2002	48890	19.1	16426	19.3	1008	2512	9.8
2003	55905	20.4	16417	22.2	1009	2934	10.7
2004	60040	25.9	19307	31.5	1129	3810	14.1
2005	63400	27.05	20052	34.8	1295	4485	17.32
2006	65400	28.18	20600	47.89	1581.23	5053	17.48
2007	68600	29.18	21000	47.25	2136.64	5797.21	18.53
2008	74700	30.67	22900	51.02	2438.31	6154.13	21.32
2009	77200	31.67	24200	51.54	3206.08	6974.88	18.47
2010	83700	34.40	25400	51.84	3914.12	9309.61	24.84
2011	90900	53.27	28800	66.91	5219.09	11867.99	44.13

样本选取：本书选取了 1990 ~ 2011 年的新疆生产总值代表经济增长（GDP），单位为亿元；工业污染指标代替生态环境污染（POL）。其中，生态环境污染（POL）包括四类指标：废水排放量（WATER），单位为万吨；工业二氧化硫排放量（SO_2），单位为万吨；工业粉尘排放量（INDDUST），单位为万吨；烟尘排放量（SMOKE），单位为万吨；工业废气排放量（INDAIR），单位为亿标立方米；工业固体废弃物产生量（INDSOLID），单位为万吨，如表 7 - 2 所示。

表7-2　各类污染排放物名称、单位及符号表示

	污染排放物名称	单位	本章采用符号
1	废水排放量	万吨	WATER
2	二氧化硫排放量	万吨	SO_2
3	工业粉尘排放量	万吨	INDDUST
4	烟尘排放量	万吨	SMOKE
5	工业废气排放量	亿标立方米	INDAIR
6	工业固体废弃物排放量	万吨	INDSOLID

对于生态环境污染（POL）与经济增长（GDP）可以构建一元线性回归模型：

$$POL = a_0 + a_1 GDP + e_t \qquad\qquad (7-1)$$

其中，e_t 为随机干扰项，POL 分别用 WATER、SO_2、SMOKE、INDDUST、INDAIR、INDSOLID 六个变量表示。即 POL 中的六个指标均与 GDP 进行一元线性回归，目的是分别说明经济增长对环境污染造成的影响。

7.2.2　新疆环境污染与经济增长关系的统计检验与分析

在进行协整检验之前，必须先检验数据的平稳性，如果数据是平稳的，则可以直接进行最小二乘估计；如果数据非平稳，则检验各变量之间是否存在协整关系，以便分析各变量之间的关系。

7.2.2.1　描述性分析

对各变量进行描述性统计结果如下：通过表7-3可以看出，由于正态分布的偏度应该是0，而工业粉尘排放量的偏度最大为2.4105，废气（SMOKE）的偏度为2.2532，工业固体废弃物（INDSOLID）的偏度为1.7612，废水排放量的偏度最小为0.3594，所以生态污染的六组数据分布均向左偏；GDP的偏度为1.1427，分布也向左偏。表明该样本基本符合正态分布，数据样本特征显著。

表7-3　新疆污染物变量描述性统计分析

	WATER	SO_2	INDDUST	SMOKE	INDAIR	INDSOLID	GDP
Mean	52263.91	30.40591	15.27273	26.58818	3585.219	1362.84	2064.844
Median	47548	22.85	12.835	25.71	2148.5	799.5	1427.58
Maximum	90900	66.91	44.13	53.27	11867.99	5219.09	6610.05
Minimum	22347	15.68	8	18.8	1072	389	261.44
Std. Dev.	18857.4	15.19824	7.810384	7.28888	2881.575	1279.219	1759.406

	WATER	SO$_2$	INDDUST	SMOKE	INDAIR	INDSOLID	GDP
Skewness	0. 359388	0. 948965	2. 410513	2. 253217	1. 493685	1. 761203	1. 142748
Kurtosis	2. 308436	2. 586397	9. 567167	9. 257809	4. 468254	5. 254285	3. 384844
Jarque – Bera	0. 911991	3. 458773	60. 83915	54. 51245	10. 15681	16. 03171	4. 92396
Probability	0. 633817	0. 177393	0	0	0. 00623	0. 00033	0. 085266
Sum	1149806	668. 93	336	584. 94	78874. 82	29982. 47	45426. 57
Sum Sq. Dev.	7. 47E + 09	4850. 718	1281. 044	1115. 683	1. 74E + 08	34364448	65005697
Observations	22	22	22	22	22	22	22

7. 2. 2. 2 相关性分析

由于协整关系检验的各变量之间必须具有高度的相关性，因此，首先对各变量进行相关性检验，其相关系数检验结果如表 7 - 4 和图 7 - 1 所示：各变量新疆经济增长与各环境污染变量之间具有很高的相关性，其中经济增长与废水的相关性为 0. 963843，与二氧化硫的相关性为 0. 928372，与工业粉尘相关性为 0. 889177，与烟尘相关性为 0. 812269，与工业废气的相关性为 0. 989554，与工业固体废弃物的相关性为 0. 974446，直观上表明，新疆经济增长与环境污染的增加有直接关系。

表 7 - 4　新疆污染物变量相关系数

	GDP	WATER	SO$_2$	INDDUST	SMOKE	INDAIR	INDSOLID
GDP	1	0. 963843	0. 928372	0. 889177	0. 812269	0. 989554	0. 974446
WATER	0. 963843	1	0. 865848	0. 822768	0. 73395	0. 926846	0. 898206
SO$_2$	0. 928372	0. 865848	1	0. 842126	0. 820631	0. 938958	0. 908342
INDDUST	0. 889177	0. 822768	0. 842126	1	0. 951431	0. 919028	0. 916211
SMOKE	0. 812269	0. 73395	0. 820631	0. 951431	1	0. 8578	0. 870996
INDAIR	0. 989554	0. 926846	0. 938958	0. 919028	0. 8578	1	0. 987293
INDSOLID	0. 974446	0. 898206	0. 908342	0. 916211	0. 870996	0. 987293	1

7. 2. 2. 3 平稳性检验

虽然相关性检验表明了经济增长与环境污染具有直接联系，但为了避免伪回归，继续对序列进行单位根检验（一种检验数据平稳性的方法）。检验结果表明：WATER、SO$_2$、INDDUST、SMOKE、INDAIR、INDSOLID、GDP 序列均为非平稳的，一阶差分后各序列仍为非平稳，继续进行差分，经过二阶差分后，

$\Delta^2\text{WTAER}$，$\Delta^2\text{SO}_2$，$\Delta^2\text{INDDUST}$，$\Delta^2\text{SMOKE}$，$\Delta^2\text{INDAIR}$，$\Delta^2\text{INDSOLID}$，$\Delta^2\text{GDP}$
都是平稳的，检验具体结果如表 7 - 5 所示：

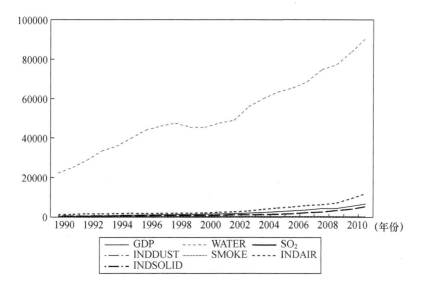

图 7 - 1　新疆污染物变量相关性检验结果

表 7 - 5　新疆环境污染各变量 ADF 检验结果

变量	ADF 检验值	检验类型 (c, t, n)	临界值（置信水平） 1%	5%	10%	结果 判断
WATER	0.0096	(c, t, 0)	- 4.4679	- 3.64496	- 3.26145	非平稳
ΔWATER	- 2.71276	(c, t, 0)	- 4.49831	- 3.65845	- 3.26897	非平稳
$\Delta^2\text{WTAER}$	- 6.29402	(c, t, 0)	- 4.5326	- 3.67362	- 3.27736	平稳
SO_2	- 0.47275	(c, t, 1)	- 4.49831	- 3.65845	- 3.26897	非平稳
ΔSO_2	- 3.11976	(c, t, 3)	- 4.61621	- 3.71048	- 3.2978	非平稳
$\Delta^2\text{SO}_2$	- 10.1846	(c, 0, 0)	- 3.83151	- 3.02997	- 2.65519	平稳
INDDUST	0.770095	(c, t, 0)	- 4.4679	- 3.64496	- 3.26145	非平稳
$\Delta\text{INDDUST}$	- 0.89516	(c, t, 0)	- 2.68572	- 1.95907	- 1.60746	非平稳
$\Delta^2\text{INDDUST}$	- 4.12228	(0, 0, 0)	- 2.69236	- 1.96017	- 1.60705	平稳
SMOKE	0.51821	(c, t, 0)	- 4.4679	- 3.64496	- 3.26145	非平稳
ΔSMOKE	- 1.45911	(0, 0, 0)	- 2.68572	- 1.95907	- 1.60746	非平稳
$\Delta^2\text{SMOKE}$	- 4.3268	(0, 0, 0)	- 2.69236	- 1.96017	- 1.60705	平稳
INDAIR	3.532334	(c, t, 4)	- 4.61621	- 3.71048	- 3.2978	非平稳

续表

变量	ADF 检验值	检验类型 (c, t, n)	临界值（置信水平）			结果判断
			1%	5%	10%	
ΔINDAIR	−1.56226	(c, t, 1)	−4.5326	−3.67362	−3.27736	非平稳
Δ²INDAIR	−5.78837	(c, t, 4)	−4.72836	−3.75974	−3.32498	平稳
INDSOLID	6.545393	(c, t, 1)	−4.49831	−3.65845	−3.26897	非平稳
ΔINDSOLID	3.493728	(c, t, 4)	−4.66788	−3.7332	−3.31035	非平稳
Δ²INDSOLID	−9.77347	(c, t, 0)	−4.5326	−3.67362	−3.27736	平稳
GDP	2.475707	(c, t, 0)	−4.4679	−3.64496	−3.26145	非平稳
ΔGDP	−0.41955	(c, t, 2)	−4.57156	−3.69081	−3.28691	非平稳
Δ²GDP	−4.03312	(C, 0, 1)	−3.85739	−3.04039	−2.66055	平稳

注：检验类型（c, t, n）中，c 表示带有常数项，t 表示带有趋势项，n 表示所采用的 SICQ 确定的滞后阶数。

由表 7 − 5 可以看出，WATER、SO_2、INDDUST、SMOKE、INDAIR、IND-SOLID、GDP 序列均为二阶单整序列，即为同阶单整，可能存在一定的协整关系。

7.2.2.4 协整检验

由于经济增长对生态环境的影响可以通过与各变量的长期变化趋势反映出来，因而，分别对经济增长与生态环境各变量指标之间进行协整分析。

（1）经济增长（GDP）与废水排放之间的协整检验。根据赤池信息准则（AIC）和施瓦茨准则（SC），确定由 WATER、GDP 组成的模型的滞后期 K 为 1，所以协整选择滞后期为 3。Johansen 检验的结果如表 7 −6 所示。存在 2 个协整关系，序列之间存在长期的均衡关系。

表 7 −6 新疆经济增长与废水排放之间协整检验结果

原假设	特征值	λ_{max}	λ_{max}5% 的临界值	结果
r = 0	0.522243	21.31021	15.49471	拒绝
r ≤ 1	0.278814	6.537159	3.841466	拒绝

（2）二氧化硫（SO_2）排放与经济增长（GDP）之间的协整检验。运用同样的 Johansen 检验方法，表明二氧化硫与经济增长存在 1 个协整关系，序列之间存在长期的均衡关系，如表 7 −7 所示。

表 7 - 7　新疆经济增长与二氧化硫协整检验结果

原假设	特征值	λ_{max}	λ_{max} 5% 的临界值	结果
r = 0	0.591931	20.72934	15.49471	拒绝
r ≤ 1	0.130771	2.802974	3.841466	拒绝

（3）工业粉尘排放（INDDUST）与经济增长（GDP）之间的协整检验。运用同样的 Johansen 检验方法，表明工业粉尘与经济增长存在 1 个协整关系，序列之间存在长期的均衡关系，如表 7 - 8 所示。

表 7 - 8　新疆经济增长与工业粉尘协整检验结果

原假设	特征值	λ_{max}	λ_{max} 5% 的临界值	结果
r = 0	0.784702	33.5736	15.49471	拒绝
r ≤ 1	0.1332	2.858932	3.841466	拒绝

（4）烟尘排放（SMOKE）与经济增长（GDP）之间的协整检验。运用同样的 Johansen 检验方法，表明烟尘排放与经济增长存在 1 个协整关系，序列之间存在长期的均衡关系，如表 7 - 9 所示。

表 7 - 9　新疆经济增长与烟尘排放协整检验结果

原假设	特征值	λ_{max}	λ_{max} 5% 的临界值	结果
r = 0	0.784702	33.5736	15.49471	拒绝
r ≤ 1	0.1332	2.858932	3.841466	拒绝

（5）工业废气排放（INDAIR）与经济增长（GDP）之间的协整检验。运用同样的 Johansen 检验方法，表明工业废气排放与经济增长存在 1 个协整关系，序列之间存在长期的均衡关系，如表 7 - 10 所示。

表 7 - 10　新疆经济增长与工业废气排放协整检验结果

原假设	特征值	λ_{max}	λ_{max} 5% 的临界值	结果
r = 0	0.701458	26.3359	15.49471	拒绝
r ≤ 1	0.102329	2.15903	3.841466	接受

（6）工业固体废弃物排放（INDSOLID）与经济增长（GDP）之间的协整检

验。运用同样的 Johansen 检验方法，表明工业固体废弃物排放与经济增长存在 1个协整关系，序列之间存在长期的均衡关系，如表 7 - 11 所示。

表 7 - 11　新疆经济增长与工业固体废弃物排放协整检验结果

原假设	特征值	λ_{max}	λ_{max}5% 的临界值	结果
r = 0	0.584377	17.57068	15.49471	拒绝
r≤1	0.000557	0.01115	3.841466	接受

由上述协整检验的结果可以看出，经济增长与生态环境污染各指标之间都存在长期均衡的协整关系，表明新疆经济增长与废水、废气、废物、二氧化硫等环境污染有长期的影响关系。

7.2.2.5　Granger 因果关系检验

Granger 因果检验是一种检验变量之间是否具有因果关系的检验方式，主要是用来检验一个内生变量是否可以作为外生变量对待。通过协整检验表明，经济增长与生态环境之间均存在长期稳定的均衡关系，因此，可以继续深入进行 Granger 因果关系检验，检验结果如表 7 - 12 所示。

表 7 - 12　新疆环境污染变量与经济增长的 Granger 因果关系检验结果

原假设	F 统计值	P 概率	结果判断	因果关系
WATER 不是 GDP 的格兰杰原因	0.54959	0.5884	接受	单向因果
GDP 不是 WATER 的格兰杰原因	3.75096	0.0478	拒绝	
SO_2 不是 GDP 的格兰杰原因	0.26292	0.7723	接受	单向因果
GDP 不是 SO_2 的格兰杰原因	4.56433	0.0283	拒绝	
INDDUST 不是 GDP 的格兰杰原因	0.13898	0.8714	接受	单向因果
GDP 不是 INDDUST 的格兰杰原因	4.73295	0.0255	拒绝	
SMOKE 不是 GDP 的格兰杰原因	0.38277	0.6884	接受	单向因果
GDP 不是 SMOKE 的格兰杰原因	8.11577	0.0041	拒绝	
INDAIR 不是 GDP 的格兰杰原因	20.7897	0.0000	拒绝	双向因果
GDP 不是 INDAIR 的格兰杰原因	2.78722	0.0935	拒绝	
INDSOLID 不是 GDP 的格兰杰原因	4.67808	0.0264	拒绝	单向因果
GDP 不是 INDSOLID 的格兰杰原因	1.18306	0.3334	接受	

从表 7 - 12 可以看出，除工业废气排放（INDAIR）与经济增长（GDP）之间存在双向因果关系外。其经济意义为，新疆经济增长会带来工业废气排放量的

增加，反之，工业废气排放量如果不断增加，会带来经济增长（即新疆经济增长是以增加工业废气排放量为代价的）。

其他环境污染指标：废水排放（WATER）、二氧化硫（SO_2）排放、工业粉尘（INDDUST）排放、烟尘（SMOKE）排放以及工业固体废弃物（INDSOLID）与经济增长（GDP）之间都存在单向因果关系。其中，经济增长（GDP）是引起废水排放（WATER）、二氧化硫（SO_2）排放、工业粉尘（INDDUST）排放、烟尘（SMOKE）排放、工业废气排放（INDAIR）的格兰杰原因，而工业固体废弃物（INDSOLID）、工业废气排放（INDAIR）则是引起经济增长（GDP）的格兰杰原因。从而表明，在一定程度上，经济快速发展必然导致大量的环境污染，尤其是导致工业废气、烟尘的大量排放，而工业固体废弃物及工业废气排放量的增加，又会导致治理污染成本增加，表现为表面意义的经济虚高。

7.2.3　新疆各污染变量与经济增长关系的回归分析

根据上述分析，表明经济增长与各污染变量之间存在协整关系，为较好地验证和预测，特进行回归分析，结果如下：

（1）废水排放（WATER）与经济增长（GDP）关系回归分析。根据式（7－1），运用 Eviews 6.0 软件进行废水排放与经济增长关系的回归分析，结果如表 7－13 所示：

表 7 – 13　新疆废水排放与经济增长关系回归检验结果

Variable	Coefficient	Std. Error	t-Statistic	Prob.
C	30932. 99	1715. 803	18. 02829	0
GDP	10. 33052	0. 638627	16. 17614	0
R-squared	0. 928994	Mean dependent var		52263. 91
Adjusted R-squared	0. 925444	S. D. dependent var		18857. 4
S. E. of regression	5149. 003	Akaike info criterion		20. 0175
Sum squared resid	5. 30E + 08	Schwarz criterion		20. 11669
Log likelihood	− 218. 193	Hannan-Quinn criter.		20. 04087
F-statistic	261. 6674	Durbin-Watson stat		0. 268818

$$WATER = 30932.99 + 10.33GDP \qquad (7-2)$$
$$(18.028)\ (16.176)$$

$R^2 = 0.929$，$\overline{R}^2 = 0.925$，表明模型的拟合效果较好；F = 261.67，反映变量间高度线性，回归方程高度显著；D. W. = 0.269，当 n = 22，p = 1 时查表 D. W.

检验的1%临界值为 $d_u = 1.43$ 和 $d_1 = 1.24$，$0 < D. W. < d_1$，根据判定法则残差序列存在正相关；变量回归系数 $t = 16.176$，表明自变量较为显著。

（2）二氧化硫（SO_2）与经济增长（GDP）关系回归分析。根据式（7-1），运用 Eviews 6.0 软件进行二氧化硫与经济增长关系的回归分析，结果如表7-14所示：

表7-14　新疆二氧化硫与经济增长关系回归检验结果

Variable	Coefficient	Std. Error	t-Statistic	Prob.
C	13.84682	1.928723	7.179268	0
GDP	0.00802	0.000718	11.17119	0
R-squared	0.861874	Mean dependent var		30.40591
Adjusted R-squared	0.854968	S. D. dependent var		15.19824
S. E. of regression	5.78796	Akaike info criterion		6.435945
Sum squared resid	670.0095	Schwarz criterion		6.53513
Log likelihood	-68.7954	Hannan-Quinn criter.		6.45931
F-statistic	124.7955	Durbin-Watson stat		0.928077

$$SO_2 = 13.847 + 0.008 GDP \qquad (7-3)$$
$$(7.179) \quad (11.171)$$

$R^2 = 0.862$，$\overline{R^2} = 0.855$，表明模型的拟合效果较好；$F = 124.80$，反映变量间高度线性，回归方程高度显著；$D. W. = 0.928$，$0 < D. W. < d_1$，残差序列存在正相关，变量回归系数 $t = 11.171$，表明自变量较为显著。

（3）工业粉尘（INDDUST）与经济增长（GDP）关系回归分析。根据式（7-1），运用 Eviews 6.0 软件进行工业粉尘与经济增长关系的回归分析，结果如表7-15所示：

表7-15　新疆工业粉尘与经济增长关系回归检验结果

Variable	Coefficient	Std. Error	t-Statistic	Prob.
C	7.122274	1.220289	5.836545	0
GDP	0.003947	0.000454	8.690639	0
R-squared	0.790636	Mean dependent var		15.27273
Adjusted R-squared	0.780167	S. D. dependent var		7.810384
S. E. of regression	3.662001	Akaike info criterion		5.520405
Sum squared resid	268.2051	Schwarz criterion		5.61959
Log likelihood	-58.7245	Hannan-Quinn criter.		5.54377
F-statistic	75.5272	Durbin-Watson stat		1.137524

$$INDDUST = 7.122 + 0.004GDP \tag{7-4}$$
$$(5.837) \quad (8.691)$$

$R^2 = 0.791$，$\overline{R}^2 = 0.780$，表明模型的拟合效果较好；$F = 75.527$，反映变量间高度线性，回归方程高度显著；D. W. $= 1.138$，$0 < $ D. W. $< d_1$；残差序列存在正相关，变量回归系数 $t = 8.691$，表明自变量较为显著。

（4）烟尘（SMOKE）与经济增长（GDP）关系回归分析。根据式（7-1），运用 Eviews 6.0 软件进行烟尘与经济增长关系的回归分析，结果如表 7-16 所示：

表 7-16　新疆烟尘与经济增长关系回归检验结果

Variable	Coefficient	Std. Error	t-Statistic	Prob.
C	19.63983	1.451707	13.52878	0
GDP	0.003365	0.00054	6.227818	0
R-squared	0.659781	Mean dependent var		26.58818
Adjusted R-squared	0.64277	S. D. dependent var		7.28888
S. E. of regression	4.356468	Akaike info criterion		5.867708
Sum squared resid	379.5763	Schwarz criterion		5.966894
Log likelihood	-62.5448	Hannan-Quinn criter.		5.891074
F-statistic	38.78572	Durbin-Watson stat		0.922402

$$SMOKE = 19.640 + 0.003GDP \tag{7-5}$$
$$(13.529) \quad (6.228)$$

$R^2 = 0.660$，$\overline{R}^2 = 0.643$，表明模型的拟合效果较好；$F = 38.786$，反映变量间高度线性，回归方程高度显著；D. W. $= 0.922$，$0 < $ D. W. $< d_1$，残差序列存在正相关，变量回归系数 $t = 6.228$，表明自变量较为显著。

（5）工业废气排放量（INDAIR）与经济增长（GDP）关系回归分析。根据式（7-1），运用 Eviews 6.0 软件进行工业废气排放量与经济增长关系的回归分析，结果如表 7-17 所示：

$$INDAIR = 238.722 + 1.621GDP \tag{7-6}$$
$$(1.683) \quad (30.697)$$

$R^2 = 0.979$，$\overline{R}^2 = 0.978$，表明模型的拟合效果较好；$F = 942.31$，反映变量间高度线性，回归方程高度显著；D. W. $= 0.557$，$0 < $ D. W. $< d_1$，残差序列存在正相关，变量回归系数 $t = 30.697$，表明自变量较为显著。

表 7 – 17　新疆工业废气排放量与经济增长关系回归检验结果

Variable	Coefficient	Std. Error	t-Statistic	Prob.
C	238. 7221	141. 8493	1. 682927	0. 1079
GDP	1. 620702	0. 052797	30. 697	0
R-squared	0. 979217	Mean dependent var		3585. 219
Adjusted R-squared	0. 978177	S. D. dependent var		2881. 575
S. E. of regression	425. 6798	Akaike info criterion		15. 03176
Sum squared resid	3624065	Schwarz criterion		15. 13095
Log likelihood	– 163. 349	Hannan-Quinn criter.		15. 05512
F-statistic	942. 3056	Durbin-Watson stat		0. 556549

（6）工业固体废弃物（INDSOLID）与经济增长（GDP）关系回归分析，结果如表 7 – 18 所示。

表 7 – 18　新疆工业固体废弃物与经济增长关系回归检验结果

Variable	Coefficient	Std. Error	t-Statistic	Prob.
C	– 100. 092	98. 11566	– 1. 02014	0. 3198
GDP	0. 708495	0. 036519	19. 40074	0
R-squared	0. 949544	Mean dependent var		1362. 84
Adjusted R-squared	0. 947022	S. D. dependent var		1279. 219
S. E. of regression	294. 4381	Akaike info criterion		14. 29452
Sum squared resid	1733876	Schwarz criterion		14. 39371
Log likelihood	– 155. 24	Hannan-Quinn criter.		14. 31789
F-statistic	376. 3888	Durbin-Watson stat		0. 566277

$$INDSOLID = -100.092 + 0.708GDP \qquad (7-7)$$
$$(-1.020) \qquad (19.401)$$

$R^2 = 0.950$，$\overline{R}^2 = 0.947$，表明模型的拟合效果较好；$F = 376.39$，反映变量间高度线性，回归方程高度显著；$D.W. = 0.566$，$0 < D.W. < d_1$，残差序列存在正相关，变量回归系数 $t = 19.401$，表明自变量较为显著。

7.2.4　实证分析主要结论

（1）所有生态污染的六组数据分布均向左偏；GDP 的偏度为 1.1427，分布也向左偏。表明该样本基本符合正态分布，数据样本特征显著。

（2）经济增长与废水的相关性为 0.963843，与二氧化硫的相关性为 0.928372，与工业粉尘的相关性为 0.889177，与烟尘的相关性为 0.812269，与工业废气的相关性为 0.989554，与工业固体废弃物的相关性为 0.974446，直观上表明，新疆经济的增长与环境污染的增加有直接关系。

（3）经济增长与生态环境污染各指标之间都存在长期均衡的协整关系，表明新疆经济增长与废水、废气、废物、二氧化硫等环境污染有长期的影响关系。

（4）除工业废气排放（INDAIR）与经济增长（GDP）之间存在双向因果关系外，其他环境污染指标包括：废水排放（WATER）、二氧化硫（SO_2）排放、工业粉尘（INDDUST）排放、烟尘（SMOKE）排放以及工业固体废弃物（INDSOLID）与经济增长（GDP）之间都存在单向因果关系。其中，经济增长（GDP）是引起废水排放（WATER）、二氧化硫（SO_2）排放、工业粉尘（INDDUST）排放、烟尘（SMOKE）排放、工业废气排放（INDAIR）的格兰杰原因，而工业固体废弃物（INDSOLID）、工业废气排放（INDAIR）则是引起经济增长（GDP）的格兰杰原因。

（5）经济增长与各污染变量回归方程解释说明：

WATER = 30932.99 + 10.33GDP 表明新疆经济增加 1 个百分点，增加 10.33 个百分点的废水排放量，大致反映出新疆经济增长带来的最大污染之一是废水。

SO_2 = 13.847 + 0.008GDP 表明新疆经济每增加 1 个百分点，将增加二氧化硫 0.008 个百分点的排放量。

INDDUST = 7.122 + 0.004GDP 表明新疆经济每增加 1 个百分点，将增加工业粉尘 0.004 个百分点的排放量。

SMOKE = 19.640 + 0.003GDP 表明新疆经济每增加 1 个百分点，将增加烟尘 0.003 个百分点的排放量。

INDAIR = 238.722 + 1.621GDP 表明新疆经济每增加 1 个百分点，将增加工业废气 1.621 个百分点的排放量。

INDSOLID = − 100.092 + 0.708GDP 表明新疆经济每增加 1 个百分点，将增加工业废弃物 0.708 个百分点的排放量。

上述各回归反映出，经济增长对废气、工业废气和工业废弃物的排放影响最大。

7.3 基于 VAR 模型的开放条件下的绿洲经济增长与生态环境分析

7.3.1 模型的设计思路

1980 年西姆斯（Sims）提出向量自回归模型（Vector Autoregressive Model）不以经济理论为基础，只反映变量之间的滞后反映关系。该模型一般采用多方程联立的形式，设定的内生变量和外生变量进行滞后期的回归，估计全部内生变量的动态关系。

假设 y_{1t}，y_{2t} 之间存在关系，根据 VAR 模型是自回归模型的联立方程，可以分别建立两个自回归模型：

$$y_{1,t} = f\left(y_{1,t-1},\ y_{1,t-2},\ \cdots\right) \tag{7-8}$$

$$y_{2,t} = f\left(y_{2,t-1},\ y_{2,t-2},\ \cdots\right) \tag{7-9}$$

由于两个变量设立成两个方程，只能反映 $y_{1,t}$ 受何种因素影响，但无法反映出 y_{1t}，y_{2t} 两个变量之间的关系。通过建立联立方程，就可以反映出 y_{1t}，y_{2t} 两个变量之间的关系。VAR 模型的结构与所含变量个数 N 和最大滞后阶数 k 密切相关。

以两个变量 y_{1t}，y_{2t} 滞后 1 期的 VAR 模型为例：

$$\begin{cases} y_{1,t} = \mu_1 + \pi_{11.1}y_{1,t-1} + \pi_{12.1}y_{2,t-1} + u_{1t} \\ y_{2,t} = \mu_2 + \pi_{21.1}y_{1,t-1} + \pi_{22.1}y_{2,t-1} + u_{2t} \end{cases} \tag{7-10}$$

其中 u_{1t}，$u_{2t} \sim \text{IID}\left(0,\ \sigma^2\right)$，$\text{Cov}\left(u_{1t},\ u_{2t}\right) = 0$。写成矩阵形式是：

$$\begin{bmatrix} y_{1t} \\ y_{2t} \end{bmatrix} = + \begin{bmatrix} \mu_1 \\ \mu_2 \end{bmatrix} + \begin{bmatrix} \pi_{11.1} & \pi_{12.1} \\ \pi_{21.1} & \pi_{22.1} \end{bmatrix} + \begin{bmatrix} y_{1,t-1} \\ y_{2,t-1} \end{bmatrix} + \begin{bmatrix} u_{1t} \\ u_{2t} \end{bmatrix} \tag{7-11}$$

设，$Y_t = \begin{bmatrix} y_{1t} \\ y_{2t} \end{bmatrix}$，$\mu = \begin{bmatrix} \mu_1 \\ \mu_2 \end{bmatrix}$，$\Pi_1 = \begin{bmatrix} \pi_{11.1} & \pi_{12.1} \\ \pi_{21.1} & \pi_{22.1} \end{bmatrix}$，$u_t = \begin{bmatrix} u_{1t} \\ u_{2t} \end{bmatrix}$，则：

$$Y_t = \mu + \Pi_1 Y_{t-1} + u_t \tag{7-12}$$

那么，含有 N 个变量滞后 k 期的 VAR 模型表示如下：

$$Y_t = \mu + \Pi_1 Y_{t-1} + \Pi_2 Y_{t-2} + \cdots + \Pi_k Y_{t-k} + u_t,\ u_t \sim \text{IID}\left(0,\ \Omega\right) \tag{7-13}$$

其中：

$$Y_t = \left(y_{1,t},\ y_{2,t},\ \cdots,\ y_{N,t}\right)'$$

$$\mu = \left(\mu_1,\ \mu_2,\ \cdots,\ \mu_N\right)'$$

$$\Pi_j = \begin{bmatrix} \pi_{11.j} & \pi_{12.j} & \cdots & \pi_{1N.j} \\ \pi_{21.j} & \pi_{22.j} & \cdots & \pi_{2N.j} \\ \vdots & \vdots & \ddots & \vdots \\ \pi_{N1.j} & \pi_{N2.j} & \cdots & \pi_{NN.j} \end{bmatrix}, \; j = 1, 2, \cdots, k \qquad (7-14)$$

$$u_t = (u_{1t}, u_{2,t}, \cdots, u_{Nt})'$$

Y_t 为 $N \times 1$ 阶时间序列列向量。μ 为 $N \times 1$ 阶常数项列向量。Π_1，$\cdots$，Π_k 均为 $N \times N$ 阶参数矩阵，$u_t \sim \text{IID}(0, \Omega)$ 是 $N \times 1$ 阶随机误差列向量，其中每一个元素都是非自相关的，但这些元素，即不同方程对应的随机误差项之间可能存在相关。

因 VAR 模型中每个方程的右侧只含有内生变量的滞后项，他们与 u_t 是不相关的，所以可以用 OLS 法依次估计每一个方程，得到的参数估计量都具有一致性。

由于 VAR 模型不考虑变量滞后期后的经济理论意义，因此建模应考虑变量之间的共生性即变量之间的相互联系，以及滞后期的确定。因此，本书采用 VAR 模型解释贸易、经济增长对环境污染变量形成的影响。

一个 VAR（p）模型的数学形式是：

$$y_t = A_1 y_{t-1} + \cdots + A_p y_{t-p} + B x_t + \varepsilon_t \qquad (7-15)$$

这里 y_t 是一个 k 维的内生变量，x_t 是一个 d 维的外生变量。A_1，$\cdots$，A_p 和 B 是要被估计的系数矩阵。ε_t 是扰动向量，它们相互之间可以是同期相关。

Engle 和 Granger 即 E – G 两步法，将协整理论与 ECM 结合起来，建立了 VAR 模型，并且证明，只要变量之间存在协整关系，就可以由自回归分布滞后模型导出误差修正模型。

7.3.2　数据来源与模型构建

数据来源：1991～2012 年《新疆统计年鉴》数据、《新疆 50 年统计年鉴》以及海关数据等。

样本选取：本书选取了 1990～2011 年的新疆进出口贸易总额代表贸易开放度[①]（IE），单位为亿元；新疆生产总值代表经济增长（GDP），单位为亿元；工业污染指标代替生态环境污染（POL）。其中，生态环境污染（POL）包括四类指标，工业废水（IDWATER），单位为亿吨；工业二氧化硫排放量（ISO_2），单

---

① 虽然在第 5 章已经探讨过贸易开放度与经济增长的关系，为分析验证"贸易—经济增长—生态环境"的逻辑关系，这里仅用贸易总额表示新疆绿洲的开放经济发展水平。同时，采用人均收入指标也较好避免了模型自变量可能存在的自相关问题，将贸易量和人均收入作为外生变量分析对环境污染的冲击强度问题。

位为万吨；工业固体废弃物产生量（ISDUST），单位为万吨；工业废气排放量（IDAIR），单位为亿标立方米。

对于贸易（IE）、经济增长（GDP）以及生态环境污染（POL）可以构建标准型 VAR 模型：

$$Ln(pol_t) = a_{10} + \sum_{i=1}^{p} b_{1i} Ln(pol_{t-i}) + \sum_{i=1}^{p} c_{1i} Ln(ie_{t-i}) + \sum_{i=1}^{p} d_{1i} Ln(GDP_{t-i}) + e_{1t}$$

$$(7-16)$$

其中，e_{1t} 为随机干扰项。

贸易（IE）、经济增长（GDP）以及生态环境污染（POL）三者联合的由一个三变量的 VAR 模型决定，并且让常数成为唯一的外生变量。其中，POL 分别用 IDWATER、ISO_2、ISDUST、IDAIR 四个变量表示。通过 AIC 最小准则，经反复验证，判断出最佳滞后期。

7.3.3 实证分析与检验

在实际建立 VAR 模型之前，必须先检验数据的平稳性，如果数据是平稳的，则可以直接进行最小二乘估计；如果数据是非平稳的，则检验各变量之间是否存在协整关系，以便分析各变量之间的关系。

7.3.3.1 描述性分析

对对数变量进行描述性统计结果如表 7-19 所示：

表 7-19 数据平稳性检验结果

	LOG（IDWATER）	LOG（ISO_2）	LOG（ISDUST）	LOG（IDAIR）	LOG（IE）	LOG（GDP）
Mean	0.641404	3.308851	6.903983	7.933944	5.401331	7.268501
Median	0.61663	3.128546	6.683774	7.667975	5.110622	7.262729
Maximum	1.05779	4.203348	8.560078	9.3816	7.34147	8.796346
Minimum	0.429507	2.752386	5.963579	6.977281	2.996742	5.566205
Std. Dev.	0.16589	0.456728	0.762454	0.6939	1.314397	0.914394
Skewness	0.92093	0.579762	0.718961	0.612441	-0.11392	-0.13528
Kurtosis	3.143618	1.853565	2.46628	2.139036	1.993308	2.121616
Jarque-Bera	3.128652	2.437241	2.156438	2.054795	0.976558	0.774363
Probability	0.209229	0.295638	0.340201	0.357937	0.613682	0.678968
Sum	14.11089	72.79473	151.8876	174.5468	118.8293	159.907
Sum Sq. Dev.	0.577911	4.380619	12.20806	10.11145	36.28045	17.55844

通过表 7 - 19 可以看出，由于正态分布的偏度应该是 0，而工业废水（ID-WATER）的偏度为 0.9209，工业二氧化硫排放量（ISO₂）的偏度为 0.5798，工业固体废弃物产生量（ISDUST）的偏度 0.71896，工业废气排放量的偏度为 0.6124，所以生态污染的四组数据分布向左偏；IE、GDP 的偏度分别为 - 0.1139、- 0.1353，故 IE、GDP 分布向右偏。

7.3.3.2　相关性分析

由于构建 VAR 模型的各变量之间必须具有高度的相关性，因此，首先对各变量进行相关性检验，检验结果如表 7 - 20 所示：

表 7 - 20　各变量间相关系数

	IE	GDP	IDWATER	ISO₂	ISDUST	IDAIR
IE	1	0.89882	0.881261	0.92306	0.822141	0.851549
GDP	0.89882	1	0.984933	0.940226	0.983159	0.99273
IDWATER	0.881261	0.984933	1	0.953149	0.965387	0.981193
ISO₂	0.92306	0.940226	0.953149	1	0.884585	0.922583
ISDUST	0.822141	0.983159	0.965387	0.884585	1	0.986105
IDAIR	0.851549	0.99273	0.981193	0.922583	0.986105	1

从表 7 - 20 可以看出，各变量两两之间高度相关，由此可以判断，各变量可以继续进行 VAR 模型的构建。

7.3.3.3　平稳性检验

为了避免伪回归，继续对序列进行单位根检验。为了消除各变量的量纲，对各变量取对数。检验结果表明 LnIE，LnGDP，LnIDWATER，LnISO₂，LnISDUST，LnIDAIR 的对数序列均为非平稳的。

对序列的一阶差分后，ΔLnIE，ΔLnGDP，ΔLnIDWATER，ΔLnISO₂，ΔLnISDUST，ΔLnIDAIR 是平稳的，检验具体结果如表 7 - 21 所示：

表 7 - 21　变量 ADF 检验结果

变量	ADF 检验值	检验类型 （c，t，n）	临界值（置信水平）			结果 判断
			1%	5%	10%	
LnIE	- 2.40342	(c，t，0)	- 4.467895	- 3.644963	- 3.261452	非平稳
ΔLnIE	- 4.47581	(c，0，0)	- 3.80855	- 3.02069	- 2.65041	平稳
LnGDP	- 1.3083	(c，0，0)	- 3.78803	- 3.01236	- 2.64612	非平稳

变量	ADF 检验值	检验类型 (c, t, n)	临界值（置信水平）			结果判断
			1%	5%	10%	
ΔLnGDP	−3.55859	(c, 0, 0)	−3.80855	−3.02069	−2.65041	平稳
LnIDWATER	−0.83781	(c, 0, 3)	−4.57156	−3.69081	−3.28691	非平稳
ΔLnIDWATER	−5.4895	(c, t, 1)	−4.5326	−3.67362	−3.27736	平稳
$LnISO_2$	−1.02905	(c, t, 1)	−4.49831	−3.65845	−3.26897	非平稳
$ΔLnISO_2$	−2.26419	(0, 0, 1)	−2.69236	−1.96017	−1.60705	平稳
LnISDUST	0.711628	(c, t, 1)	−4.49831	−3.65845	−3.26897	非平稳
ΔLnISDUST	−6.87957	(c, t, 0)	−4.49831	−3.65845	−3.26897	平稳
LnIDAIR	0.101522	(c, t, 0)	−4.4679	−3.64496	−3.26145	非平稳
ΔLnIDAIR	−3.76882	(c, t, 1)	−4.49831	−3.65845	−3.26897	平稳

注：检验类型（c, t, n）中，c 表示带有常数项，t 表示带有趋势项，N 表示所采用的 SICQ 确定的滞后阶数。各对数序列均为非平稳序列，经过一阶差分后，均为平稳序列。

7.3.3.4 协整检验与 VAR 模型分析

由于贸易、经济增长对生态环境的影响可以通过与各变量的长期变化趋势反映出来，因而，分别对贸易、经济增长与生态环境各变量指标之间进行协整分析。

（1）贸易、经济增长与工业废水排放之间的协整检验。根据赤池信息准则（AIC）和施瓦茨准则（SC），确定由 IE、GDP、IDWATER 组成的 VAR 模型的最大滞后期 K 为 3，所以协整选择滞后期为 3。Johansen 检验的结果如表 7 – 22 所示。

表 7 – 22　贸易、经济增长与工业废水排放之间的协整检验结果

原假设	特征值	$λ_{max}$	$λ_{max}$5% 的临界值	结果
r = 0	0.766728	26.19991	21.13162	拒绝
r ≤ 1	0.659778	19.40681	14.2646	拒绝
r ≤ 2	0.317035	6.863606	3.841466	拒绝

检验结构表明贸易、经济增长与工业废水存在 3 个协整关系，存在长期的均衡关系，误差修正模型为：

$$ecm_t = Ln(IDWATER_{t-1}) + 0.615Ln(IE_{t-1}) + 0.735Ln(GDP_{t-1}) - 2.632$$

$$(7 - 17)$$

$$-0.26667 \qquad -0.42448$$

$$[-2.30774] \qquad [1.73256]$$

从协整结果可以看出各变量中，经济增长对工业废水排放波动的影响较大，经济增长上升 1 个百分点则会引起工业废水排放增加 0.735 个百分点；进出口贸易对工业废水排放也有较大的影响，进出口贸易额增加 1 个百分点，则工业废水排放量增加 0.615 个百分点，如表 7 - 23 所示。

表 7 - 23　贸易、经济增长与工业废水排放之间的 VAR 模型估计结果

	LOG（IDWATER）	LOG（IE）	LOG（GDP）
LOG［IDWATER（-1）］	0.557281	-0.34282	-0.09936
	-0.30635	-1.27079	-0.32955
	[1.81910]	[-0.26977]	[-0.30151]
LOG［IDWATER（-2）］	0.037814	1.158096	0.65971
	-0.31349	-1.30042	-0.33723
	[0.12062]	[0.89055]	[1.95626]
LOG［IDWATER（-3）］	-0.00177	-1.65773	-0.40691
	-0.34524	-1.4321	-0.37138
	[-0.00513]	[-1.15755]	[-1.09569]
LOG［IE（-1）］	0.016327	0.27742	-0.11962
	-0.12178	-0.50516	-0.131
	[0.13407]	[0.54917]	[-0.91312]
LOG［IE（-2）］	0.208727	-0.09904	0.105293
	-0.15696	-0.65111	-0.16885
	[1.32978]	[-0.15211]	[0.62360]
LOG［IE（-3）］	0.062629	-0.12994	-0.11998
	-0.15526	-0.64406	-0.16702
	[0.40337]	[-0.20174]	[-0.71834]
LOG［GDP（-1）］	0.603128	2.459767	1.660532
	-0.50339	-2.08814	-0.5415
	[1.19814]	[1.17797]	[3.06652]
LOG［GDP（-2）］	-1.5308	-0.19997	-0.69229
	-0.83259	-3.45373	-0.89563
	[-1.83860]	[-0.05790]	[-0.77296]
LOG［GDP（-3）］	0.578181	-0.79113	0.204445
	-0.55823	-2.31563	-0.6005
	[1.03574]	[-0.34165]	[0.34046]

续表

	LOG（IDWATER）	LOG（IE）	LOG（GDP）
	1.271117	-5.18405	-0.54846
C	-1.7075	-7.08301	-1.83679
	[0.74443]	[-0.73190]	[-0.29860]
R-squared	0.914127	0.963229	0.99484
Adj. R-squared	0.828253	0.926458	0.989681
Sum sq. resids	0.044171	0.76006	0.051113
S. E. equation	0.070056	0.290605	0.075361
F-statistic	10.64505	26.19521	192.8156
Log likelihood	30.64941	3.618741	29.26264
Akaike AIC	-2.17362	0.671711	-2.02765
Schwarz SC	-1.67655	1.168785	-1.53057
Mean dependent	0.659687	5.733116	7.501408
S. D. dependent	0.169045	1.071603	0.741863
Determinant resid covariance (dof adj.)		5.88E-07	
Determinant resid covariance		6.25E-08	
Log likelihood		76.71042	
Akaike information criterion		-4.91689	
Schwarz criterion		-3.42567	

从以上回归结果中可以写出标准型的 VAR 模型的估计结果为：

$Ln(IDWATER_t) = 1.2711 + 0.5572Ln(IDWATER_{t-1}) + 0.0378Ln(IDWATER_{t-2})$
$- 0.0018Ln(IDWATER_{t-3}) + 0.01631log(IE_{t-1}) + 0.2087Ln(IE_{t-2}) + 0.0626$
$Ln(IE_{t-3}) + 0.6031Ln(GDP_{t-1}) - 1.5308Ln(GDP_{t-2}) + 0.5781Ln(GDP_{t-3}) + e_{1t}$

$$(7-18)$$

（2）贸易、经济增长与工业二氧化硫排放之间的协整检验。根据赤池信息准则（AIC）和施瓦茨准则（SC），确定由 IE、GDP、ISO_2 组成的 VAR 模型的最大滞后期 K 为 2，所以协整选择滞后期为 2，如表 7-24 所示。

表 7-24 贸易、经济增长与工业二氧化硫排放之间的协整检验结果

原假设	特征值	λ_{max}	λ_{max}5% 的临界值	结果
r=0	0.89275	40.1866	21.13162	拒绝
r≤1	0.571223	15.24273	14.2646	拒绝
r≤2	0.178518	3.539615	3.841466	接受

协整检验结果表明贸易、经济增长与工业二氧化硫存在 2 个协整关系，存在长期的均衡关系，误差修正模型为：

$$vecm_t = Ln(ISO_{2t-1}) + 1.438Ln(IE_{t-1}) + 1.587Ln(GDP_{t-1}) - 6.98 \quad (7-19)$$
$$-0.3303 \qquad\qquad -0.52286$$
$$[-4.35364] \qquad\qquad [3.03472]$$

从协整结果可以看出各变量中，经济增长对工业二氧化硫排放波动的影响较大，经济增长上升 1 个百分点则会引起工业二氧化硫排放增加 1.587 个百分点；进出口贸易对工业二氧化硫排放也有较大的影响，进出口贸易额增加 1 个百分点，则工业二氧化硫排放增加 1.438 个百分点，如表 7-25 所示。

表 7-25　贸易、经济增长与工业二氧化硫排放之间 VAR 模型估计结果

	LOG（ISO$_2$）	LOG（IE）	LOG（GDP）
LOG［ISO$_2$（-1）］	0.633741	0.483362	0.093797
	-0.24075	-0.30733	-0.07441
	[2.63237]	[1.57278]	[1.26058]
LOG［ISO$_2$（-2）］	0.260472	0.00235	0.11384
	-0.24897	-0.31782	-0.07695
	[1.04621]	[0.00739]	[1.47945]
LOG［IE（-1）］	0.123303	0.545145	-0.03687
	-0.25915	-0.33082	-0.0801
	[0.47579]	[1.64785]	[-0.46036]
LOG［IE（-2）］	-0.40126	-0.44773	-0.07793
	-0.29274	-0.37369	-0.09047
	[-1.37074]	[-1.19813]	[-0.86136]
LOG［GDP（-1）］	0.804477	0.176466	0.866729
	-1.02986	-1.31468	-0.3183
	[0.78115]	[0.13423]	[2.72302]
LOG［GDP（-2）］	-0.26016	0.882193	0.209817
	-0.96863	-1.23651	-0.29937
	[-0.26859]	[0.71345]	[0.70086]
C	-2.15367	-4.15653	-0.44574
	-1.89164	-2.41478	-0.58464
	[-1.13852]	[-1.72128]	[-0.76242]
R-squared	0.874354	0.966739	0.996029

	LOG（ISO_2）	LOG（IE）	LOG（GDP）
Adj. R-squared	0.816363	0.951387	0.994196
Sum sq. resids	0.501175	0.816711	0.047873
S. E. equation	0.196346	0.250647	0.060684
F-statistic	15.0775	62.97392	543.4653
Log likelihood	8.486546	3.603247	31.97052
Akaike AIC	−0.14866	0.339675	−2.49705
Schwarz SC	0.199852	0.688182	−2.14855
Mean dependent	3.348022	5.632012	7.426199
S. D. dependent	0.458187	1.136808	0.79657
Determinant resid covariance (dof adj.)		4.87E-06	
Determinant resid covariance		1.34E-06	
Log likelihood		50.12107	
Akaike information criterion		−2.91211	
Schwarz criterion		−1.86659	

从以上回归结果中可以写出标准型的 VAR 模型的估计结果为：

$$Ln(ISO_{2t}) = -2.1537 + 0.6337Ln(ISO_{2t-1}) + 0.2605Ln(ISO_{2t-2}) + 0.1233$$
$$\log(IE_{t-1}) - 0.4015Ln(IE_{t-2}) + 0.8045Ln(GDP_{t-1}) - 0.2601Ln(GDP_{t-2}) + e_{1t}$$

$$(7-20)$$

（3）贸易、经济增长与工业固体废弃物产生量之间的协整检验。根据赤池信息准则（AIC）和施瓦茨准则（SC），确定由 IE、GDP、ISDUST 组成的 VAR 模型的最大滞后期 K 为 3，所以协整选择滞后期为 3。Johansen 检验的结果，如表 7 – 26 所示。

表 7 – 26　贸易、经济增长与工业固体废弃物产生量之间协整检验结果

原假设	特征值	λ_{max}	λ_{max}5% 的临界值	结果
r = 0	0.783976	27.58256	21.13162	拒绝
r ≤ 1	0.627705	17.78525	14.2646	拒绝
r ≤ 2	0.399787	9.188458	3.841466	拒绝

协整检验结果表明，贸易、经济增长与工业固体废弃物存在 3 个协整方程，

存在长期的均衡关系，误差修正模型为：

$$\text{vecm}_t = \text{Ln}\,(\text{ISDUST}_{t-1}) + 0.131\text{Ln}\,(\text{IE}_{t-1}) + 0.925\text{Ln}\,(\text{GDP}_{t-1}) - 0.832 \tag{7-21}$$

$$-0.24988 \qquad\qquad -0.39685$$
$$[0.52407] \qquad\qquad [-2.32995]$$

从上述各变量之间的协整结果可以看出各变量中，经济增长对工业固体废弃物产生量波动的影响较大，经济增长上升1个百分点则会引起工业固体废弃物产生量增加0.925个百分点；进出口贸易对工业固体废弃物产生量影响较小，进出口贸易额增加1个百分点，则工业固体废弃物增加0.131个百分点，如表7-27所示。

表7-27 贸易、经济增长与工业固体废弃物之间 VAR 模型估计结果

	LOG（ISDUST）	LOG（IE）	LOG（GDP）
LOG［ISDUST（-1）］	0.264199	0.654469	0.117711
	-0.3311	-0.79626	-0.20441
	[0.79793]	[0.82192]	[0.57586]
LOG［ISDUST（-2）］	0.595394	-0.58643	-0.03374
	-0.2858	-0.68732	-0.17644
	[2.08324]	[-0.85322]	[-0.19122]
LOG［ISDUST（-3）］	0.175689	0.159918	0.203713
	-0.36455	-0.8767	-0.22506
	[0.48193]	[0.18241]	[0.90516]
LOG［IE（-1）］	-0.1226	0.537745	0.00984
	-0.19662	-0.47284	-0.12138
	[-0.62357]	[1.13727]	[0.08106]
LOG［IE（-2）］	0.056519	-0.5	0.008638
	-0.23169	-0.55718	-0.14303
	[0.24395]	[-0.89738]	[0.06039]
LOG［IE（-3）］	0.092761	-0.36108	-0.09622
	-0.21533	-0.51784	-0.13293
	[0.43079]	[-0.69728]	[-0.72383]
LOG［GDP（-1）］	0.94485	0.927614	0.946881
	-0.76976	-1.85117	-0.47521
	[1.22747]	[0.50109]	[1.99254]
LOG［GDP（-2）］	0.108379	2.424061	-0.03392

续表

	LOG（ISDUST）	LOG（IE）	LOG（GDP）
LOG［GDP（-2）］	-1.04995	-2.525	-0.64819
	［0.10322］	［0.96003］	［-0.05233］
LOG［GDP（-3）］	-0.94105	-1.55955	-0.01301
	-0.78683	-1.89223	-0.48575
	［-1.19600］	［-0.82419］	［-0.02679］
C	-1.18404	-7.61433	-0.6781
	-2.33839	-5.62356	-1.44362
	［-0.50635］	［-1.35401］	［-0.46972］
R-squared	0.985515	0.961984	0.994773
Adj. R-squared	0.971029	0.923969	0.989546
Sum sq. resids	0.135867	0.78578	0.051783
S. E. equation	0.122867	0.295481	0.075853
F-statistic	68.0353	25.30505	190.3097
Log likelihood	19.97509	3.302583	29.13901
Akaike AIC	-1.05001	0.704991	-2.01463
Schwarz SC	-0.55294	1.202064	-1.51756
Mean dependent	7.04635	5.733116	7.501408
S. D. dependent	0.721865	1.071603	0.741863
Determinant resid covariance（dof adj.）		1.77E-06	
Determinant resid covariance		1.88E-07	
Log likelihood		66.26487	
Akaike information criterion		-3.81735	
Schwarz criterion		-2.32614	

从以上回归结果中可以写出标准型的 VAR 模型的估计结果为：

$Ln(ISDUST_t) = -1.18404 + 0.2642Ln(ISDUST_{t-1}) + 0.5954Ln(ISDUST_{t-2}) + 0.1757 Ln(ISDUST_{t-3}) - 0.1226log(IE_{t-1}) + 0.0565Ln(IE_{t-2}) + 0.0928Ln(IE_{t-3}) + 0.9448Ln(GDP_{t-1}) + 0.1084Ln(GDP_{t-2}) - 0.9411Ln(GDP_{t-3}) + e_{1t}$ （7-22）

（4）贸易、经济增长与工业废气排放之间的协整检验。根据赤池信息准则（AIC）和施瓦茨准则（SC），确定由 IE、GDP、IDAIR 组成的 VAR 模型的最大滞后期 K 为 3，所以协整选择滞后期为 3。Johansen 检验的结果如表 7-28 所示。

表 7 - 28　贸易、经济增长与工业废气排放之间的协整检验结果

原假设	特征值	λ_{max}	λ_{max} 5% 的临界值	结果
r = 0	0.893061	40.23902	21.13162	拒绝
r ≤ 1	0.520636	13.23533	14.2646	接受
r ≤ 2	0.473482	11.54646	3.841466	拒绝

结果表明，变量存在 1 个协整关系，各序列之间存在长期的均衡关系，误差修正模型为：

$$\text{vecm}_t = \text{Ln}(\text{IDAIR}_{t-1}) + 0.67\text{Ln}(\text{IE}_{t-1}) + 0.072\text{Ln}(\text{GDP}_{t-1}) - 4.73 \qquad (7-23)$$
$$\qquad\qquad -0.35378 \qquad\qquad -0.58401$$
$$\qquad\qquad [-1.89511] \qquad\qquad [0.12253]$$

从协整结果可以看出各变量中，进出口贸易对工业废气排放量波动的影响较大，进出口贸易额上升 1 个百分点则会引起工业废气排放量增加 0.67 个百分点；经济增长对废气排放量的影响较小，经济增长上升 1 个百分点，工业废气排放量减少 0.072 个百分点，如表 7 - 29 所示。

表 7 - 29　贸易、经济增长与工业废气排放之间的 VAR 模型估计结果

	LOG [IDAIR]	LOG (IE)	LOG (GDP)
	1.063757	0.999611	0.099317
LOG [IDAIR (-1)]	-0.29842	-0.79339	-0.19675
	[3.56466]	[1.25992]	[0.50480]
	0.023522	-0.27785	0.19899
LOG [IDAIR (-2)]	-0.35196	-0.93574	-0.23205
	[0.06683]	[-0.29693]	[0.85754]
	-0.11867	0.691012	-0.02477
LOG [IE (-1)]	-0.12688	-0.33734	-0.08366
	[-0.93525]	[2.04841]	[-0.29604]
	-0.02389	-0.31935	-0.03837
LOG [IE (-2)]	-0.12646	-0.33621	-0.08338
	[-0.18888]	[-0.94984]	[-0.46025]
	0.384493	-1.02503	0.704375
LOG [GDP (-1)]	-0.55759	-1.48244	-0.36762
	[0.68956]	[-0.69145]	[1.91604]
	-0.17258	1.3145	0.16466
LOG [GDP (-2)]	-0.45369	-1.20621	-0.29912

续表

	LOG（IDAIR）	LOG（IE）	LOG（GDP）
LOG［GDP（-2）］	［-0.38038］	［1.08978］	［0.55048］
C	-1.37587	-4.09557	-0.87604
	-1.15358	-3.06697	-0.76056
	［-1.19270］	［-1.33538］	［-1.15184］
R - squared	0.987557	0.969795	0.996217
Adj. R - squared	0.981815	0.955854	0.994471
Sum sq. resids	0.104926	0.74166	0.045609
S. E. equation	0.08984	0.238853	0.059232
F - statistic	171.9667	69.5657	570.552
Log likelihood	24.1236	4.56719	32.45502
Akaike AIC	-1.71236	0.243281	-2.5455
Schwarz SC	-1.36385	0.591787	-2.197
Mean dependent	8.0209	5.632012	7.426199
S. D. dependent	0.666206	1.136808	0.79657
Determinant resid covariance（dof adj.）		7.67E-07	
Determinant resid covariance		2.11E-07	
Log likelihood		68.58904	
Akaike information criterion		-4.7589	
Schwarz criterion		-3.71339	

从以上回归结果中可以写出标准型的 VAR 模型的估计结果为：

$$Ln（IDAIR_t） = -1.3759 + 1.0638Ln（IDAIR_{t-1}） + 0.0235Ln（IDAIR_{t-2}） -$$
$$0.1187log（IE_{t-1}） - 0.0239Ln（IE_{t-2}） + 0.3845Ln（GDP_{t-1}） - 0.1726Ln（GDP_{t-2}） + e_{1t}$$

$$(7-24)$$

7.3.3.5　因果关系检验

Granger 因果检验主要是用来检验一个内生变量是否可以作为外生变量来对待。通过协整检验表明，贸易、经济增长与生态环境各变量指标之间均存在长期稳定的均衡关系，因此，可以继续深入进行 Granger 因果关系检验，检验结果如表 7-30 所示：

表 7-30　变量 Granger 因果关系检验结果

原假设	F 统计值	P 概率	结果判断	因果关系
IDWATER 不是 IE 的格兰杰原因	2.29267	0.1353	接受	不存在
IE 不是 IDWATER 的格兰杰原因	0.2932	0.75	接受	

原假设	F 统计值	P 概率	结果判断	因果关系
IDWATER 不是 GDP 的格兰杰原因	4.63478	0.0271	拒绝	单向因果
IDWATER 不是 GDP 的格兰杰原因	0.6798	0.5217	接受	
IE 不是 ISO_2 的格兰杰原因	1.03241	0.3801	接受	不存在
ISO_2 不是 IE 的格兰杰原因	1.9656	0.1745	接受	
GDP 不是 ISO_2 的格兰杰原因	4.56433	0.0283	拒绝	单向因果
ISO_2 不是 GDP 的格兰杰原因	0.26292	0.7723	接受	
IE 不是 ISDUST 的格兰杰原因	0.02831	0.9721	接受	单向因果
ISDUST 不是 IE 的格兰杰原因	4.35374	0.0323	拒绝	
GDP 不是 ISDUST 的格兰杰原因	1.18306	0.3334	接受	单向因果
ISDUST 不是 GDP 的格兰杰原因	4.67808	0.0264	拒绝	
IE 不是 IDAIR 的格兰杰原因	7.15959	0.0066	拒绝	双向因果
IDAIR 不是 IE 的格兰杰原因	7.74156	0.0049	拒绝	
GDP 不是 IDAIR 的格兰杰原因	2.78722	0.0935	拒绝	双向因果
IDAIR 不是 GDP 的格兰杰原因	20.7897	0.00	拒绝	

从表 7-30 可以看出，经济增长是引起工业废水增加的格兰杰原因，但不是贸易的原因；工业 SO_2 排放不是贸易的格兰杰原因，而经济增长是 SO_2 排放增加的原因；工业固体废弃物产生量不是贸易、经济增长的格兰杰原因，贸易、经济增长是工业固体废弃物的格兰杰原因；工业废气排放与贸易、经济增长互为格兰杰因果关系。

上述分析，表明新疆贸易发展是经济增长的重要影响因素，同时，经济增长带来环境污染的增加，污染增加的原因是粗放式扩大生产，以消耗资源为主要途径，这种高能耗短期内又能带动 GDP 上升，即采取的是"边发展，边污染"的经济发展模式。

7.4 分行业规模以上工业行业增加值对环境污染的影响——基于面板数据

7.4.1 面板数据方法简介

面板数据，即 Panel Data，也叫"平行数据"，是指在时间序列的基础上，联立多个截面数据。其有时间序列和截面两个维度，当这类数据按两个维度排列时，是排在一个平面上，与只有一个维度的数据排在一条线上有着明显的不同，整个表格像是一个面板，所以把 Panel Data 译作"面板数据"。但是，如果从其内在含义上讲，把 Panel Data 译为"时间序列—截面数据"更能揭示这类数据的本质上的特点。面板数据分析方法是最近几十年来发展起来的新的统计方法，面板数据可以克服时间序列分析受多重共线性的困扰，能够提供更多的信息、更多的变化、更少共线性、更多的自由度和更高的估计效率，而面板数据的单位根检验和协整分析是当前最前沿的领域之一。本部分运用面板数据的单位根检验与协整检验来考察工业增加值（近似反映工业经济的增长）、环境污染与贸易（出口交货值）之间的长期关系，然后建立计量模型来量化它们之间的内在联系。

7.4.2　数据来源与说明

本书的数据主要来源于《新疆统计年鉴》（2007～2012 年）的分行业的工业行业的工业总产值（当年价格）、工业增加值、出口交货值①，以及统计年鉴中的工业按行业重点调查工业企业废弃及污染情况（包括工业废气排放量、工业二氧化硫排放量、工业氮氧化物排放量、工业烟粉尘排放量——用以反映工业增长与大气污染的关系分析）。工业按行业重点调查工业企业废水及排污物排放情况（包括工业废水排放量、工业废水中化学需氧量排放量、工业废水中氨氮排放量——用以反映工业增长与水环境污染关系）。此外，根据工业按行业重点调查一般工业企业固体废弃物产生量的数据，分析了工业增长与固体废弃物排放的关系，用分行业的工业增加值反映分行业工业增长情况。

需要进一步说明的是，本部分研究的新疆对外贸易工业制成品贸易额的数据运用是以工业企业的出口交货值来代替的，以近似地反映实际的工业品出口贸易额与环境污染的关系。由于《新疆统计年鉴》口径不同，相同的工业企业分类目前的数据只有 2006～2011 年，受数据样本数量所限，精密度和准确度稍差。根据统计年鉴资料显示，规模以上工业企业排放废水、废气、废物各有不同。详细数据如表 7 – 31 至表 7 – 43 所示②。

---

① 指企业生产的交给外贸部门或自营（委托）出口（包括销往中国香港、中国澳门、中国台湾），用外汇价格结算的批量销售，在国内或在边境批量出口等的产品价值，还包括外商来样、来料加工、来件装配和补偿贸易等生产的产品价值。在计算出口交货值时，要把外汇价格按交易时的汇率折合成人民币。其余外贸出口总值主要有报告期不同、统计范围、计算方法和价格不同。本书研究中，将其视为新疆本地产的工业制品的出口，具有一定的参考意义。

② 表中行业分类按《新疆统计年鉴》（2007～2012 年）统计划分，其中"其他行业"数值为整理计算得出。需要说明的是由于数据收集整理过程较为庞杂，仅列出废气排放情况，对工业废弃物的数据不予列出。

表 7 - 31　2011 年按行业分规模以上工业企业主要经济指标

单位：万元

	工业总产值	工业增加值	工业销售产值	出口交货值
总　　计	67208461.8	25635749.7	65996909.7	704655.1
煤炭开采和洗选业	1891207.7	1125752.9	1888320.7	0
黑色金属矿采选业	1043029.9	493050.7	979981.0	0
有色金属矿采选业	567792.1	417964.0	528371.4	0
农副食品加工业	2689141.9	407736.7	2578321.6	20756.1
食品制造业	1145998.6	228323.5	1071819.3	208711.1
纺织业	1217671.9	259999.1	1157568.3	68220.4
化学原料及化学制品制造业	4548905.2	1382059.8	4342820.3	156035.6
非金属矿物制品业	2715796.3	811437.1	2615885.6	15609.9
黑色金属冶炼及压延加工业	6795822.6	868133.9	6709361.5	19073.8
电力、热力的生产和供应业	4593579.5	1769022.4	4579646.6	0
其他行业	39999516.1	17872269.6	39544813.4	216248.2

表 7 - 32　2011 年分行业重点调查企业工业企业废水污染物排放情况

行　　业	工业废水排放量 （万吨）	工业废水中化学需氧量排放量 （吨）	工业废水中氨氮排放量 （吨）	工业废水排放达标量 （万吨）
合　　计	30056.71	277332.00	5856.00	21206.06
煤炭开采和洗选业	1212.87	2984.00	184.00	1186.27
石油和天然气开采业	1382.17	1689.00	220.00	1363.38
农副食品加工业	1233.49	27368.00	319.00	182.47
食品制造业	733.72	3886.00	192.00	262.17
饮料制造业	207.24	1845.00	43.00	89.90
纺织业	304.95	1975.00	26.00	227.91
造纸及纸制品业	2033.92	60004.00	439.00	1101.15
化学原料及化学制品制造业	1453.62	2186.00	346.00	1031.49
化学纤维制造业	1640.80	32412.00	85.00	1080.80
黑色金属冶炼及压延加工业	2282.70	2517.00	668.00	2007.20
其他行业	17571.23	140466.00	3334.00	12673.32

表7-33　2010年按行业分规模以上工业企业主要经济指标

单位：万元

	工业总产值	工业增加值	工业销售产值	出口交货值
总　计	53419038.40	21201273.90	52266596.10	541927.50
煤炭开采和洗选业	1504627.90	854683.90	1381438.40	0
黑色金属矿采选业	877567.90	404838.20	854648.60	0
有色金属矿采选业	460091.10	344572.60	446079.30	0
农副食品加工业	2371733.40	398731.80	2183155.40	44954.50
食品制造业	1103349.20	215914.20	975718.90	200073.40
纺织业	1204723.90	298142.20	1195560.10	31966.60
化学原料及化学制品制造业	3166536.60	962675.90	3076593.70	116695.40
非金属矿物制品业	2051822.00	624317.10	1978114.20	9607.00
黑色金属冶炼及压延加工业	5531476.40	760012.00	5455418.70	24958.00
电力、热力的生产和供应业	3385869.00	1379323.00	3378539.60	0
其他行业	31761241.00	14958063.00	31341329.20	113672.60

表7-34　2010年分行业重点调查企业工业企业废水污染物排放情况

行　业	工业废水排放量（万吨）	工业废水中化学需氧量排放量（吨）	工业废水中氨氮排放量（吨）	工业废水排放达标量（万吨）
合　计	22286.85	135028.51	5593.92	14138.08
煤炭开采和洗选业	1503.41	21214.53	454.34	589.04
石油和天然气开采业	2205.74	13027.68	777.79	924.51
农副食品加工业	475.03	15423.64	154.13	208.92
食品制造业	952.10	6685.36	179.86	240.74
饮料制造业	1593.68	5456.86	80.35	1156.61
纺织业	2002.10	2039.83	473.51	1965.22
造纸及纸制品业	2399.87	2967.08	1969.46	1029.98
化学原料及化学制品制造业	3380.20	61477.61	617.86	2345.51
化学纤维制造业	2188.58	1671.95	702.29	1727.28
黑色金属冶炼及压延加工业	1703.39	934.13	38.14	1470.21
其他行业	3882.75	4129.84	146.19	2480.06

表 7 – 35　2009 年按行业分规模以上工业企业主要经济指标

单位：万元

	工业总产值	工业增加值	工业销售产值	出口交货值
总　计	40011200.50	14982299.30	38239985.90	395111.40
煤炭开采和洗选业	1767111.20	265639.00	1662880.60	33252.80
黑色金属矿采选业	904873.20	230357.60	710705.50	179248.40
有色金属矿采选业	480823.30	178430.10	443286.00	2252.50
农副食品加工业	775562.40	162813.70	776697.70	39495.70
食品制造业	144535.60	40785.90	140829.00	0
纺织业	8597993.80	2531343.10	8477611.40	0
化学原料及化学制品制造业	2436269.90	580089.10	2326860.70	34373.30
非金属矿物制品业	700098.60	166847.10	644224.90	1710.00
黑色金属冶炼及压延加工业	3811228.70	377590.60	3626040.20	7884.60
电力、热力的生产和供应业	2824490.10	1067340.60	2813749.10	0
其他行业	17568213.70	9381062.50	16617100.80	96894.10

表 7 – 36　2009 年分行业重点调查企业工业企业废水污染物排放情况

行　　业	工业废水排放量（万吨）	工业废水中化学需氧量排放量（吨）	工业废水中氨氮排放量（吨）	工业废水排放达标量（万吨）
合　计	21651.45	136233.11	5218.04	15231.99
煤炭开采和洗选业	1579.25	31867.63	464.98	372.08
石油和天然气开采业	2114.53	9323.31	549.05	858.51
农副食品加工业	357.96	6920.15	56.08	276.15
食品制造业	986.28	1474.18	24.27	233.52
饮料制造业	1368.15	23632.02	985.64	1011.75
纺织业	1588.71	1476.79	219.14	1574.07
造纸及纸制品业	2020.35	2013.58	466.24	1525.63
化学原料及化学制品制造业	3530.93	50467.95	1271.67	2472.79
化学纤维制造业	1752.83	4129.8	915.76	1710.38
黑色金属冶炼及压延加工业	2168.11	585.28	28.93	1592.27
其他行业	4184.35	4342.42	236.34	3604.83

表 7-37 2008 年按行业分规模以上工业企业主要经济指标

单位：万元

	工业总产值	工业增加值	工业销售产值	出口交货值
总 计	42760469.20	14051100.00	41800237.90	713766.20
煤炭开采和洗选业	935456.50	561273.90	924688.00	0
黑色金属矿采选业	719870.20	162158.09	671524.80	0
有色金属矿采选业	369971.40	277478.55	361112.00	0
农副食品加工业	1611197.60	322239.52	1560428.80	36945.70
食品制造业	728975.40	218692.62	720776.50	216182.30
纺织业	866001.40	242480.39	843207.60	76121.40
化学原料及化学制品制造业	2064767.90	619430.37	1993436.00	144069.20
非金属矿物制品业	1161941.20	406679.42	1119944.90	33387.70
黑色金属冶炼及压延加工业	4067096.10	813419.22	3977664.20	31168.10
电力、热力的生产和供应业	2420544.80	484108.96	2393934.00	0
其他行业	27814646.70	9943138.96	27233521.10	175891.80

表 7-38 2008 年分行业重点调查企业工业企业废水污染物排放情况

行 业	工业废水排放量（万吨）	工业废水中化学需氧量排放量（吨）	工业废水中氨氮排放量（吨）	工业废水排放达标量（万吨）
合 计	18971.81	145083.17	3961.45	13788.54
煤炭开采和洗选业	1761.53	39335.60	560.02	692.85
石油和天然气开采业	1398.11	8160.97	433.31	377.51
农副食品加工业	279.78	4601.89	62.59	116.97
食品制造业	365.03	618.94	35.44	300.16
饮料制造业	1620.52	38922.39	314.33	751.06
纺织业	1523.57	1548.48	148.44	1518.41
造纸及纸制品业	1664.21	2212.85	166.73	1184.55
化学原料及化学制品制造业	2530.95	40003.83	470.80	1869.69
化学纤维制造业	1864.74	2352.08	875.99	1855.29
黑色金属冶炼及压延加工业	1716.43	746.42	40.83	1515.04
其他行业	4246.94	6579.73	852.97	3607.01

表 7 – 39　2007 年按行业分规模以上工业企业主要经济指标

单位：万元

	工业总产值	工业增加值	工业销售产值	出口交货值
总　计	32966068.90	13966779.40	32779858.80	615858.60
煤炭开采和洗选业	542505.50	323220.20	650519.30	0
黑色金属矿采选业	366534.80	133025.50	353592.20	0
有色金属矿采选业	441281.20	347177.70	451023.30	0
农副食品加工业	1254868.20	257782.40	1202245.60	9093.30
食品制造业	544893.30	146981.10	546037.90	174017.40
纺织业	1343950.60	338525.80	1277593.50	56045.20
化学原料及化学制品制造业	1358330.00	410731.60	1326577.30	87809.50
非金属矿物制品业	850989.50	269413.60	833322.20	53539.30
黑色金属冶炼及压延加工业	2354188.70	469196.90	2367396.10	79563.10
电力、热力的生产和供应业	1808364.50	729896.10	1801060.40	0
其他行业	22100162.60	10540828.50	21970491.00	155790.80

表 7 – 40　2007 年分行业重点调查企业工业企业废水污染物排放情况

行　业	工业废水排放量（万吨）	工业废水中化学需氧量排放量（吨）	工业废水中氨氮排放量（吨）	工业废水排放达标量（万吨）
合　计	30056.71	277332	5856	21206.06
煤炭开采和洗选业	1212.87	2984	184	1186.27
石油和天然气开采业	1382.17	1689	220	1363.38
农副食品加工业	1233.49	27368	319	182.47
食品制造业	733.72	3886	192	262.17
饮料制造业	207.24	1845	43	89.90
纺织业	304.95	1975	26	227.91
造纸及纸制品业	2033.92	60004	439	1101.15
化学原料及化学制品制造业	1453.62	2186	346	1031.49
化学纤维制造业	1640.80	32412	85	1080.80
黑色金属冶炼及压延加工业	2282.70	2517	668	2007.20
其他行业	17571.23	140466	3334	12673.32

表 7-41 2006 年按行业分规模以上工业企业主要经济指标

单位：万元

	工业总产值	工业增加值	工业销售产值	出口交货值
总　计	26835526.20	11599067.00	26506173.30	353670.20
煤炭开采和洗选业	414146.10	259591.30	414318.60	169.30
黑色金属矿采选业	233644.50	76160.10	224354.50	0
有色金属矿采选业	328300.80	248696.70	317230.60	0
农副食品加工业	911883.90	190627.30	879541.00	15306.30
食品制造业	388211.60	105898.90	397518.40	71633.90
纺织业	727388.80	162275.60	716207.20	28171.50
化学原料及化学制品制造业	829668.80	257743.20	798094.10	25887.30
非金属矿物制品业	634406.90	208093.90	602809.10	12399.70
黑色金属冶炼及压延加工业	1676027.20	205592.70	1623127.90	25299.10
电力、热力的生产和供应业	1417973.40	573424.60	1418752.90	0
其他行业	19273874.20	9310962.70	19114219.00	174803.10

表 7-42 2006 年分行业重点调查企业工业企业废水污染物排放情况

行　业	工业废水排放量（万吨）	工业废水中化学需氧量排放量（吨）	工业废水中氨氮排放量（吨）	工业废水排放达标量（万吨）
合　计	18100.12	153239.00	4234.00	11792.35
煤炭开采和洗选业	807.86	28904.00	764.00	114.61
石油和天然气开采业	989.01	3176.00	248.00	451.50
农副食品加工业	361.02	1003.00	14.00	124.23
食品制造业	537.29	2253.00	24.00	352.34
饮料制造业	2764.79	74289.00	587.00	1567.02
纺织业	2014.61	1411.00	408.00	1958.48
造纸及纸制品业	888.42	3856.00	648.00	814.56
化学原料及化学制品制造业	1798.60	24637.00	566.00	287.60
化学纤维制造业	110.38	2495.00	638.00	103.97
黑色金属冶炼及压延加工业	2407.37	368.00	0	2310.97
其他行业	5420.77	10846.00	337.00	3707.07

此外，考虑到分行业表示较为复杂，为便于在 Eviews 6.0 中解释面板数据，现将分行业与指标予以符号化表示，如表 7－43 所示：

表 7－43　分行业与指标的符号表示

	变量	本章采用符号
1	造纸及纸制品业	ZZZ
2	黑色金属矿采选业	HSC
3	有色金属矿采选业	YSC
4	农副食品加工业	NFJ
5	食品制造业	SPZ
6	纺织业	FZY
7	化学原料及化学制品制造业	HXY
8	非金属矿物制品业	FJS
9	黑色金属冶炼及压延加工业	HYL
10	电力、热力的生产和供应业	DLR
11	其他行业	QTH
12	工业增加值	ZJZ
13	工业废气	FQ

7.4.3　按行业分规模以上工业企业与废气排放污染关系实证分析

根据上述数据，将 2006～2011 年数据归纳整理，运用 Eviews 6.0 建立面板数据，进行实证检验分析。

7.4.3.1　模型形式设定检验

建立适合的模型，对数据模型检验具有重要的意义，错误的模型形式将导致模型偏差。对面板数据而言，建立混合回归、变截距还是变系数模型，主要运用协方差检验。

$$F_2 = \frac{(S_3 - S_1)/[(N-1)(K+1)]}{S_1/[NT - N(K+1)]} \sim F[(N-1)(K+1), NT - N(K+1)]$$

$$(7-25)$$

$$F_2 = \frac{(S_2 - S_1)/[(N-1)K]}{S_1/[NT - N(K+1)]} \sim F[(N-1)K, NT - N(K+1)] \quad (7-26)$$

（1）计算变系数的回归残差 S_1，根据表 7－44，固定效应变系数模型估计 $S_1 = 4604574.0000$。

表7-44　面板数据的固定效应变系数模型估计结果

Variable	Coefficient	Std. Error	t-Statistic	Prob.
C	461.3509	68.3769	6.7472	0.0000
_ HSC—ZJZ_ HSC	0.1486	0.3431	0.4331	0.6670
_ YSC—ZJZ_ YSC	0.0050	1.0576	0.0047	0.9963
_ NFJ—ZJZ_ NFJ	-0.0157	0.1273	-0.1236	0.9022
_ ZZZ—ZJZ_ ZZZ	-0.0590	1.9399	-0.0304	0.9759
_ SYJ—ZJZ_ SYJ	0.0428	0.0209	2.0461	0.0468
_ HXY—ZJZ_ HXY	0.1733	0.0806	2.1493	0.0371
_ FJS—ZJZ_ FJS	0.4101	0.1354	3.0295	0.0041
_ HYL—ZJZ_ HYL	0.1729	0.0489	3.5376	0.0010
_ YSY—ZJZ_ YSY	0.2253	0.2932	0.7685	0.4463
_ DLR—ZJZ_ DLR	0.6001	0.0829	7.2360	0.0000
_ QTH—ZJZ_ QTH	-0.0135	0.0189	-0.7159	0.4779
Fixed Effects（Cross）				
_ HSC—C	-400.1834			
_ YSC—C	-454.7094			
_ NFJ—C	-329.0102			
_ ZZZ—C	-412.6039			
_ SYJ—C	139.0069			
_ HXY—C	-256.3748			
_ FJS—C	555.4045			
_ HYL—C	205.2048			
_ YSY—C	-421.4107			
_ DLR—C	859.3667			
_ QTH—C	515.3095			
Cross-section fixed（dummy variables）				
R-squared	0.9014	Mean dependent var		673.6665
Adjusted R-squared	0.8543	S. D. dependent var		847.4744
S. E. of regression	323.4956	Akaike info criterion		14.6575
Sum squared resid	4604574.0000	Schwarz criterion		15.3873
Log likelihood	-461.6958	Hannan-Quinn criter		14.9459
F-statistic	19.1475	Durbin-Watson stat		1.7588
Prob（F-statistic）	0.0000			

（2）计算固定效应变截距的模型估计 S_2，根据表7-45，固定效应变截距模型估计 $S_2 = 12114692.0000$。

表7-45 面板数据的固定效应变截距模型估计结果

Variable	Coefficient	Std. Error	t-Statistic	Prob.
C	553.1510	76.8763	7.1953	0.0000
ZJZ	0.0457	0.0190	2.4051	0.0196
Fixed Effects（Cross）				
_ HSC—C	-449.5071			
_ YSC—C	-560.7012			
_ NFJ—C	-481.2937			
_ ZZZ—C	-513.5057			
_ SYJ—C	31.9475			
_ HXY—C	-146.2130			
_ FJS—C	829.9240			
_ HYL—C	412.7931			
_ YSY—C	-442.0748			
_ DLR—C	1768.0720			
_ QTH—C	-449.4407			
Cross-section fixed（dummy variables）				
R-squared	0.7405	Mean dependent var		673.6665
Adjusted R-squared	0.6876	S. D. dependent var		847.4744
S. E. of regression	473.6519	Akaike info criterion		15.3218
Sum squared resid	12114692.0000	Schwarz criterion		15.7199
Log likelihood	-493.6190	Hannan-Quinn criter		15.4791
F-statistic	14.0080	Durbin-Watson stat		0.7984
Prob（F-statistic）	0.0000			

（3）计算混合回归模型 S_3，根据表 7 – 46，混合回归模型估计 $S_3 = 44455308.0000$。

表 7 – 46　面板数据的固定效应回归模型估计结果

Variable	Coefficient	Std. Error	t-Statistic	Prob.
C	578. 6490	115. 4925	5. 0103	0. 0000
ZJZ	0. 0360	0. 0201	1. 7912	0. 0780
R-squared	0. 0477	Mean dependent var		673. 6665
Adjusted R-squared	0. 0329	S. D. dependent var		847. 4744
S. E. of regression	833. 4352	Akaike info criterion		16. 3188
Sum squared resid	44455308. 0000	Schwarz criterion		16. 3852
Log likelihood	− 536. 5212	Hannan-Quinn criter.		16. 3450
F-statistic	3. 2083	Durbin-Watson stat		0. 2172
Prob（F-statistic）	0. 0780			

（4）根据模型估计中的假设，$N = 11$，$T = 6$，$k = 1$，根据 F_2，F_1 公式计算。

$F_2 = 1.9040$

$F_1 = 7.176$

由于 F_2，F_1 的临界值小于估计值，因此，选中固定效应变系数模型较为合适。

7.4.3.2　模型单位根检验

为了避免伪回归，继续对序列进行单位根检验（一种检验数据平稳性的方法）。运用 Eviews 6.0 模型进行 ADF 检验，结果如表 7 – 47 所示：

表 7 – 47　面板数据的固定效应的 ADF 估计结果

Pool unit root test：Summary				
Series：ZJZ_ HSC, ZJZ_ YSC, ZJZ_ NFJ, ZJZ_ ZZZ, ZJZ_ SYJ, ZJZ_ HXY,				
ZJZ_ FJS, ZJZ_ HYL, ZJZ_ YSY, ZJZ_ DLR, ZJZ_ QTH, FQ_ HSC, FQ_ YSC,				
FQ_ NFJ, FQ_ ZZZ, FQ_ SYJ, FQ_ HXY, FQ_ FJS, FQ_ HYL, FQ_ YSY,				
FQ_ DLR, FQ_ QTH				
Null：Unit root（assumes common unit root process）				
Levin, Lin & Chu t*	− 7.9713	0. 0000	22. 0000	110. 0000
Null：Unit root（assumes individual unit root process）				

Im，Pesaran and Shin W – stat	1. 7668	0. 9614	22. 0000	110. 0000
ADF-Fisher Chi – square	33. 9346	0. 8633	22. 0000	110. 0000
PP-Fisher Chi-square	34. 0879	0. 8590	22. 0000	110. 0000

注：＊＊Probabilities for Fisher tests are computed using an asymptotic Chisquare distribution. All other tests assume asymptotic normality.

根据单位根检验的 LLC 法，统计结果为 – 7. 9713，模型概论为 0，因此拒绝"各界面数据具有相同单位根"的原假设，序列不存在单位根，是平稳的序列，一阶差分后，序列平稳性检验良好。

7.4.3.3　模型的协整检验

建立面板回归模型。为表明分行业工业增加值与工业废气的关系，建立面板数据回归模型，如表 7 – 48 所示：

表 7 – 48　面板数据的固定效应回归模型估计结果

Variable	Coefficient	Std. Error	t – Statistic	Prob.
C	461. 3509	68. 3769	6. 7472	0. 0000
_ HSC—ZJZ_ HSC	0. 1486	0. 3431	0. 4331	0. 6670
_ YSC—ZJZ_ YSC	0. 0050	1. 0576	0. 0047	0. 9963
_ NFJ—ZJZ_ NFJ	– 0. 0157	0. 1273	– 0. 1236	0. 9022
_ ZZZ—ZJZ_ ZZZ	– 0. 0590	1. 9399	– 0. 0304	0. 9759
_ SYJ—ZJZ_ SYJ	0. 0428	0. 0209	2. 0461	0. 0468
_ HXY—ZJZ_ HXY	0. 1733	0. 0806	2. 1493	0. 0371
_ FJS—ZJZ_ FJS	0. 4101	0. 1354	3. 0295	0. 0041
_ HYL—ZJZ_ HYL	0. 1729	0. 0489	3. 5376	0. 0010
_ YSY—ZJZ_ YSY	0. 2253	0. 2932	0. 7685	0. 4463
_ DLR—ZJZ_ DLR	0. 6001	0. 0829	7. 2360	0. 0000
_ QTH—ZJZ_ QTH	– 0. 0135	0. 0189	– 0. 7159	0. 4779
Fixed Effects（Cross）				
_ HSC—C	– 400. 1834			
_ YSC—C	– 454. 7094			
_ NFJ—C	– 329. 0102			
_ ZZZ—C	– 412. 6039			
_ SYJ—C	139. 0069			

Variable	Coefficient	Std. Error	t – Statistic	Prob.
_ HXY—C	– 256. 3748			
_ FJS—C	555. 4045			
_ HYL—C	205. 2048			
_ YSY—C	– 421. 4107			
_ DLR—C	859. 3667			
_ QTH—C	515. 3095			
Cross-section fixed（dummy variables）				
R-squared	0. 9014	Mean dependent var		673. 6665
Adjusted R-squared	0. 8543	S. D. dependent var		847. 4744
S. E. of regression	323. 4956	Akaike info criterion		14. 6575
Sum squared resid	4604574. 0000	Schwarz criterion		15. 3873
Log likelihood	– 461. 6958	Hannan-Quinn criter.		14. 9459
F-statistic	19. 1475	Durbin-Watson stat		1. 7588
Prob（F-statistic）	0. 0000			

从表 7 – 48 中可看出，参数估计较为显著，R、D. W. 值通过检验，拟合度较好。依照此类方法，实证分析和检验了新疆 11 个行业的工业增加值（工业增长）、出口贸易（出口交货值）与环境污染（废气、废水、废物）的关系。研究结论如下：通过将 11 个行业和环境污染指标以及贸易进行协整检验，非金属矿物制品业、电力热力的生产和供应业、石油加工炼焦业对废气排放的影响最大；其他行业、造纸及纸制品、石油加工炼焦业、化学纤维制造业对废气的排放有密切关系；黑色冶金及压延加工业、化学原料及化学制品业、其他行业与废弃物排放量有直接关系。

7.5 本章小结

本章主要探讨了开放条件下的新疆绿洲经济增长与生态环境之间的关系。①首先运用协整理论实证检验了新疆经济增长与生态环境之间的关系，结果表明，新疆经济增长与生态环境之间存在长期的协整关系。②运用 VAR 多变量模型实证检验了经济增长、贸易与环境污染之间的关系，验证了"贸易—经济增长—环境污染"存在的假设，即贸易促进经济增长的同时，带来了环境污染。③运用面板数据模型分析了新疆工业分行业对环境污染的情况，结果显示不同的工业行业对废气、废水和废弃物的污染程度不同，"清洁行业"和"肮脏行业"并存。

第8章 一个探讨：新疆国内域际贸易对经济增长、生态环境的影响

8.1 引言

本书在第 1 章中界定了本书中"贸易"的定义，如不做特殊说明，贸易即指对外贸易。但由于贸易本身应当包括对外贸易和国内域际贸易两个部分，国内域际贸易指一个国家（或地区）的某一区域与该国（或地区）的其他区域之间的商品、服务和技术的交换活动。理论上对外贸易和国内域际贸易水平直接影响一国或地区的经济实力，两者共同发展才能促进国家或地区的经济增长，但国内外学术界对两种贸易的经济增长和生态环境贡献的研究程度却相差甚远。究其原因，一方面自由贸易体制下的对外贸易对经济增长有明显的促进效应，且发达国家国内域际贸易较为充分，大多数国家国内域际贸易范围有限，因此对国内域际贸易的研究较少；另一方面国内域际贸易统计数据的可获得性较差，因此国内外学者难以通过计量手段进行定量的研究。

新疆绿洲经济在发展过程中，对外贸易和对内贸易的发展都将对区域的经济增长和生态环境产生积极或消极的影响，尤其 2008 年金融危机以来，中国对国内域际贸易日益重视，国内域际贸易也空前繁荣，国内域际贸易对经济的增长作用研究目前已经引起关注。基于此，本章对国内域际贸易对新疆绿洲经济增长和生态环境的影响进行初步探讨，以期抛砖引玉，引起更多学者对绿洲的国内域际贸易效应展开研究。

8.2 新疆绿洲国内域际贸易对经济 增长的影响的实证分析

8.2.1 新疆国内域际贸易发展情况

在中国向西开放的战略中，新疆是连接内地和中亚、西亚和欧洲的枢纽，是东中部产业转移的承接地，是联系国内消费和国际需求的纽带。2010 年，新疆七届九次全委工作会议的召开，意味着新疆将成为中国西部新的增长极。2012 年，我国制定颁布了《国内域际贸易发展"十二五"规划》，要求"促进国内域际贸易又好又快发展"，新疆国内域际贸易发展迎来了新的历史机遇。根据新疆 1992~2011 年统计数据显示（见表 8–1），新疆社会消费品零售总额①从 1990 年的 104.30 亿元增加到 2011 年的 1557.1 亿元；其中城镇所在地的社会消费品零售总额从 57.17 亿元增加到 1411 亿元，表明城镇消费品零售是新疆社会消费品零售额的最重要的一部分。此外，按行业划分的新疆社会消费品零售总额中，批发零售业和住宿餐饮业总额从 1990 年的 72.68 亿元增加到 2011 年的 1351.4 亿元，占新疆社会消费品零售总额的比重从 75.5% 上升为 86.8%，表明批发零售和住宿餐饮业是新疆社会消费品零售的主要行业。按各地、州、市、县（市）社会消费品零售总额的数据则表明，新疆社会消费品零售主要分布在生产建设兵团、伊犁哈萨克自治州、昌吉回族自治州地区。

表 8–1　主要年份社会消费品零售总额

单位：亿元

年　份	社会消费品零售总额	按销售单位所在地分			按行业分		
		城镇	城区	乡村	批发零售业	住宿餐饮业	其他行业
1978	21.89	7.44	4.80	9.65	17.34	0.57	3.98
1980	29.36	11.06	6.05	12.25	22.95	0.94	5.47

① 根据当前的研究，衡量国内域际贸易发展的重要指标是社会销售品零售总额。该指标的统计范围在 1993 年、1997 年和 2003 作了较大的调整。1993 年及以后不包括农业生产资料；1997 年及以后不包括居民购买住房；2003 年及以后不包括由各种经济类型的制造法人企业、产业活动单位，直接售给城乡居民（包括企业职工）和社会集团的商品以及农民在田间地头出售的农产品。

年 份	社会消费品零售总额	按销售单位所在地分			按行业分		
		城镇	城区	乡村	批发零售业	住宿餐饮业	其他行业
1985	57.38	24.55	10.70	22.13	40.83	2.51	14.04
1990	104.30	57.17	24.27	22.86	72.68	6.06	25.56
1995	253.65	145.74	50.03	57.88	169.16	17.27	67.22
1996	295.36	171.51	55.38	68.47	191.14	19.44	84.78
1997	310.42	186.37	57.54	66.51	198.73	22.22	89.47
1998	327.52	197.89	59.89	69.74	206.92	27.84	92.76
1999	347.40	213.96	61.51	71.93	222.57	32.76	92.07
2000	374.50	233.66	65.15	75.69	242.29	38.21	94.00
2001	406.35	256.58	69.73	80.04	266.38	44.57	95.40
2002	442.88	284.74	74.32	83.82	296.13	53.04	93.71
2003	421.16	311.33	49.20	60.63	341.90	60.64	18.62
2004	563.41	385.81	85.79	91.81	450.65	76.22	36.54
2005	640.20	443.95	95.60	100.65	509.25	92.82	38.13
2006	733.20	513.12	107.68	112.40	582.28	111.55	39.37
2007	857.50	606.74	123.64	127.12	685.94	130.51	41.05
2008	1041.50	740.85	150.78	149.87	841.65	156.49	43.36
2009	1177.53	834.42	171.76	171.35	956.64	177.21	43.68
2010	1324.48	1181.27	945.03	143.21	1156.62	167.86	0
2011	1557.09	1411.01	1165.29	146.08	1351.36	205.73	0

资料来源与说明：2012 年《新疆统计年鉴》。1978~2009 年按销售单位所在地分组则分别对应表中的"城镇"为市、"城区"为县、"乡村"为县以下，即社会消费品零售总额＝市＋县＋县以下；从 2010 年开始，统计口径发生改变，按销售单位所在地分组由市、县、县以下调整为城镇、城区、乡村，即社会消费品零售总额＝城镇＋乡村。此外，从 2010 年开始，按行业分组取消其他行业。

8.2.2 新疆国内域际贸易与经济增长关系的实证分析

8.2.2.1 指标的选取与数据的来源

本书根据《新疆统计年鉴》收集整理得到 1992~2012 年新疆国内生产总值与社会消费的品零售总额情况（见表 8-2），采用国内生产总值（Y）代表经济增长，社会消费品零售总额（X）来代表国内域际贸易。所有分析均采用 Eviews 6.0 计量软件处理。

表8-2 新疆国内生产总值与社会消费品零售总额

单位：亿元

年份	国内生产总值	社会消费品零售总额
1992	402.31	138.25
1993	495.25	168.37
1994	662.32	197.11
1995	814.85	253.65
1996	900.93	295.36
1997	1039.85	310.42
1998	1106.95	327.52
1999	1163.17	347.40
2000	1363.56	374.50
2001	1491.60	406.35
2002	1612.65	442.88
2003	1886.35	421.16
2004	2209.09	563.41
2005	2604.14	640.20
2006	3045.26	733.20
2007	3523.16	857.50
2008	4183.21	1041.50
2009	4277.05	1177.53
2010	5437.47	1324.48
2011	6610.05	1557.09

8.2.2.2 单位根检验

在进行传统的回归分析时，要求所用的时间序列必须是平稳的，否则会产生"伪回归"问题。然而，现实中的经济时间序列通常是非平稳的（带有明显的变化趋势），破坏了平稳性的假定。为了使回归有意义，可以对其实行平稳化。协整理论则提供了一种处理非平稳数据的方法。

运用 Eviews 6.0 可进行单位根检验：由于原始序列和一次差分序列的 ADF 检验（蒂克 - 富勒）值的绝对值均小于临界值绝对值，故均为非平稳的，但在90% 和 95% 的置信度水平下，社会消费品零售总额和国内生产总值分别经过二阶差分后达到平稳（见表 8-3），所以均为二阶单整序列，即 I（2）。

表 8 - 3　国内域际贸易和经济增长单位根检验表

	检验类型	ADF 检验值	显著水平	临界值	检验结果
社会消费品 零售总额	未差分	- 1. 84291	10%	- 2. 9736	非平稳
	一次差分	- 2. 48267	10%	- 2. 7042	非平稳
	二次差分	- 3. 53273	10%	- 2. 6927	平稳
国内生产总值	未差分	- 2. 39048	5%	- 3. 1003	非平稳
	一次差分	- 3. 09525	5%	- 2. 1222	非平稳
	二次差分	- 4. 53905	5%	- 3. 1483	平稳

8.2.2.3　Granger 因果检验

通过对新疆经济增长与社会消费品零售总额进行单根检验，结果表明新疆经济增长与社会消费品零售总额都是二阶单整序列，但是这种平稳是否会有因果关系，即是由社会消费品零售总额增长带来经济增长，还是经济增长带来社会消费品零售总额增长，需要进一步验证，因此，需要对各变量进行格兰杰因果关系检验。在用 Eviews 6.0 软件进行操作后，可得到表 8 - 4：

表 8 - 4　国内域际贸易与经济增长的因果检验结果

Null Hypothesis：	Obs	F-Statistic	Probability
X does not Granger Cause GDP	15	11. 0390	0. 00294
GDP does not Granger Cause X		1. 30725	0. 31308

由表 8 - 4 可知，在 10% 的检验水平下，新疆社会消费品零售总额是国内生产总值的因子，这说明新疆社会消费品零售总额对国内生产总额的增加影响显著。也就是说明了新疆国内域际贸易与经济增长存在长期的因果关系，且新疆国内域际贸易是新疆经济增长的原因之一。

8.2.2.4　回归分析

对新疆国内域际贸易与经济增长进行协整检验，可得到表 8 - 5：

表 8 - 5　国内域际贸易和经济增长协整检验

ADF Test Statistic	- 3. 555259	1% Critical Value	- 2. 7275
		5% Critical Value	- 1. 9642
		10% CriticalValue	- 1. 6269

因为 - 3. 555259 < - 2. 7275，所以 Y 与 X 之间存在长期稳定的均衡关系。由

于二者具有长期稳定的关系，因此建立模型如下：

$$Y = C + \beta X + \mu \qquad\qquad (8-1)$$

其中，C 为截距项，β 为参数系数，μ 为随机扰动项。用 OLS 分别对模型进行简单线性回归得到表 8-6：

表 8-6　国内域际贸易与经济增长的线性回归分析结果

Dependent Variable：Y				
Method：Least Squares				
Included observations：17				
Variable	Coefficient	Std. Error	t-Statistic	Prob.
C	0. 058430	0. 183960	0. 317621	0. 7552
X	1. 204883	0. 030816	39. 09902	0. 0000
R-squared	0. 990283	Mean dependent var		7. 221786
Adjusted R-squared	0. 989636	S. D. dependent var		0. 671887
S. E. of regression	0. 068402	Akaike info criterion		− 2. 416693
Sum squared resid	0. 070183	Schwarz criterion		− 2. 318668
Log likelihood	22. 54189	F-statistic		1528. 733
Durbin-Watson stat	1. 838191	Prob（F-statistic）		0. 000000

$$Y = 0.\,058430 + 1.\,204883X$$
$$\quad(0.\,317621)\qquad(39.\,09902)$$
$$R^2 = 0.\,990283 \quad F = 1528.\,733 \quad D.\,W. = 1.\,838191$$

在 1% 的显著性水平下，自变量回归系数的 t 统计值为 39.09902，超过了临界值 $t_{0.05}$（17）= 2.8982，表明新疆消费品零售总额（自变量）是显著的。查 F 分布表得，$F_{0.01}$（1，17）= 3.01，小于方程的 F 值，说明方程总体的拟合效果较好。新疆国内域际贸易每增加 1 个单位，将引起 1.2 个单位的经济增长。

8.2.3　新疆国内域际贸易对新疆经济增长贡献统计分析

国内域际贸易对新疆的经济增长的贡献率（新疆国内域际贸易对 GDP 的贡献率）是指新疆国内域际贸易的增量与 GDP 增量的比值。结果表明，新疆国内域际贸易对经济增长的贡献率波动较大，但普遍表现为正拉动。这与新疆"走廊贸易"以及经济城乡差异较大可能具有一定的关系。但随着刺激内需的政策推进，新疆国内域际贸易对经济增长的贡献将有所增加，如表 8-7 所示。

表 8 - 7　新疆国内域际贸易对经济增长的贡献率情况

年份	国内生产总值 （亿元）	社会消费品零售总额 （亿元）	国内域际贸易对 GDP 的贡献率（%）
1992	402.31	138.25	—
1993	495.25	168.37	32.41
1994	662.32	197.11	17.20
1995	814.85	253.65	37.07
1996	900.93	295.36	48.45
1997	1039.85	310.42	10.84
1998	1106.95	327.52	25.48
1999	1163.17	347.40	35.36
2000	1363.56	374.50	13.52
2001	1491.60	406.35	24.88
2002	1612.65	442.88	30.18
2003	1886.35	421.16	-7.94
2004	2209.09	563.41	44.08
2005	2604.14	640.20	19.44
2006	3045.26	733.20	21.08
2007	3523.16	857.50	26.01
2008	4183.21	1041.50	27.88
2009	4277.05	1177.53	144.96
2010	5437.47	1324.48	12.66
2011	6610.05	1557.09	19.84

8.3　新疆绿洲国内域际贸易对生态环境影响的探讨

　　通过上述分析，既然国内域际贸易对新疆经济增长具有重要的贡献作用，根据本书验证的"贸易—经济增长—环境污染"逻辑关系，意味着国内域际贸易对新疆绿洲的生态环境应有不利影响的一面。

　　一是国内域际贸易的发展对废水排放的影响。随着中国经济转型为内需增长型经济，居民消费水平不断提高，因此带来的生活用水快速增加，生活废水也随之快速增加，地下水和地表水的水污染问题日益严重。统计年鉴数据显示，2000

年，新疆城镇生活废水排放量为 3 亿吨；2000 年新疆城镇总人口为 624.18 万人，城镇人均排放生活废水为 48 吨；2005 年新疆城镇人口 746.85 万人，新疆城镇生活废水排放量为 4.33 亿吨；城镇人均排放生活废水为 53 吨；2011 年，新疆城镇生活废水排放量为 6.21 亿吨，2011 年新疆城镇总人口为 961.67 万人，城镇人均排放生活废水为 64.6 吨。2000 年城镇生活化学需氧量排放量为 9.64 万吨，城镇生活氨氮排放量为 1.79 万吨；2011 年城镇生活化学需氧量排放量为 12.97 万吨，城镇生活氨氮排放量 2011 年为 2.21 万吨。

二是国内域际贸易发展对废气排放的影响。中国经济的快速发展，带动人均收入不断提高，现代化的生活设施装备带来废气排放量的不断增加。例如，人均汽车的拥有量已经大幅度增加，导致汽车尾气成为大气污染的重要来源之一。统计年鉴数据显示，2000 年，中国生活二氧化硫排放量为 12.07 万吨；2005 年生活二氧化硫排放量为 27.05 万吨；2011 年仅城镇生活二氧化硫排放量就达到 9.4 万吨，加上农村地区的二氧化硫排放量将达到 30 万吨（秸秆、柴火燃烧是二氧化硫排放的重要来源，尤其在新疆南疆地区），2011 年机动车氮氧化物排放量为 28.64 万吨。因此，大消费、大流通导致大气污染的增加。

三是国内域际贸易发展对烟尘排放的影响。随着生活水平的不断提高，人均消耗物资不断增加，城镇生活烟尘排放量也在大量增加。2010 年，新疆城镇生活烟粉尘排放量 24.84 万吨，机动车烟粉尘排放量 9.56 万吨。此外，由于国内域际贸易的发展，国内物流交通业发展也日益迅速，也增加了烟粉尘的排放量。

四是国内域际贸易发展对固体废弃物排放的影响。生活水平的提高，导致生活垃圾不断增加。生活垃圾的大量出现，尤其在较为发达的城市，大量焚烧垃圾会产生诸多有毒有害的气体，污染大气环境，同时排放大量烟尘，降低空气质量。部分生活垃圾随意堆积，经大气降水，地表径流循环，导致地下水和地表水的污染，影响居民用水安全。部分垃圾物随意填埋，有毒有害物质在土壤中长期积累，部分电子垃圾中的重金属残留，均可能导致土壤污染。

五是国内域际贸易发展对其他生态环境的影响。国内域际贸易的发展，社会零售品的增加，使人们的生活越来越现代化、休闲化。大量旅游资源被开发，但在开发的同时缺乏足够的保护，自然草场、牧场、森林生态服务功能降低；城市噪声污染加剧；农村畜牧业养殖造成的粪便集聚污染；等等。

综上所述，虽然国内域际贸易对生态环境可能产生不利的影响，但当国内域际贸易发展日益规范化、科学化后，随着人们环保意识和节能减排意识不断提高，国内域际贸易对生态环境的不利影响将降低。此外，国内域际贸易促进经济增长，经济增长反作用于科技进步，有利于生产出清洁产品和实施绿色物流，从而改善生态环境。

第9章　研究结论与政策启示

9.1　研究结论

本书在前人研究成果的基础上，借助经济增长理论、贸易理论以及环境经济学等主流经济学理论和现代计量经济学分析方法，探索了经济增长、贸易与生态环境的传导机理并提出了八大假设，构建模型分析了新疆绿洲经济增长、贸易与环境污染之间的相互关系以验证八大假设。在研究过程中，严格遵循了"提出假设、小心求证"的研究思路。本书主要研究内容与研究结论如下：

一是研究了经济增长、贸易和生态环境的传导机理。通过传导机理的研究，阐述了经济增长与贸易传导机理包括：资源配置传导、科学技术传导、人力资本积累传导、投资传导、规模经济传导、资本积累传导和政策制度传导；贸易与生态环境传导机理包括贸易规模经济传导、贸易结构效应传导、贸易产品传导、贸易技术传导、贸易收入传导、贸易法规传导；经济增长与生态环境传导机理包括经济规模效应传导、经济结构效应传导、技术进步效应传导与经济体制政策传导。

二是根据传导机理，提出了本书重点实证研究的 8 个假设：

研究假设 1：绿洲贸易与经济增长是相互传导互为因果关系的，贸易对经济增长总体上起到促进作用。

研究假设 2：绿洲贸易开放度与经济增长正关联。贸易开放度越高，贸易的技术效应、人力资本效应、汇率传导效应、外资效用对经济增长的关联度越高。

研究假设 3：绿洲对外贸易拥有污染密集型产品生产的比较优势，贸易增加与环境污染程度为正相关关系。

研究假设 4：随着新疆绿洲对外贸易总量的不断增加，贸易生态足迹也在不断增加。

研究假设 5：绿洲农业发达，初级农产品贸易出口如果不断增加，会导致虚拟水用量增加，水环境承载力下降。

研究假设 6：绿洲出口贸易与能源消费为正相关关系，出口贸易商品结构影响能源消费结构和消费水平，能源消费量的增加降低了绿洲生态环境的质量。

研究假设 7：新疆绿洲经济规模仍较小，人均收入较低，环境库兹涅茨曲线还未到转折点。

研究假设 8："绿洲贸易—经济增长—环境污染"逻辑关系存在。

三是分析了新疆绿洲经济增长、生态环境与对外贸易发展现状。首先从经济规模、产业结构、人均收入等方面分析了新疆经济增长与发展的现状，其次从贸易规模、贸易方式、贸易商品结构、贸易差额阐明了新疆对外贸易发展的现状与特征，最后简要分析了新疆生态环境的特点、环境污染与治理情况。

四是建立模型实证检验和分析了新疆绿洲贸易与经济增长的关系。该部分首先利用关联分析法，分析了新疆对外贸易与经济增长的关联程度，以此为基础，进一步构建模型，利用格兰杰因果法、协整理论和回归理论分别实证研究了新疆出口贸易、进口贸易和加工贸易对经济增长的传导作用和对经济增长的贡献。研究结果表明，绿洲贸易与经济增长是相互传导互为因果关系的，贸易对经济增长总体上起到促进作用；新疆绿洲贸易开放度与经济增长正关联。贸易开放度越高，贸易的技术效应、人力资本效应、汇率传导效应、外资效用对经济增长的关联度越高。

五是研究了新疆绿洲贸易与环境的关系。结果表明，新疆绿洲对外贸易拥有污染密集型产品生产的比较优势，贸易增加与环境污染程度为正相关关系。并且随着新疆绿洲对外贸易总量的不断增加，贸易生态足迹不断增加。尤其新疆绿洲农业发达，初级农产品贸易出口如果不断增加，会导致虚拟水用量增加，水环境承载力下降。最后新疆绿洲出口贸易与能源消费为正相关关系，出口贸易商品结构影响能源消费结构和消费水平，能源消费量的增加降低了绿洲生态环境的质量。

六是基于 VAR 模型，研究了新疆贸易、经济增长与生态环境的关系。结果表明"贸易—经济增长—环境污染"的逻辑关系存在，且新疆还未到环境库兹涅茨曲线拐点。

除此之外，作为本书的一个有益补充，最后探讨了新疆国内域际贸易对绿洲经济增长和生态环境的影响，结果表明：随着新疆国内域际贸易的增长与经济增长呈现正相关关系。

9.2 政策与对策建议

9.2.1 优化贸易结构，加快开放步伐，转变贸易增长方式

优化贸易结构包括优化新疆对外贸易的商品结构、贸易方式结构、贸易地理方向结构、贸易主体结构。新疆对外贸易的商品结构目前主要是出口农产品为主的初级制品和部分工业制品，由于新疆地理位置的特殊性，"走廊贸易"即东进西出的贸易成为新疆贸易的重要形式，这种贸易形式导致新疆本地生产的商品占出口贸易的比重不高，出口贸易对经济增长的真实带动效应可能远低于模型中的数值，因此提高新疆本地生产的商品出口是促进新疆本地经济发展的重要措施之一。此外，新疆进口贸易商品中，主要是能源、钢材、矿石等资源商品，这些商品通常运往东部地区，本地收益有限。因此，优化新疆对外贸易的商品结构就是要扩大本地生产的商品出口，高效利用进口商品。新疆加工贸易的发展承担着承接中东部产业专业的重任，因此，应制定鼓励加工贸易发展的制度。制定政策，鼓励中小企业积极开拓国际市场，减少对垄断行业的支持。

加快开放步伐就是要求新疆抓住对口援疆和西部大开发的历史机遇，进一步把"走出去"、"引进来"贯彻落实。首先，应进一步研究制定向西开放的战略，变地缘优势、资源优势为经济发展的实际动力，加快参与中亚区域经济合作的步伐，在上海合作组织的框架下谋求更多的发展机遇。其次，新疆对外开放不应仅仅面向中亚，应利用中国—亚欧博览会的影响力，争取与更多的国家建立贸易合作关系，增加招商引资力度，拓宽外资利用的领域与范围。

切实转变新疆对外贸易增长方式，就是根据新疆的贸易结构和生态环境特点，改变传统数量扩张和价格优势的增长方式，着力创新技术与打造品牌，实现新疆对外贸易又好又快发展。例如，新疆出口贸易大多是化工类产品，其废水、废气排放量大，严重污染环境，应减少此类行业的产品出口，并改造技术，充分利用新疆生产要素的比较优势，实现新疆贸易发展与生态环境相协调的可持续发展道路。

9.2.2 协调对外贸易与生态环境政策

根据新疆对外贸易生态足迹，当前新疆对外贸易尚在生态环境承载力容忍空间之内，但由于新疆生态环境的脆弱性，如果不注重贸易与生态环境协调发展，

未来新疆经济增长的空间将极其有限。主要措施：一是新疆出口农产品多为初级制品，这些初级制品含大量的"虚拟水"，因此农产品的出口实际上是虚拟水的出口，为避免进一步增加新疆水资源的环境承载力，新疆应增加农产品的附加值，大力发展农产品加工业，同时减少原材料农产品的出口，此外，发展节水灌溉技术和设施农业，减少对生态环境的过度开发与利用。二是工业制成品的出口耗费资源和能源，应加大技术创新，鼓励工业企业发展节能减排技术。三是现有的环境政策应紧抓落实，认真监督，对外向型企业的环评制度和外资企业的环评制度应从严从紧。四是制定相应的外贸政策，鼓励边境贸易的发展，发挥"喀什"、"霍尔果斯"两个国家级经济特区的桥头堡作用，促进外向型产业园区的建设与发展。

9.2.3 处理好增加收入与生态环境保护之间的关系

根据十八大报告，全国国民生产总值翻一番，意味着人均收入的大幅增加（应要剔除通货膨胀），新疆人均收入处于全国的中下游水平，加之新疆南北疆经济发展差异较大，收入差距较大，因此完成人均收入翻一番的目标任重道远。为避免单纯增加人均收入而"追逐 GDP"带来的生态环境破坏（新疆还未到 EKC 拐点），新疆应协同区域经济、贸易与生态环境的发展，对外贸活动的方向、数量、规模、结构和效益进行一系列有组织的干预和调节，应采取有节制的自由贸易政策，如采取限制一些对生态环境污染严重的产品的进口和技术的转移，积极保护当地的生态环境，避免引起生态环境的恶化，也可考虑在增加生产的同时将环境成本内在化，充分考虑环境对贸易的影响，协调区域贸易、经济与生态环境发展问题。

9.2.4 积极促进新疆经济可持续发展

积极促进新疆内需消费型经济发展，注重发展内需的同时应注意保护生态环境；大力发展旅游业，积极建设新疆旅游、物流、能源国际大通道；增强新疆"三化"建设进程中的生态环境保护意识，加强生态环境保护制度建设。新疆应坚持走经济高增长、环境低污染的新型工业化的可持续发展之路，优化产业结构和提高技术水平，发挥产业园区的集聚作用，促进产业升级，尽快转变经济发展方式，促进新疆贸易—经济—生态环境协调发展。

基于 1993～2011 年新疆进出口贸易生态足迹的分析，本书认为促进新疆对外贸易可持续发展应从以下几个方面着手。

一是优化进出口贸易商品结构，减少资源性、能源性消耗为主的产品出口，减少出口商品的生物资源携带和能源携带。尤其应注意新疆地理位置的特殊性，

"走廊贸易"即东进西出的贸易成为新疆贸易的重要表现形式,往往导致新疆对外贸易统计数量的"虚高"和"虚假"的进出口商品结构优化。因此,应提升自身创新能力,提升地产商品技术含量和附加值,提高资源和能源的使用效率,在减少排污的同时,高效利用进口能源。

二是进、出口贸易协调发展。为实现新疆外贸的可持续性,必须结合新疆贸易生态足迹以优化进出口的产品的比例以及相互之间的动态平衡。在进口方面,引导先进技术设备的进口,引导技术含量高的加工产品进口或直接引进产品加工技术,以实现产品技术"引进来,走出去"的目标;在出口方面,进一步调整出口结构,提高高新技术产品的出口比重,培育有竞争力的出口产品,并发展其加工衍生品,优化出口增值顺序。

三是提高出口产品产业化程度,控制工业产业高污染行业的排污量。一方面,通过提高出口产品产业化程度以减少贸易过程中的资源消耗,节约生态成本;另一方面,新疆不同的工业行业对废气、废水和废弃物的污染程度不同,"清洁行业"和"肮脏行业"并存,例如非金属矿物制品业、电力热力的生产和供应业、石油加工炼焦对废气排放的影响最大;其他行业、造纸及纸制品、石油加工炼焦业、化学纤维制造业对废气的排放有密切关系;黑色冶金及压延加工业、化学原料及化学制品业、其他行业与废弃物排放量有直接关系。因此,应严格控制工业产业中高能耗、高污染行业的发展速度,减少排污量,鼓励"清洁生产"。

四是推广生态足迹作为生态环境考核的重要指标。新疆应针对生态足迹模型的计算结果,科学合理地编制自治区的土地利用规划,使新疆经贸发展与生态环境保护并重,同步发展,促进自然资源的合理利用与生态环境的保护。

参考文献

［1］安妮·克鲁格. 发展中国家的贸易与就业［M］. 上海人民出版社，上海三联书店，1995.

［2］白钰，曾辉，李贵才，高启辉，魏建兵. 基于宏观贸易调整方法的国家生态足迹模型［J］. 生态学报，2009（9）.

［3］包群，彭水军. 是否存在环境库兹涅茨倒 U 型曲线［J］. 上海经济研究，2005（12）.

［4］包群，许和连，赖明勇. 贸易开放度与经济增长：理论及中国的经验研究［J］. 世界经济，2003（2）.

［5］包群. 贸易开放与经济增长：只是线性关系吗［J］. 世界经济，2008（9）.

［6］［美］保罗·A. 萨谬尔森，威廉·D. 诺德豪斯. 经济学［M］. 首都经济贸易大学出版社，1996.

［7］保罗·克鲁格曼. 克鲁格曼国际贸易新理论［M］. 中国社会科学出版社，2001.

［8］伯特尔·俄林著. 区际贸易与国际贸易［M］. 逯宇铎译. 华夏出版社，2008.

［9］曹建廷，李原园. 农畜产品虚拟水研究的背景、方法及意义［J］. 水科学进展，2004（6）.

［10］曾凡银，张宗宪. 贸易、环境与发展中国家经济发展研究［J］. 安徽大学学报（哲学社会科学版），2000（24）.

［11］陈华. 和田绿洲研究［M］. 新疆人民出版社，1988.

［12］陈建红. 基于 Grossman 分解模型分析青海省经济增长要素对环境的影响［J］. 知识经济，2011（3）.

［13］陈丽萍，杨忠直. 中国进出口贸易中的生态足迹［J］. 世界经济研究，2005（5）.

［14］陈隆亨. 荒漠绿洲的形成条件与过程［J］. 干旱区资源与环境，

1995 (9).

[15] 陈曼生. 经济增长与环境保护的协调发展研究 [J]. 南方经济，1997 (2).

[16] 陈琰，由黎，赵淳，胡荣华. 中国进出口贸易的生态足迹核算 [J]. 资源科学，2010 (7).

[17] 陈仲全，詹启仁等. 甘肃绿洲 [M]. 中国林业出版社，1995.

[18] 程国栋，虚拟水——中国水资源安全战略的新思路 [J]. 中国科学院院刊，2003 (3).

[19] 仇怡，方齐云. 基于进口贸易的国际技术外溢测度与应用 [J]. 软科学，2005 (10).

[20] 大卫·李嘉图著. 政治经济学及赋税原理 [M]. 郭大力等译. 译林出版社，2011.

[21] 丹尼斯·米都斯等著. 增长的极限——罗马俱乐部关于人类困境的报告 [M]. 李宝恒译. 吉林出版社，2005.

[22] 丹尼斯 R. 阿普尔亚德，阿尔佛雷德 J. 菲尔德著. 国际经济学 [M]. 龚敏，陈深译. 北京机械工业出版社，2001.

[23] 董密刚. 我国对外贸易与经济增长相关性分析 [J]. 西北大学学报，2000 (4).

[24] 杜红梅，安龙送. 我国农产品对外贸易与农业经济增长关系的实证分析 [J]. 农业技术经济，2007 (4).

[25] 段琼. 环境标准对国际贸易竞争力的影响——中国工业部门的实证分析 [J]. 国际贸易问题，2002 (12).

[26] 多米尼克·萨尔瓦多著. 国际经济学 [M]. 朱宝宪等译. 清华大学出版社，2004.

[27] 樊自立. 塔里木盆地绿洲形成与演变 [J]. 地理学报，1993 (5).

[28] 范泊乃，王益兵. 我国进口贸易与经济增长的互动关系研究 [J]. 国际贸易问题，2004 (4).

[29] 冯亚斌. 干旱区绿洲形成演变与开发利用研究 [J]. 新疆环境保护，1994 (4).

[30] 冯正强，夏利. 区域对外贸易和经济增长关系模型研究 [J]. 中南工业大学学报，1999 (3).

[31] 高峰，范炳全，王金田. 我国进出口贸易与经济增长的关系——基于误差修正模型的实证分析 [J]. 国际贸易问题，2005 (7).

[32] 高鸿业. 宏观经济学 [M]. 高等教育出版社，2010.

［33］郭华．进出口贸易对我国经济增长影响的比较分析［J］．经济师，2005（6）．

［34］韩德林，陈正江．运用系统动力学方法研究绿洲经济—生态系统——以玛纳斯绿洲为例［J］．地理学报，1994（4）．

［35］洪阳，栾胜基．环境质量与经济增长的库兹涅茨关系探讨［J］．上海环境科学，1999（3）．

［36］胡鞍钢．人口增长、经济增长、技术变化与环境变迁——中国现代环境变迁（1952～1990）［J］．环境科学进展，1993（1）．

［37］胡妍红，傅京燕．论环境成本内在化与国际贸易［J］．生态经济，2001（4）．

［38］黄静波．中国对外贸易政策改革［M］．广东人民出版社，2003．

［39］黄晓荣，裴源生，梁川．宁夏虚拟水贸易计算的投入产出方法［J］．水科学进展，2004（4）．

［40］吉利斯等［美］．发展经济学［M］．中国人民大学出版社，1998．

［41］季铸．进口贸易与经济增长的动态分析［J］．财贸经济，2002（11）．

［42］贾宝全．绿洲——荒漠生态系统交错带环境演变过程初步研究［J］．干旱区资源与环境，1995（9）．

［43］姜鸿．对外贸易对我国经济增长的影响与对策研究［M］．中国财政经济出版社，2004（12）．

［44］蒋燕．我国进口贸易与经济增长的计量分析［J］．对外经济贸易大学学报，2005（4）．

［45］颉耀文，陈发虎．民勤绿洲的开发与演变［M］．科学出版社，2002．

［46］库兹涅茨．现代经济增长：事实与思考，诺贝尔经济学奖金获得者讲演集1969～1981［M］．中国社会科学出版社，1986．

［47］赖明勇，雷京，徐亚娟．中国出口贸易对经济增长作用的实证研究［J］．预测与分析，1998（4）．

［48］赖明勇，许和连，包群．出口贸易与经济增长：理论、模型及实证［M］．上海三联书店，2003．

［49］赖明勇，张新，彭水军，包群．经济增长的源泉：人力资本、研究开发与技术外溢［J］．中国社会科学，2005（2）．

［50］兰天．贸易与跨国界环境污染［M］．经济管理出版社，2004．

［51］李国柱．中国经济增长与环境协调发展的计量分析［D］．辽宁大学博士学位论文，2007．

［52］李京文，龚飞鸿．能源、环境与中国经济增长［J］．数量经济技术经

济研究，1994（1）.

[53] 李军. 我国对外贸易与经济增长关系的实证研究 [J]. 统计与信息论坛，2001（5）.

[54] 李明武. 对外贸易与经济增长关系研究综述——兼从现代经济增长理论角度的解读 [J]. 学术论坛，2004（3）.

[55] 李万明. 干旱区绿洲农业可持续发展战略研究 [M]. 中国农业出版社，2005.

[56] 李万明. 绿洲生态——经济可持续发展理论与实践 [J]. 中国农村经济，2003（12）.

[57] 李秀萍，杨德刚，韩剑萍. 应用主成分分析、聚类分析划分新疆绿洲生态经济类型的初步研究 [J]. 干旱区地理，2002（2）.

[58] 李涌平. 人口增长、经济发展、环境调节的综合体现了社会可持续发展 [J]. 人口经济，1995（5）.

[59] 李长明. 经济增长、能源与生态环境 [J]. 中国工业经济，1997（8）.

[60] 李昭华，汪凌志. 中国对外贸易自然资本流向及其影响因素——基于 I-O 模型的生态足迹分析 [J]. 中国工业经济，2012（7）.

[61] 李周，孙若梅. 中国环境问题 [M]. 河南人民出版社，2000.

[62] 李子奈，叶阿忠. 高级计量经济学 [M]. 清华大学出版社，2000.

[63] 林毅夫，李永军. 必要的修正——对外贸易与经济增长的再考察 [J]. 国际贸易，2001（9）.

[64] 伶家栋. 关于我国进口与经济增长关系的探讨 [J]. 南开大学学报，1995（3）.

[65] 刘德学等. 国外资源对经济增长贡献的测算模型与应用 [J]. 东北大学学报，2000（4）.

[66] 刘红梅，李国军，王克强. 中国农业虚拟水国际贸易影响因素研究——基于引力模型的分析 [J]. 管理世界，2010（9）.

[67] 刘甲金，黄俊等. 绿洲经济论 [M]. 新疆人民出版社，1995.

[68] 刘甲金. 论绿洲经济 [J]. 南开经济研究，1986（2）.

[69] 刘利. 广东省环境库兹涅茨特征分析 [J]. 环境科学研究，2005（6）.

[70] 刘小鹏. 我国进出口与经济增长的实证分析 [J]. 当代经济科学，2001（5）.

[71] 刘晓鹏. 协整分析与误差修正模型：我国对外贸易与经济增长实证研究 [J]. 南开经济研究，2001（5）.

[72] 刘幸菡，吴国蔚. 虚拟水贸易在我国农产品贸易中的实证研究 [J].

国际贸易问题，2005（9）.

　　[73] 刘秀娟. 绿洲的形成机制和分类体系 [J]. 新疆环境保护，1995（1）.

　　[74] 刘勇，夏自谦. 振兴东北工业基地——环境库兹涅茨曲线特征的思考 [J]. 林业经济问题，2005（6）.

　　[75] 龙爱华，徐中民，张志强. 西北四省（区）2000 年的水资源足迹 [J]. 冰川冻土，2003（6）.

　　[76] 卢荣忠. 环境成本内在化对国际贸易的影响 [J]. 国际贸易问题，1999（7）.

　　[77] 罗伯特·Z. 劳伦斯，戴维·E. 温斯坦. 贸易与增长：进口拉动还是出口推动？——日本与韩国的经验 [M]. 中国人民大学出版社，2002.

　　[78] 罗伯特·S. 平狄克，丹尼尔·L. 鲁宾费尔德. 计量经济模型与经济预测 [M]. 机械工业出版社，1999.

　　[79] 罗贞礼，黄璜. 郴州市农产品虚拟水的量化分析 [J]. 湖南农业大学学报（自然科学版），2004（3）.

　　[80] 马乐宽，李天宏. 关于生态环境需水概念与定义的探讨 [J]. 中国人口·资源与环境，2008（5）.

　　[81] 毛萍，康世瀛. 构建中国特色的循环经济发展模式 [J]. 生态经济，2005（9）.

　　[82] 彭福伟. 怎样看待目前对外贸易对国民经济的增长的作用 [J]. 国际贸易问题，1999（1）.

　　[83] 彭水军. 技术外溢与吸收能力：基于开放经济下的内生增长模型分析 [J]. 数量经济技术经济研究，2005（8）.

　　[84] 彭水军. 经济增长、贸易与环境 [D]. 湖南大学博士论文，2005（3）.

　　[85] 綦群高. 绿洲经济持续发展的瓶颈 [J]. 新疆农垦经济. 1997（6）.

　　[86] 曲如晓. 环境外部性与国际贸易福利效应 [J]. 国际经贸探索，2002（1）.

　　[87] 尚涛，郭根龙，冯宗宪. 我国服务贸易自由化与经济增长的关系研究——基于脉冲响应函数方法的分析 [J]. 国际贸易问题，2007（8）.

　　[88] 申元村，汪久文等. 中国绿洲 [M]. 河南大学出版社，2001.

　　[89] 沈程翔. 中国出口导向型经济增长的实证分析：1978～1998 [J]. 世界经济，1999（12）.

　　[90] 沈坤荣，李剑. 中国贸易发展与经济增长影响机制的经验研究 [J]. 世界经济，2003（5）.

　　[91] 沈满洪，徐云华. 一种新型的环境库兹涅茨曲线——浙江省工业化进

程中经济增长与环境变迁的关系研究［J］．浙江社会科学，2000（4）．

　　［92］石传玉，王亚菲，王可．我国对外贸易与经济增长关系的实证分析［J］．南开经济研究，2003（1）．

　　［93］石传玉．我国对外贸易与经济增长关系的实证分析［J］．南开经济研究，2003（1）．

　　［94］宋玉华．世界经济周期贸易传导机制［J］．世界经济周期的传导机制，2007（3）．

　　［95］孙众林．我国出口与经济增长的实证分析［J］．国际贸易问题，2000（2）．

　　［96］谭崇台．发展经济学的新发展［M］．武汉大学出版社，1999．

　　［97］汤姆·惕藤伯格著．环境经济学与政策［M］．朱启贵译．上海财经大学出版社，2002．

　　［98］田明华，刘诚，高秋杰．木质林产品虚拟水含量和虚拟水贸易初步测算［J］．北京林业大学学报（社会科学版），2012（2）．

　　［99］田亚平，邓运员．概念辨析与实证：脆弱生态环境与退化生态环境［J］．经济地理，2006（5）．

　　［100］王海建．资源约束、环境污染与内生经济增长［J］．复旦学报（社会科学版），2000（1）．

　　［101］王合玲，张辉国、胡锡健．新疆地区经济增长与出口贸易总额的协整分析［J］．山西经济管理干部学院学报，2005（6）．

　　［102］王红瑞，王军红．中国畜产品虚拟水含量［J］．环境科学，2006（4）．

　　［103］王劲松．开放条件下的新经济增长理论［M］．人民出版社，2008．

　　［104］王军．贸易和环境研究的现状与进展［J］．世界经济，2004（7）．

　　［105］王坤，张书云．中国对外贸易与经济增长关系的协整性分析［J］．数量经济技术经济研究，2004（4）．

　　［106］王孟本．"生态环境"概念的起源与内涵［J］．生态学报，2003（9）．

　　［107］王晓丹，钟祥浩．生态环境脆弱性概念的若干问题探讨［J］．山地学报，2003（12）．

　　［108］吴玉萍，董锁成．北京市环境政策评价研究［J］．城市环境与城市生态，2002（1）．

　　［109］吴玉萍，董锁成，宋键峰．北京市经济增长与环境污染水平计量模型研究［J］．地理研究，2002（2）．

［110］夏永久，陈兴鹏．西北半干旱区城市经济增长与环境污染演进阶段及其互动效应分析［J］．浙江社会科学，2000（7）．

［111］夏友富．论国际贸易与环境保护［J］．世界经济，1996（7）．

［112］小岛清．对外贸易论，周宝廉译［M］．南开大学出版社，1987．

［113］谢丽．绿洲农业［M］．江苏科学技术出版社，2001．

［114］熊毫．世界经济波动与中国经济的贸易传导路径——基于 SITC 类商品的微观视角［J］．河南科技大学学报（社会科学版），2012（5）．

［115］熊黑钢，韩茜．新疆绿洲可持续发展研究［M］．科学出版社，2008．

［116］熊贤良．对外贸易加速经济发展的机制和条件［J］．经济学家，1995（6）．

［117］徐炳胜．外贸—增长效应理论研究进展［J］．河北经贸大学学报，2007（1）．

［118］徐建华等．绿洲型城市生态经济系统发展仿真研究［J］．中国沙漠，1996（3）．

［119］徐开祥，朱刚体．论国际贸易带动经济增长的传导机制——兼评西方学者的有关理论［J］．世界经济文汇，1987（3）．

［120］徐中民．虚拟水战略新论［J］．冰川冻土，2013（2）．

［121］许广月，宋德勇．我国出口贸易、经济增长与碳排放关系的实证研究［J］．国际贸易问题，2010（1）．

［122］许启发，蒋翠侠．对外贸易与经济增长的相关分析［J］．预测，2002（2）．

［123］宣烨，李思慧．产业内贸易与经济增长：基于协整关系的分析［J］．商业研究，2009（11）．

［124］薛微．统计分析与 SPSS 的应用［M］．中国人民大学出版社，2001．

［125］亚当·斯密．国富论［M］．商务印书馆，1979．

［126］杨海生，贾佳，周永章，王树功．贸易、外商直接投资、经济增长与环境污染［J］．中国人口·资源与环境，2005（15）．

［127］杨宏林．协整理论和 ECM 模型在我国经济增长因素分析中的应用［J］．统计教育，2004（2）．

［128］杨凯，叶茂．上海市废弃物增长的环境库兹涅茨特征研究［J］．地理研究，2003（1）．

［129］杨全发，舒元．中国出口贸易对经济增长的影响［J］．世界经济与政治，1998（8）．

［130］杨小凯，张永生．新贸易理论、比较利益理论及其经验研究的新成

果：文献综述［J］. 经济学，2001（2）.

［131］杨小凯，张永生. 新兴古典经济学和超边际分析［M］. 中国人民大学出版社，2000.

［132］姚蓝，李磊，宿伟玲. 动物虚拟水概念及其应用［J］. 大连大学学报，2005（3）.

［133］叶汝求. 环境与贸易［M］. 中国环境科学出版社，2001.

［134］易丹辉. 数据分析与 Eviews 应用［M］. 中国统计出版社，2000.

［135］尹科，王如松，周传斌，梁菁. 国内外生态足迹核算方法及其应用研究述评［J］. 生态学报，2012（11）.

［136］尹忠明，姚星. 中国服务贸易结构与经济增长关系研究——基于 VAR 模型的动态效应分析［J］. 云南财经大学学报，2009（5）.

［137］于茜，瓦哈甫哈力克，杨晋娟，史蒂文. 虚拟水战略——解决干旱区缺水问题的全新思路［J］. 新疆农业科学，2009（1）.

［138］张勃，石惠春. 河西地区绿洲资源优化配置研究［M］. 科学出版社，2004.

［139］张传国，方创琳，全华. 干旱区绿洲承载力研究的全新审视与展望［J］. 资源科学，2002（2）.

［140］张帆. 环境与自然资源经济学［M］. 上海人民出版社，1998.

［141］张军，吴桂英，张吉鹏. 中国省际物质资本存量估计：1952～2000［J］. 经济研究，2004（10）.

［142］张军民. 新疆玛纳斯河流域绿洲生态经济能值分析［J］. 经济地理，2007（3）.

［143］张立光，郭研. 我国贸易开放度与经济增长关系的实证研究［J］. 财经研究，2004（3）.

［144］张连众，朱坦等. 贸易自由化对我国环境污染的影响分析［J］. 南开经济研究，2003（3）.

［145］张林源，王乃昂. 中国的沙漠和绿洲［M］. 甘肃教育出版社，1995.

［146］张鲁青. 北京市进口贸易对经济增长影响的实证研究［J］. 北京行政学院学报，2009（10）.

［147］张鹏，马小红. 中国经济发展与环境污染关系的实证研究［J］. 湖南科技学院学报，2005（5）.

［148］张象枢. 人口、资源与环境经济学［M］. 化学工业出版社，2004.

［149］张学勤，陈成忠. 中国国际贸易及其生态影响的动态分析［J］. 河北师范大学学报（自然科学版），2010（5）.

［150］张乙震，马野青．国际贸易学［M］．南京大学出版社，2003.

［151］张银山．新疆对外贸易与经济增长的实证分析［J］．实事求是，2005（2）.

［152］张友国．中国贸易增长的能源环境代价［J］．数量经济技术经济研究，2009（1）.

［153］张云，申玉铭，徐谦．北京市工业废气排放的环境库兹涅茨特征及因素分析［J］．首都师范大学学报（自然科学版），2005（3）.

［154］张志强，徐中民，程国栋等．中国西部12省（区市）的生态足迹［J］．地理学报，2001（5）.

［155］章建宁．常州市区环境质量与经济增长的库兹涅茨关系［J］．江苏环境科技，2000（9）.

［156］赵建娜．对外贸易对生态环境影响的传导路径探析［J］．中国经贸导刊，2010（18）.

［157］赵丽佳，冯中朝．加工贸易进口、一般贸易进口与经济增长关系——一个协整和影响机制的经验研究［J］．世界经济，2008（8）.

［158］赵细康，李建民．环境库兹涅茨曲线及其在中国的检验［J］．南京经济研究，2005（3）.

［159］赵玉．贸易与环境［M］．对外经济贸易大学出版社，2002.

［160］赵云君，文启湘．环境库兹涅茨曲线及其在我国的修正［J］．经济学家，2004（5）.

［161］中国科学院可持续发展战略研究组，2006中国可持续发展战略报告——建设资源节约型和环境友好型社会［M］．科学出版社，2006.

［162］中国科学院可持续发展战略研究组．中国可持续发展战略报告——建设资源节约型和环境友好型社会［M］．科学出版社，2006.

［163］中国科学院可持续发展战略研究组．中国可持续发展战略报告——全球视野下的中国可持续发展［M］．科学出版社，2012.

［164］钟华平，耿雷华．虚拟水与水安全［J］．中国水利，2004（5）.

［165］周慧君，苏子微，董秘刚．陕西省进口贸易与经济增长的动态关系研究——基于协整理论检验［J］．西安财经学院学报，2009（1）.

［166］周姣，史安娜．区域虚拟水贸易计算方法与实证［J］．中国人口·资源与环境，2008（4）.

［167］周姣，史安娜．虚拟水和虚拟水贸易研究综述［J］．河海大学学报（哲学社会科学版），2010（12）.

［168］诸大建，田园宏．虚拟水与水足迹对比研究［J］．同济大学学报（社

会科学版），2012（4）.

［169］庄丽娟，徐寒梅. 国际贸易驱动经济增长研究的文献述评［J］. 华南农业大学学报，2005（4）.

［170］左阳. 中美经济波动的相关性分析——基于贸易传导机制的实证研究［J］. 中国物价，2012（4）.

［171］Adam B. Jaffe et al.. Environmental Regulation and the Competitiveness of U. S. Manufacturing：What Does the Evidence Tell Us？". Journal of Economic Literature, American Economic Association, 1995, 33 (1)：132 – 163.

［172］Alistair Ulph. Environment and trade：the implications of imperfect information and political economy. World Trade Review, 2002：235 – 256.

［173］Allan J. A. Fortunately there are substitutes for water otherwise our hydropolitical futures would be impossible. In：ODA, Priorities for Water Resources Allocation and Management. ODA, London, 1993.

［174］Allan, J. A.. Virtual Water：A Long Term Solution for Water Short Middle Eastern Economics? Paper Presented at The 1997 British Association Festival of Science , 1997.

［175］Allan, J. A.. Virtual Water：A Long Term Solution for Water Short Middle Eastern Economics? Paper Presented at The 1997 British Association Festival of Science, 1997.

［176］Anderson, Kym and Chantal Pohl Nielsen . GMOs, Food Safety and the Environment：What Role for Trade Policy and the WTO? CIES, Policy Discussion Paper, No. 0034, 2000.

［177］Anne O. Krueger, Baran Tuncer. Microeconomic Aspects of Productivity Growth under Import Substitution Turkey, NBER Working Paper, 1980.

［178］Antweiler W. Copeland B. R. and M. S. Taylor. Is Free Trade Good for the Environment? American Economic Review, 2001.

［179］Antweiler, W. , B. , Copeland, and S. Taylor. Is Free Trade Good for the Environment? Discussion Paper No. 98 – 11. Department of Economics, University of British Columbia, Canada, 1998.

［180］Archanun Kohpaiboon. Foreign Trade Regimes and The FDI-Growth Nexus：A Case Study of Thailand. Journal of Development Studies, 2003.

［181］Arjen Y. Hoekstra1 and Mesfin M. Mekonnen . The water footprint of humanity, PNAS, 2011.

［182］B. Atkinson. Import Strategy and Growth under Conditions of Stagnant Export Earnings, Oxford Economic Papers, 1969, 21 (3).

[183] Bayoumi T. , David T. Coe, and E. Helpman, R&D Soillovers and Global Growth. Journal of International Economic, 1999, 47 (2).

[184] Beckerman, W. Nature. The Environment as a Commodity. Vol. 357 Issue 6377, p. 371, 1992.

[185] Beckerman, Wilfred. Environment and Resource Policies for the World E-conomy. Economic Journal, 1997, 107 (444): 1584 – 1586.

[186] Beckerman, Wilfred. Sustainable Development. Environmental Values, 1994, 3 (3): 191.

[187] Bhagwati, Jagdish . On Thinking Clearly about the Linkage between Trade and the Environment. Environment and Development Economics, 2000.

[188] Bojanic, Antonio N. the Impact of Financial Development and Trade on the Economic Growth of Bolivia. Journal of Applied Economics, 2012, 15 (1): 51 – 70.

[189] Bornkamm. R. Flora and Vegetation of Some Sall Oasis in South Egypt. Phytocoenologia, 1986.

[190] Bradford, David F. ; Fender, Rebecca A. ; Shore, Stephen H. ; Wagner, Martin. B. E. The Environmental Kuznets Curve: Exploring a Fresh Specification. Journal of Economic Analysis & Policy: Contributions to Economic Analysis & Policy, 2005, 4 (1): 1 – 30.

[191] Brander J. and Taylor S. International Trade between Consumer and Conservationist Countries. Resources and Energy Economics, 1997.

[192] Bretschger, Lucas. Economics of Technological Change and the Natural Environment: How Effective are Innovations as a Remedy for Resource Scarcity? Ecological Economics, 2005, 54 (3): 148 – 163.

[193] Brian R. Copeland, M. Scott Taylor. Trade, Spatial Separation, and the Environment. Journal of International Economics, 1997, 47 (1).

[194] Chichilnisky, G. . North-South Trade and the Global Environment. American Economics Review, September, 1994.

[195] Coe, David T. , and Elhanan, International R&D Spillovers, "European Economic Review, No. 8, 1995.

[196] Cohen, Joel E. Population, Economics, Environment and Culture: an in-Troduction to Human Carrying Capacity. Journal of Applied Ecology, 1997, 34 (6): 1325 – 1333.

[197] Cole M. A. Trade, The Pollution Haven Hypothesis and Environmental

Kuznets Curve: Examining the Linkages. Ecological Economics, 2004.

[198] Copeland B. R. and M. S. Taylor. Trade, Growth and the Environment. NBER Paper, 2003.

[199] Copeland, B. and S. Taylor. North-South Trade and Environment. Quarterly Journal of Economics, 1994.

[200] Copeland, B. and S. Taylor. Trade and Transboundary Pollution. American Economics Review, 1995.

[201] Cropper M., Griffiths C. The Interaction of Populations, Growth and Environmental Quality. American Economic Review, 1994.

[202] Daly H. The Perils of Free Trade. Scientific American, 1993.

[203] Dasgupta S., Laplante B., Wang H. and Wheeler D. Confronting the Environmental Kuznets Curve. Journal of Economic Perspectives, 2002.

[204] Dasgupta, Partha; Eastwood, Robert; Heal, Geoffrey. resource management in a trading economy. Quarterly Journal of Economics, 1978, 92(2): 297 - 306.

[205] Dasgupta, Partha; Heal, Geoffrey. The Optimal Depletion of Exhaustible Resources. Review of Economic Studies. 1974 Special Issue, 1974, 41 (128): 3 - 26.

[206] Dean, M. J. Does Trade Liberalization Harm the Environment? A New Test, 1998.

[207] Dennis Wichelns. The Role of Virtual Water in Efforts to Achieve Food Security and Other National Goals with an Example from Egypt, Agricultural Water Management, 2003 (49): 131 - 151.

[208] Dickey D. A., Fuller W. A.. Distribution of the Estimators for Autoregreaaive Time Series with a Unit Root. Journal of American Statistical Association, 1979.

[209] Dritsaki, Melina; Dritsaki, Chaido. Bound Testing Approach for Cointegration and Causality Between Financial Development, Trade Openness and Economic Growth in Bulgaria. IUP Journal of Applied Economics, 2013, 12 (1): 50 - 67.

[210] Faragalla. Impact of Agrodesert on a Desert Ecosystem. Journal of Arid Environment, 1988.

[211] Francisco F. Riberiro Ramos, Exports, Imports, and Economic Growth in Portugal: Evidence from Causality and Cointegration Analysis, Economic Modelling, No. 18, 2001.

[212] Frankel. Jeffrey, and David Romer, Does Trade Cause Growth? University of California at Berkeley, 1998.

[213] Goeller, H. E., Weinberg, The Age of Substitutability. Alvin M.. Sci-

ence, 1976.

[214] Grossman G. and A. Kreuger. Environmental impacts of a North American free trade agreement. The U. S. -Mexico Free Trade Agreement, Cambridge, MA, The MIT Press, 1993.

[215] Grossman, Gene M & Krueger, Alan B, Economic Growth and the Environment, The Quarterly Journal of Economics, MIT Press, 1995, 110 (2): 353.

[216] Grossman, Gene, and Elhanan Helpman, Innovation and Growth in the Global Economy (MIT Press, Cambridge, MA) . 1998.

[217] He, Jie; Wang Hua. Economic Structure, Development Policy and Environmental Quality: An Empirical Analysis of Environmental Kuznets Curves with Chinese Municipal Data. Ecological Economics, 2012 (76): 49 – 59.

[218] Helpman, E, Growth, Technological Progress and Trade. NBER Working Paper, 1988.

[219] Hettige H. , Lucas R. E. B. , Wheeler D. The Toxic Intensity of Industrial Production: Global Patterns, Trends and Trade Policy. American Economic Review, 1992.

[220] Hoekstra, A. Y. , Virtual Water Trade: Proceedings of the International Export Meeting on Virtual Water Trade, Value of Water Research Reports Series, 2003.

[221] Jeroen C. J. M. van den Bergh, Harmen Verbruggen, Spatial Sustainability, Trade and Indicators: An Evaluation of the "ecological footprint", Ecological Economics, 1999.

[222] Jones L. and Manuelli R. A Convex Model of Equilibrium Growth: Theory and Policy Implications. Journal of Political Economy, 1990.

[223] Jones L. E. , Rodolfo E. M. A Positive Model of Growth and Pollution Controls. NBER working paper, 1995.

[224] Kenneth Y. Chay & Michael Greenstone. The Impact of Air Pollution On Infant Mortality: Evidence From Geographic Variation In Pollution Shocks Induced By A Recession. The Quarterly Journal of Economics, MIT Press, 2003,118(3): 1121 – 1167.

[225] Klaus Hubacek, Stefan Giljum, Applying Physical Input-output Analysis to Estimate Land Appropriation (Ecological Footprints) of International Tradeactivities, Ecological Economics, 2003.

[226] Koopmans T. C. On the Concept of Optimal Economic Growth. in the Econometric Approach to Development Planning, Amesterdam, North Holland, 1965.

[227] Krueger, and Anne. The Effects of Trade Strategies on Growth, Finance and Development, No. 20, 1983.

[228] Kuznets S. Economic Growth and Income Equality. American Economic Review, 1955.

[229] Lee H. , Roland-Holst D. The Environment and Welfare Implications of Trade and Tax Policy. Journal of Development Economics, 1997.

[230] Letchumanan R. , Kodama F. Reconciling the Conflict between the "Pollutionhaven" Hypothesis and an Emerging Trajectory of International Technologytransfer. Research Policy, 2000.

[231] Levine Ross, and Renelt David. A Sensitivity Analysis of Cross-Country Growth Regressions, American Economic Review, 1982.

[232] Levine. R. and Renelt, D, A Sensitivity Analysis of Cross-country Growth Regression. American Economic Review, 1992, 82 (4).

[232] Liu, Lee. Environmental Poverty, a Decomposed Environmental Kuznets curve, and Alternatives: Sustainability Lessons from China. Ecological Economics, 2012 (73): 86 - 92.

[234] Lucas R. E. B. , Wheeler D. and Hettige H. Economic development, environmental regulation and the international migration of toxic industrial pollution:1960 - 1988, In: Low P. (Ed.) International Trade and the Environment, World Bank discussion paper, 1992.

[235] Lucas, and Robert, On the Mechanics of Economic Development. Journal of Monetary Economics, 1988 (22) .

[236] M. Dinesh Kumar and O. P. Singh, Virtual Water in Global Food and Water Policy Making: Is There a Need for Rethinking? Water Resources Management, 2005.

[237] Mani M. , Wheeler D. In Search of Pollution Havens? Dirty industry in the world economy: 1960 - 1995. Journal of Environment and Development, 1998.

[238] Manni, Umme Humayara; Siddiqui, Shamim Ahmad; Afzal, Munshi Naser Ibne. An Empirical Investigation on Trade Openness and Economic Growthin Bangladesh Economy. Asian Social Science, 2012, 8 (11): 154 - 159.

[239] Mariano Torras, An Ecological Footprint Approach to External Debt Relief, World Development, 2003.

[240] Meadows H. et al. The Limits to Growth. New York University Books, 1972.

[241] Mesfin M. Mekonnen and Arjen Y. Hoekstra. , A Global Assessment of the

Water Footprint of Farm Animal Products, Ecosystems, 2012.

[242] Mesfin M. Mekonnen and Arjen Y. Hoekstra. , A Global Assessment of the Water Footprint of Farm Animal Products, Ecosystems, 2012.

[243] Ming-Feng Huang and D. Shaw. Economic growth and the Environmental Kuznets Curve in Taiwan: a simultaneity model analysis. Mimeo, 2002.

[244] Orubu, Christopher O. ; Omotor, Douglason G. Environmental quality and economic growth: Searching for Environmental Kuznets Curves for Air and Water Pollutants in Africa. Energy Policy, 2011, 39 (7): 4178 –4188.

[245] Panayotou T. Environmental Degradation at Different Stages of Economic Development, Beyond Rio (The Environmental Crisis and Sustainable Livelihoods in the Third World), 1995.

[246] Panayotou, Theodore. Economic Growth and the Environment. Economic Survey of Europe, 2003 (2): 45 – 67.

[247] Qadirm, Boers Th M, Schubert Set all Agricultural Water Management in Water Starved Countries: Challenges and Opportunity is. A Agricultural Water Managing, 2003.

[248] Rees, W. E.. Ecological Footprint and Appropriated Carrying Capacity: What urban Economics Leaves Out. Environment and Urbanization, 1992, 4 (2): 121 – 130.

[249] Romer P. M.. Endogenous Technological Change. Journal of Political Economy, 1990.

[250] Santos-Paulino, Amelia U. Trade Liberalisation and Economic Performance: Theory and Evidence for Developing Countries . World Economy, 2005, 28 (6): 783 – 821.

[251] Selden Thomas M. & Song Daqing, Environmental Quality and Development: Is There a Kuznets Curve for Air Pollution Emissions? Journal of Environmental Economics and Management, Elsevier, 1994, 27 (2): 147 – 162.

[252] Shafik N. and S. Bandyopadhyay. Economic Growth and Environmental Quality: Time-Series and Cross-Country Evidence. World Bank Policy Research Working Paper, 1992.

[253] Ulph, Alistair. Environmental Policy and International Trade. Journal of Environmental Economics & Management, 1996, 30 (3): 265.

[254] Vincent J. R. Testing for Environmental Kuznets Curves within a Developing country. Environment and Development Economics, 1997.

[255] Wackernagel, M. , Onisto, L. , Bello, P. , et al. Ecological Footprints of Nations: How Much Nature do You Use? How Much Nature do They Have? . Commissioned by the Earth Council for the Rio +5 Forum. International Councilfor Local Environ-mental Initiatives. Toronto, 1997.

[256] Waczing R. Measuring the Dynamic Gains fron Trade. World Bank Economic Review, 2001, 15 (3): 393 −429.

[257] Walter I. Environmentally Induced Industrial Relocation to Developing Countries. in S. Rubin, ed. , Environment and Trade. New Jersey: Allanbeld, Osmun, and Co. , 1982.

[258] Wenli Qiang, Aimin Liua, Shengkui Cheng, Thomas Kastner, Gaodi Xie, Agricultural trade and virtual land use: The case of China's Crop Trade, Land Use Policy, 2013.

[259] Werner Antweiler & Brian R. Copeland & M. Scott Taylor. Is Free Trade Good for the Environment? . American Economic Review, American Economic Association, 2001, 91 (4): 877 −908.

[260] Zimmer D. , Renault D. . Virtual Water in Food Production and Global Trade: Review of Method Logical Issues and Preliminary Result, Virtual Water Trade 12, 2003.